启蒙数学文化译丛　π　丛书主编　汪　宇

**Elementary Mathematics
from an Advanced Standpoint**

Felix　Klein

高观点下的初等数学

（第三卷）精确数学与近似数学

〔德〕菲利克斯·克莱因　著

吴大任　陈鹗　译

华东师范大学出版社

图书在版编目（CIP）数据

高观点下的初等数学.第三卷，精确数学与近似数学 /（德）菲利克斯·克莱因著；吴大任，陈鸥译.— 上海：华东师范大学出版社，2019

ISBN 978-7-5675-9346-6

Ⅰ.①高⋯ Ⅱ.①菲⋯ ②吴⋯ ③陈⋯ Ⅲ.①初等数学 Ⅳ.① O12

中国版本图书馆 CIP 数据核字 (2019) 第 130833 号

启蒙数学文化译丛系启蒙编译所旗下品牌
本书版权、文本、宣传等事宜，请联系：qmbys@qq.com

高观点下的初等数学

第三卷：精确数学与近似数学

著　　者	（德）菲利克斯·克莱因
译　　者	吴大任　陈　鸥
责任编辑	王　焰（策划）
	龚海燕（组稿）
	王国红（项目）
特约审读	冯承天
责任校对	马　珺

出版发行　华东师范大学出版社
社　　址　上海市中山北路3663号 邮编 200062
网　　址　www.ecnupress.com.cn
电　　话　021-60821666　行政传真 021-62572105
客服电话　021-62865537　门市（邮购）电话　021-62869887
地　　址　上海市中山北路3663号华东师范大学校内先锋路口
网　　店　http://hdsdcbs.tmall.com

印 刷 者　山东韵杰文化科技有限公司
开　　本　890 × 1240　32开
印　　张　10.125
字　　数　249千字
版　　次　2020年11月第一版
印　　次　2022年6月第三次
书　　号　ISBN 978-7-5675-9346-6
定　　价　198.00元（全三卷）

出 版 人　王　焰

（如发现本版图书有印订质量问题，请寄回本社客服中心调换或电话021-62865537联系）

内容提要

菲利克斯·克莱因是 19 世纪末 20 世纪初世界最有影响力的数学学派——哥廷根学派公认的领袖,他不仅是伟大的数学家,也是杰出的数学史家和数学教育家、现代国际数学教育的奠基人,对数学研究和数学教育产生了巨大影响,在数学界享有崇高的声望。

本书是具有世界影响的数学教育经典,由克莱因根据自己在哥廷根大学多年为中学数学教师及学生开设的讲座所撰写,书中充满了他对数学的洞见,生动地展示了一流大师的风采,出版后被译成多种文字,影响至今不衰。全书共分三卷——第一卷"算术、代数、分析",第二卷"几何",第三卷"精确数学与近似数学"。

克莱因认为函数为数学的"灵魂",应该成为中学数学的"基石",应该把算术、代数和几何方面的内容,通过几何的形式用以函数为中心的观念综合起来;强调要用近代数学的观点来改造传统的中学数学内容,主张加强函数和微积分的教学,改革和充实代数的内容,倡导"高观点下的初等数学"意识。在克莱因看来,一个数学教师的职责是,应使学生了解数学并不是孤立的各门学问,而是一个有机的整体;基础数学的教师应该站在更高的(高等数学)视角来审视、理解初等数学问题,只有观点高了,事物才能显得明了而简单;一个称职的教师应当掌握或了解数学的各种概念、方法及其发展与完善的过程以及数学教育演化的经过。他认为"有关的每一个分支,原则上应看作是数学整体的代表","有许多初等数学的现象只有在非初等的理论结构内才能深刻地理解"。

　　本书对我国数学教育工作者和数学研习者很有启发,用本书译者之一,我国数学家、数学教育家吴大任先生的话来说,"所有对数学有一定了解的人都可以从中获得教益和启发",此书至今读来"仍然感到十分亲切。这是因为,其内容主要是基础数学,其观点蕴含着真理"。

目　　录

第八部分 平面曲线的自由几何

译 者 的 话

　　克莱因的讲演《高观点下的初等数学》分 3 卷先后出版；前两卷有英译本，经舒湘芹、陈义章、杨钦樑同志译成中文，1989 年出版。第三卷似无英译本[①]，兹据德文本译出。

　　第三卷的副标题是"精确数学与近似数学"。克莱因认为，数学科学是一个有机整体，包括精确数学和近似数学两部分："近似数学是数学运用于实际应用的那一部分，精确数学是近似数学赖以建立的坚实框架。"令克莱因不安的是，在他那个年代，"理论数学家的兴趣和思路同数学应用中实际采取的方法离得非常远"。他希望这部分讲演能有助于消除这种分歧，使数学重新成为完整和谐的科学。因此，反复阐明精确数学和近似数学的相互作用及其区别，批判在这个问题上（特别是教材里的）种种错误观点和错误做法，就成为贯穿全卷的中心思想。

　　克莱因提醒人们，不要因为近似数学这个名称而降低它的地位。他指出：近似数学不是"近似的数学"而是"关于近似关系的精确数学"。他又指出，"必须从精确数学中区分出那些对实用没有直接意义的东西"，诸如无理数概念，有公度与无公度的区别，等等。至于所谓的"几何三大问题"，当然都完全属于精确数学。

　　本卷讨论的内容侧重几何方面，采用的是解析方法。联系着本

---

　　① 第三卷英译本已于 2016 年出版。——编者

卷的中心思想,克莱因着重论述了精确几何与应用几何、理想图形与经验图形、几何理论和直觉的关系。他指出:精确几何的基础是公理系统,采用解析方法时,相当于现代实数概念;但公理产生于感觉(和人的创造),而且直觉还引导人们逻辑思维,它又是精确几何新发现的源泉。他同时强调,严格的证明不能单纯凭直觉。

和前两卷类似,本卷着重讨论一般教材不讨论的内容或是它们所忽略的精微处。例如在精确数学方面,克莱因详细介绍了魏尔斯特拉斯连续而无处可微的函数,以及作为闭区间的单值连续像而完全覆盖一个区域的皮亚诺曲线,讨论了二元函数的连续性和偏导次序可颠倒的条件。在近似数学方面,他突出了函数带概念,详细地介绍了插值法,并随时把误差估计放在十分重要的位置。他通过一些植根于实际应用的反演群来获得某些具有值得注意的性质的点集,如一个无处稠密却自稠密而完备的点集,一条处处有切线但非解析的若尔当(Jordan)曲线。他用一定篇幅论述了应用几何中的测量学、作图法和几何模型。克莱因认为,"在测量学中,近似数学的思路发挥得最清楚而彻底"。结合作图法和几何模型,他论述了当时代数几何中的一些基本概念和若干引人注目的成果。

本卷涉及的数学内容一部分是较复杂的,但由于采用由简到繁、由具体到一般的论证方法,而且到处结合几何图像,读起来仍然感到引人入胜。和前两卷一样,克莱因成功地把严谨的科学态度和避免过多形式推证、灵活多彩的阐述方法巧妙地结合起来。

克莱因不愧为"塑造几何图像的造型艺术大师",他十分热心地鼓励图片和模型的制作,而结合图片和模型来讲授与学习几何和一般数学,其效益显然是巨大的。制作图片和模型需要学识、想象力、技巧以及不畏烦琐的奉献精神。电子计算机给这项工作提供了极大的便利和新的无限的可能性。例如制作关于数学的动画片,将比以

前容易得多。这项工作在中国还很薄弱，我们希望有志之士为此
努力。

　　原书脚注有一部分带方括号的是第三版整理者赛法特加的，中
译本又加了一些中译者注。希望读者对中译本中的错误，无论是内
容还是文字方面的，都不吝指出，以凭订正。本卷中译本在付刊期间
承陆秀丽教授鼎力参与校订，十分认真仔细，减少了不少差错，谨此
致谢。

译　者
1991 年 7 月 1 日

第 一 版 序

去年夏天我所作的讲演已经以手稿形式印出来了,现在我愿意沿着我近几年的主攻方向迈出新的一步:把数学科学重新整合为包罗它的各个方面的有机整体,来发挥其作用。早些时候,在专业分支还没有出现时,数学自然就是这样的;现在不同了,特别是像目前那样,抽象数学和应用数学的代表人物越来越明显地站在互相对立的地位。针对最后这一种情况,我已经反复指出,必须对这两部分数学的区别及其相互联系作出明晰的阐述,并把这作为有核心意义的一项工作。以后数学的这两部分将称为精确数学与近似数学。布克哈特和霍伊恩(Heun)两位先生近年都发表过和我类似的见解,可以参阅布克哈特先生的就职演说(苏黎世,1897 年[①]),它在《德国数学学会年度报告》第 11 卷第一册重印,从而使更大范围的同行容易看到。还可以参阅霍伊恩先生关于科技中的动力学问题的报告,它发表在上述杂志第 9 卷(1900—1901 年)。就我所知,"近似数学"这个词第一次出现是在这篇报告中,至少我是从那里取用这个词的。我希望看到对上面所说的互相对立的现状有详尽的分析,像下面的讲演在几何领域中的作法,以引起更多人士对这个问题的兴趣和理解。

在这个讲演里,我同时扩充了以前关于数学教育,特别是高等学校的数学教育所作的各次讲演(参看,例如《年报》第 8 卷,1898—

[①]　数学和科学思想。

1899 年)。我的观点始终是,对初学者以及对那些把数学仅仅作为进一步学习工具的青年学生的教育,从感性阶段起,就要让他们去进行简单的应用。从教学观点来看,这样做是必要的,这是近年从对大多数学生的调查研究中越来越明显地看出来的。在外国也是如此。但是,我还有一种信念(而且从不放弃它),认为在当前数学发展的形势下,对于培养高级数学人才,这样的教育还不够,在直观事实之外,还必须强调现代实数概念的核心地位以及和这个概念联系着的深入发展。遗憾的是,就我所知,在教科书和讲义中,还缺乏从这一观点引导到那一观点的论述。这个讲演将可满足这方面的部分要求,它的最高目标是,有朝一日它要成为多余的。因为那就表示,它所阐明的意见已经成为高等数学教育中理所当然的组成部分。

F. 克莱因

1902 年 2 月 28 日于哥廷根

第 二 版 序

第二版基本上是这个讲演 1902 年第一版的重印本,改动极小。只是改善了个别不准确处,并补充了一些新发表的文献,这些文献都是涉及与讲演内容密切相关的发展的。最后还重印了《哥廷根哲学系关于 1901 年贝内克奖课题的报告文集》("Gutachtens der Göttinger philosophischen Fakultät betreffend die Beneke Preisaufgabe für 1901"),本演讲内容有多处和它有关。

康拉德・海因里希・米勒
1907 年 1 月 5 日于哥廷根

第 三 版 序

作为 F. 克莱因的《高观点下的初等数学》第三卷，这部讲演在"精确数学与近似数学"(Präzisions- und Approximationsmathematik)的副标题下初次以书本的形式出现。这是在前两卷出版几年前克莱因所作的讲演。由于其目标和内容，它也像前两卷一样，拥有广大读者。作为手稿，它长期被引用的标题是《微积分在几何中的应用(对原则的一项修改)》(*Anwendung der Differential- und Integralrechnung auf Geometrie* [*Eine Revision der Prinzipien*])。改变标题是 F. 克莱因本人的意愿，在他去世前的两个月里，我和他关于出版这一卷的需要曾有过一系列的交谈。克莱因认为，新标题比原先标题更合乎讲演的倾向。

编辑这部讲演所采取的基本方针和出版前两卷相同。原来的论述总的来说都保持不变，但在许多具体地方由于内容和形式的需要，做了改动和补充。一部分补充当然是考虑到讲演本身的需要而添加了一些新文献，其他补充则以脚注形式出现(放在方括号内)，插图改善很多，特别是在讲演的第三编里，要增加一些图来刻画空间的三次曲线和三次曲面的形状。那部分讲演显示了克莱因是塑造几何形象的造型艺术大师，在这方面他是很闻名的。原来写这部分时，他设想读者手边有相关的模型。增加插图和补充内容之后，读者可以不必依赖模型。在充实这部分时，克莱因 1907 年所作关于曲面和空间曲线的讲演起了很大作用。

　　1907 年第二版中加进来的《哥廷根哲学系关于 1901 年贝内克奖课题的报告文集》现在删去了,因它已重印在克莱因的数学著作集的第二卷里。

　　在编辑工作中,我得到哥廷根的瓦尔特先生许多有价值的建议和帮助。他和科隆的费尔迈尔先生都读了校样,后者还负责编制了索引。我的同事霍曼(H. Homann)协助我拍了当地收集的一系列数学模型。特别是柯朗教授和我进行了多次有关我工作进展的谈话。对于上述先生们的帮助,我应当对施普林格出版社热情地满足我的愿望表示深深的谢意。

赛法特

1928 年 1 月 31 日于哥廷根

前　言

从最近的文献中可以看到一种深刻的分歧:理论数学家们的兴趣和思路同数学应用中实际采用的方法,离得非常远。对此,你们必定感到惶惑。这不但妨碍对数学人才的培养,也损害数学科学本身。看来,反对这种弊端是非常重要的。我现在开始的讲演,希望能对此做出贡献;我试图从所谓认识论的观点,把各种不同数学问题彼此之间的关系,按其本来面目加以阐明。你们既要学会了解现代理论家们的兴趣,又要能判断数学思维中哪些部分对应用是有直接意义的。我不怀疑,你们对于已经出现的不同观点的对立有兴趣并由此获益。希望我的讲演导致这样的结果:你们将来会做出贡献,以改变数学科学目前存在的不良的片面发展,使数学重新成为包罗各个方面的一门和谐的科学。

我提出的计划太广泛,不可能在一个学期内涉及所有方面。因此,我将主要突出数学中一个领域,即几何学。几何的实践包括几何作图和度量,这些问题,从希腊人开始,都已用抽象的处理方式在理论上解决了,我将采用分析方法论述从几何作图和度量两方面提出的问题。这样做本来不是必要的,人们也可以完全不从几何领域出发。不过,我所提出的问题基本上是结合分析学的,特别是联系到微分和积分的发展及其作用的。

关于文献,我不能举出教材。我将在有关地方给出单个的文献;此外,我愿意推荐《数学百科全书》。这部书的目的,在于全面论述

19 世纪数学,并对全部有关文献加以编列。

若要把同样的计划推广到数学的其他领域,就特别要考虑数学在自然界研究中的应用(如力学等)。与此有关的一系列想法已发表(在报告文集里),这是 1901 年我们哥廷根哲学系在纪念贝内克基金(Beneke-Stiftung)时的报告集①。此外,主要可以举出 1873 年我已发表于《埃尔朗根报告》(*Erlanger Berichten*)中的一篇文章,题目是《关于一般函数概念及其用任意曲线的表示法》("Über den allgemeinen Funktionsbegriff und dessen Darstellung durch eine willkürliche Kurve")②。还有我在埃文斯顿讨论会上所作的讲演《关于数学的讲演》("Lectures on Mathematics",纽约,1894 年③。由洛热尔[L. Laugel]译成法文,巴黎,1894 年)中的第 7 篇报告,题目是《关于空间直觉的数学本质以及纯粹数学与应用数学的关系》("On the mathematical character of space-intuition and the relation of pure mathematics to the applied sciences")。

---

① [《数学年刊》第 55 卷(1902 年),翻印在 F. 克莱因:《数学著作集Ⅱ》(*Gesammelte Math. Abhandlungen Bd.*Ⅱ,第 241—246 页)。]

② 重印于《数学年刊》第 22 卷(1883 年)[以及 F. 克莱因:《数学著作集Ⅱ》,第 214—224 页]。

③ [美国数学学会新版,纽约,1911 年。所述报告又见 F. 克莱因:《数学著作集Ⅱ》,第 225—231 页]。

第七部分　实变函数及其在直角坐标下的表示法

第二十二章　关于单个自变量 x 的阐释

22.1　经验准确度与抽象准确度,现代实数概念

我将以下述方式系统地开始:先完全不提函数,而试着重点考虑自变量 x,并像通常那样,用一条坐标轴上的点代表它,这个点和原点的距离用长度 $|x|$ 表示,而且当 x 有正值时,点在原点右边,当 x 有负值时,点在原点的左边。我想集中注意力于作出这样一个点的准确度。这样,我发现,如果我采用任意一种方法来作图或度量,通过肉眼的视觉作用,甚至把空间直观的抽象也考虑进去,要用某个数来代表一个点,其结果的准确度总是有限的。

利用目前最精密的显微镜和显微度量仪,测量 1 米长度的精确度实际上不能超过 0.1 微米。若想再进一步,就会遇到光的衍射作用对最精密的显微镜的制约。因此,关于光和物质的相互作用的物理定律,就阻止了度量的精确度进一步提高。[①] 用米表示,0.1 微米等于 10^{-7} 米,所以,用米表示,长度的直接测量,充其量只能达到小数点后第 7 位。

用肉眼作图和度量的情况也与此类似,不过这时临界值,即观察

---

① 这是作者当时的情况。随着科学技术的发展,现在测量的精确度已大大提高。但作者的观点本质上仍然正确;因为任何实际的测量,其精确度总要受到所采用手段的制约。——中译者

的精确度所不能越过的限度,自然要大得多。所以,可以叙述一个最高定则(不是数学定理,但可以作为数学应用中的基本定则)如下:在每一个实用领域中,必有精确度的一个阈值。

现在,这同空间感觉是怎样相联系的呢?

我们现在来到一个有争议的领域,不同时代的哲学家对此提出了各种各样的观点。尤其是,许多哲学家把空间感觉看成是绝对精确的。与此相对立,需要强调的是,现代数学家却能举出许许多多不同的空间构造,而由于它们所涉及的结构异常细微,要从这些空间构造形成空间感觉是根本不可能的。因此,我相信,对于空间感觉也有一个阈值。但是,如果你们不接受我这个观点,你们可以从不同角度来考察那些空间构造,也尽可以亲自尝试看能否从它们建立空间感觉。关于空间感觉,我只提出以下定则:对于空间感觉是否存在阈值的问题还可以争论,对于后面所出现的例子仍然可以反复考察验证。

现在,如果把确定 x 的数值的经验方法和实数理论中关于数的算术定义相比较,就会发现,根据算术定义,x 的值的精确度是没有限制的。

让我们先来理解一下实数的算术定义,简言之,关于现代的实数概念①。

为了避免过分详细的陈述,可以说,我们把全部十进制数,看成全部实数的代表。在这里,十进制无尽小数也作为一定的数的代表。反之,是否每一个实数也能用唯一确定的十进制数代表呢?

在这里,我们指出,有以下定理②:每一个有尽十进制数,可以换个样子写,即把它最后一位数字减 1,然后在它后面加上一连串的 9。

---

① Modernen Zahlbegriff 直译是"现代数的概念"。——中译者
② 参考第一卷第二章 2.3"无理数"。

不过,可以证明,这是把实数用十进制数代表时所遇到的唯一的不确定性。所以,每一个有尽或无尽十进制数对应于一个实数;而每一个实数,除了上述例外,都只对应于一个十进制数。

在这个表示法中,如何区别有理数和无理数? 从初等数学,我们知道答案是:一个有理数 $\frac{m}{n}$,其中 m 和 $n \neq 0$ 是整数,是一个十进制数,它或是中断的,或是周期的[①]。附带一提,这个结论的逆也是正确的。

当然要假定,通常用于有理数的运算规则可以推广,也适用于无理数。我们特别要推荐 K. 克诺普(Knopp)的《无穷级数理论和应用》(*Theorie und Anwendung der unendlichen Reihen*,第二版,柏林,1924 年),那里有明晰而深入的关于无理数的论述。此外,可以参考《数学百科全书》第一册中 A. 普林斯海姆的一篇报告《无理数与无穷过程的收敛性》("Irrationalzahlen und Konvergenz unendlicher Prozesse")第 49—146 页,首先是第 49—59 页[②],每一个数学家都应该阅读它。

22.2 精确数学与近似数学,纯粹几何中亦有此分野

现在回到我所要特别强调的一点:用十进制数来代表实数是绝对准确的。十进制数决定实数本身,所以在抽象算术里,上面所说的阈值就无限制地缩小。这样,我们就有关于经验与理想化之间的基本的对立定则。对于当前这个特殊情况,我把它叙述为:

---

① 即有尽位数的或循环的。——中译者
② 这篇报告 1898 年结束。还可以参阅 A. 普林斯海姆的《数的理论讲义》(*Vorlesungen über Zahlenlehre*),莱比锡。

在算术这个理想领域里不存在像经验领域里那样的不等于零的阈值,在确定实数(或者作为确定实数的定义)中,其精确度是没有限制的。

这里所说的在实用几何里通过经验与在抽象算术里通过精确的定义来确定一个量,其区别在于有限制的和无限制的精确度只是一种特例。若把外界感知或者应用操作的任何领域和抽象数学相比较,这类性质的区别就总要反复出现。对于时间,对于一切机械的和物理的量,尤其是对于数值计算,都是如此。用七位对数表来运算同只准确到七位数的近似计算之间有什么区别? 另一方面,我们将看到,在每个领域里,通过适当的公理,人们可以达到绝对精确性;于是我们恰恰是在经验事物上建立理想思维的事物。

绝对准确性与有限度准确性之间的这个区别,将作为一条主线贯穿于整个讲演。可以通过它把整个数学一分为二。我们区别:

(1) 精确数学(只用实数运算);

(2) 近似数学(用近似值运算)。

近似数学这个词并不意味着要降低这个数学分支的地位,因为它甚至也不是一种近似的数学,而是关于近似关系的精确数学。只有把两部分都包括在内,才有完整的数学科学:

近似数学是数学科学运用于实际应用的那一部分,精确数学可以说是近似数学赖以建立的坚实框架。

我首先通过数值运算来说明数学的一分为二。在下面这个例子中,上述矛盾是直接看出来的,而不是被复杂的心理作用冲淡了的。

在精确数学里,我们仅仅运用实数,如上面所说,它们是用有尽或无尽十进制数代表的。那么,例如,实数 $x = 6.437\ 528\ 4\cdots$ 中,已经精确到第七位小数,如何表示这个近似值呢? 早在 18 世纪,数学里已经用函数记号 E 作为法文 entier 的缩写。$E(x)$ 是含在 x 中的最大的整数①。利用这个记号，上述的近似值显然就可以写成 $\dfrac{E(10^7x)}{10^7}$，用它代替 x 来运算②。以精确数学的概念结构作为准绳，就可以说，在近似数学的数值运算中，所处理的根本不是实数 x，而是与实数 x 有关的 E 函数。

与此完全类似，经验几何和抽象几何之间的区别也可以改写如下。

首先读读实用几何的性质。它是当我们要处理具体空间关系时（例如作图和造型以及度量中）所用到的几何，在这里，一切操作的准确度都要受到某些阈值的限制。因此，在应用几何这个学科中，可以提出下面的定义和指导原则：

在这个学科里，一个点是一个实体，它的范围小得可以忽略。

一条曲线，尤其是一条直线，是一条带，它的宽比起它的长实际上是微不足道的。

两个点决定一条连接它们的直线，两点距离越远，连线就确定得越准确。若它们紧紧靠近，这条直线就很难确定。

两条直线决定一个交点，它们的夹角越接近直角，交点就确定得越准确；夹角越小，交点就越不准确。

现在谈抽象几何：在这里，没有上述那样的不确定的命题。这是因为，抽象几何是从公理出发的，这些公理以绝对的形式出现，而对于应用几何，这些公理只是近似地适用的。因此，这里有着截然不同的思路。在实用中仅仅近似地正确的关系成为严格地正确的假设，

---

① 即在 x 的十进制数表示中的整数部分。——中译者
② 若不简单地截去那个十进位数的尾巴而按四舍五入的方法处理，则 $E(10^7x)$ 可以看成是在 $10^7x-\dfrac{1}{2}$ 和 $10^7x+\dfrac{1}{2}$ 之间的最大整数，其他一切不变。

并且在这些"公理"的基础上,通过纯逻辑的推理来获得抽象几何中的结论。于是,和上列的几条相应,这里规定:

一个点没有空间的延伸。

一条线有长无宽。

两点有一条完全确定的连线。

两条相交直线总有一个确定的交点。

与此相关,我特别愿意提请你们注意的,是这两种完全不同的几何之间的联系(相对于刚才在算术中引进 E 函数的作法)。这种联系的存在,是每一个人都默认的。尽管抽象几何的产生,以实用几何为基础,抽象几何的结论却总要转过来应用到实际上,这只是从理性认识上说的,但还必须考虑一种情况,即观察误差理论。每一项观察或实际操作都会有误差,更正确地说,按照抽象几何观点,每项观察不是给出一个确定的量,而只是给出在一个幅度里的量。若问抽象几何以什么形式运用于应用几何,答案是:

当人们已经知道一些数据是在某个幅度中变化的时候,就要研究以这些数据为基础的数学推理结果,要在怎样一个幅度里变化。

我现在回到我们整个讨论的始点,在那里,我们令实数和一条坐标轴上的点相对应,并且指出,在实际作出这个对应步骤时,只能达到有限度的准确性。若要有更准确的规定,就要有不受经验支配的公理。而这样就要进入抽象几何的领域。

我们提出以下公设:每一个(在上面的意义下的)实数 x 对应于坐标轴上唯一的一点,而每一点对应于唯一的实数。

这个公理对于解析几何来说是基本的,若要把它和理论精确性联系起来,也可以简单地说,它对于精确几何是基本的。[①] 我并不否

①　[上述公理称为关于直线连续性的康托尔-戴德金公理。]

认直觉推动我们去提出那样的规定，但要指出，我们的公设是从有意义的感觉和我们的创造力中产生的。我这里的意思可以通过两个例子来说明，而这两个例子是从集合论中选出来的，人们公认它们对当代数学起着重要的作用。

按照我们的定义，一个数集也是在坐标轴上的一个点集。它是这样一些数或点 x 的整体：对于每一个数或每一个点，总可以判断它是否属于那个整体。

试举两个简单点集的例：

（a）一切从 0 到 1 的有理数 x 或者点 $\dfrac{m}{n}$。

这个点集在线段 $0\cdots1$[①] 上"处处稠密"。线段上任意小的子区间里总含有无穷多个有理数，粗糙地说，这个子区间就像一个布满漏洞的筛子，因为里面总还有不满足我们点集定义的无穷多个无理数。这里就有这样一个问题：根据我们的空间直观，能够设想一个处处稠密的点集还不能填满那个连续线段吗？但按照抽象定义，这却是清楚的，我们那个处处稠密的点集就是不能填满那个线段。

（b）一切从 0 到 1 的实数，但不包括上限 1 和下限 0，即一条去掉端点的线段。

按照我们的空间直观，似乎不可能有那么一条没有端点的线段。所以，不包括上、下限的一切从 0 到 1 数的整体，不能在空间实现，可是它却是完全确定的一个集合。

从这些观察，我们得到一个重要方法论上的结论如下：

由于抽象几何的事物不能完全在空间的直观实现，在抽象几何里，一个严格的证明绝不能纯粹以直观为依据，而必须从已经假定为

---

① 本书中用 $0\cdots1$ 表示以 0 和 1 为端点的区间。——中译者

绝对正确的公理出发来进行逻辑推理。① 尽管如此,另一方面,直观甚至对于精确几何仍有着逻辑推理所不能代替的价值。它引导我们进行论证,此外,它又是新发现和联想的源泉,下面的就职讲演可作参考:

赫尔德:《几何中的直观和思维》(Hölder, O. : *Anschauung und Denken in der Geometrie*),莱比锡,1900 年。

22.3　直观与思维,从几何的不同方面说明

上面我阐明精确数学和近似数学的区别,并且强调,它们在一起才构成整个数学科学。当前数学科学工作中出现的缺憾是,理论家们过分片面地对待应用数学,同时实用家使用近似数学时,又不以精确数学为指引,不求助于精确数学来推动近似数学前进。

关于这里所说的理论家和实用家的对立,我还要用另一个例子来说明,它取自通常的初等几何教学。

从欧几里得开始,绝大多数人都认为初等几何是精确数学,它以某些公理(这些是作为完全正确的公设提出来的)作为最高的准则,然后用纯粹的逻辑方法从中推出新的定理和证明。因此,必须从中区分出来那些对应用几何没有意义的东西。

在这方面,我首先指出有公度和无公度线段的区别。请注意,当我们的观察只具有有限度的准确性时,这种区别是根本没有意义的。例如边长为 1 的正方形的对角线是 $\sqrt{2}=1.414\cdots$。对于这个无尽小数,可以用 $\frac{14}{10},\frac{141}{10^2},\frac{1\,414}{10^3}$ 逐步逼近,也就是可以用两个整数的商来

① 大概现在每个理论数学家都会同意这个提法,可是我觉得,只有像我所讲的那样,阐明空间直观的不准确性,才能使人信服。

逼近使它达到任意小的已给阈值。比如,若令阈值等于 $\frac{1}{10^6}$,就可以满足度量几何中的每一个实际需要,超过这个限度,就只有理论家才感兴趣。

严格说来,有公度和无公度之间的区别纯粹属于精确数学(无理数的概念也是如此)。

但是,当实用家不把"有公度"和"无公度"这两个词从他的术语中完全排除的时候,他们是在什么意义下使用这两个词的呢?我目前主要是想到天文,特别是其中的摄动理论。试取木星对一个小行星,例如智神星(Pallas)的影响作为例子。当天文学家说,智神星和木星的周期有公度,是什么意思?无论一个行星的周期有多大,由于存在着不同类的摄动影响,它的确定根本上只能有有限度的准确度,即对于通用的单位,它只能准确到一定位数的小数。所以,当天文学家说,两个行星的周期是有公度的,他的意思只是说:所得到的周期的比值可以用两个小的整数之比来表示。对于木星和智神星,可以表示为 18:7。但是,如果有一次观测或计算所得到的比值是,比方说,18 000:73 271,人们就不能再说,这两个周期是有公度的了。

现在回到欧几里得几何学,我们提出这样的问题:一个几何问题能否用圆规和直尺来解决,即能否通过有尽多次运用这两种工具来得到一个解。对这个问题,我们必须回答:

一条线段能否用圆规和直尺作出的问题,也是属于精确数学的范畴。它关系到在公设的假定下能否有一个精确解的问题。

在这方面,我们知道从古代起,就留下了 3 个重大问题。有人猜测它们是无法解决的,但它们的实际不可解性是近代才证明的。它们是:

(a) 任意角的三等分。

(b) 立方倍积,即由已给单位长线段作 $\sqrt[3]{2}$。

(c) 化圆为方,即由单位长线段作 $\pi=3.141\ 592\ 6\cdots$。

上面我已经指出:(a),(b),(c)3 个问题之间不能通过有尽多次用圆规和直尺来解决,是属于精确数学而不属于近似数学的范畴。在实用上,我们可以把它们中的每一个用圆规和直尺解决到实际可能的准确度。[①] 例如很容易用外切多边形和内接多边形去逼近一个圆,从而逼近 π;但也存在着更简单而且往往非常有意义的逼近法。在很多情况下,纯粹实用的方法都是适用的。为了把一个角分成三等份,我们可以不断尝试,一直到分得充分精确,这个方法比下面的方法实际上要好得多。那种方法就是先计算到一定的小数位数,然后把解答搬到图上(可以参考地质学和天文学上用来划分圆的仪器[②])。

22.4   用关于点集的两个定理来阐明

现在再回到关于点集的讨论。我们已经得到这样的结论:在精确数学的证明里,不能简单地依靠直观,尽管图形在宏观上对于有关证明的启发是非常重要的。下面我给出两个关于点集的非常简单的定理,上面所说的就适用于这两个定理。可以看出,实际上引出它们的证明是什么。

---

① [关于这 3 个问题的不可解性,可参考本书第一卷第 52—58 页、第 135—136 页、第 292—296 页。关于逼近方法,可看内容特别丰富的一本书,瓦伦:《作图与近似法》(T. Vahlen:*Konstruktionen und Approximationen*),莱比锡,1911 年。]

② [更多细节可见安布龙:《天文仪器知识手册》(L. Ambronn:*Handbuch der astronomischen Instrumentenkunde*)第 1 卷(柏林,1899 年)第九章,第 433—437 页。]

定理 1　假定在坐标轴上,已经给定一个无穷点集,它不超越一个已给点 A(它不需要达到 A),这样的点集称为有右(上)界的。要证明的是,这个点集有一个最小右(上)界点。

定理 2　在坐标轴上,假设已经给定一个在 A,B 两点之间的无穷点集,则在 A,B 之间,至少有一个聚点,即在这个点的任意小的邻域里,总有点集的无穷多个点。

当人们第一次听到这些定理的时候,它们也许显得是自明的。它们的确是自明的,不过是在较高的意义下,即在数学认识整体的观点下自明;因为从根本上来说,数学不过是自明事物的科学。对于这两个定理,我们不会也不能提供令人惊异的东西,我们只是会清楚地看到,这些定理如何联系着在我们的论述中居于首要地位的实数概念。

如何看待我们的第一个定理?

定理中那个点集是完全确定了的,即一个点是否属于点集是确定的。现在,点集里可能有一个点确实有最大的坐标,这时它显然就代表所求的最小上界。这样的点集的例有:

(a) 一切 0 与 1 之间的点,包括 1 在内;

(b) 上述点集的一切点,再加上点 2。

在前一种,点 1 是最小上界;在后一种,点 2 是最小上界。但是点集可能是这样的:它不含有位于最右的一点,即当我们设想把它的点按坐标大小排列的时候,尽管它们不越过坐标轴上的某一点 A,但点集里却没有具有最大坐标的点。这样点集的一例,就是上述的一切 0 与 1 之间的点,但端点不在内。在这个例子里,最小上界是点 1,它本身不在集内,但在它左边任意近的地方,却还有集里的点。我们给出下面的定义,它显然包括上面 3 个例子的情况:

那个不一定属于点集的点 G,如果具有下面的性质,就称为点集的最小上界:在 G 的右边,不再有点集的点,但是在 $G-\varepsilon$[①] 的右边,不管 ε 多小,总可以找到点集的至少一个点。[②]

以前说明了用无尽十进制数来表示实数的方法。在弄清楚关于最小上界概念之后,就可以利用该表示法来证明它的存在如下:

我们先看看哪些整数被点集的点越过,哪些不被越过。这是可能的,因为我们假定点集是完全确定了的。设 a 为被越过的最大整数,因而 $a+1$ 不被越过。这时就有两种可能性:或者 $a+1$ 被点集中的某个点所达到,或者不被任何点达到。在第一种情况下,$a+1$ 就是点集的最小上界。

在第二种情况下,我们把区间 $a\cdots\overline{a+1}$ 平分为 10 段,得到以下各点

$$a=a.0, a+0.1=a.1, a+0.2=a.2, \cdots,$$
$$a+0.9=a.9, a+1=\overline{a+1.0}。$$

这里面十进制数的缩写是容易理解的。把这些数和点集里的点比较,就又从中找到一个被越过的最大数 $a.a_1, a.\overline{a_1+1}$($a_1=9$ 时,它就是 $a+1$),它或者被达到,或者不被达到。

在第二种情况下,我们把区间 $a.a_1\cdots a.\overline{a_1+1}$ 再平分为 10 段,得到

$$a.a_10, a.a_11, \cdots, a.a_19, a.\overline{a_1+1},$$

再把这些数和点集里的点相比较,就得到两个数 $a.a_1a_2$,$a.\overline{a_1a_2+1}$。我们看到,当这步骤继续下去时,或者有限多步后得到一个属于点集的数,它就代表所求的最小上界;或者得到一个无尽序列的区间,它

---

① 应明确规定 $\varepsilon>0$。——中译者
② 在 G 不属于点集的情况下,由于 ε 可以选得任意小,由上面定义可知,在区间 $G-\varepsilon<x<G$ 里,有点集的无穷多个点,所以 G 是点集的聚点。反之,若 G 属于点集,则这个说法不一定正确,如上面第二例所示(孤立最小上界)。

们每一个含在前一个里面,而它们的长则无限制地趋于 0。根据魏尔斯特拉斯关于实数相等的定义,这些区间的左端点和右端点确定同一个不尽十进制数①。这个数就代表问题中的最小上界。也许我可以把证明的思路简短地概括如下:

在证明最小上界的存在性时,是明确地把它用准确的十进制数代表的②。

由于第二个定理对函数论的重要意义,K. 魏尔斯特拉斯在他的讲演里总是把它放在显著地位。因此,从第一定理的证明到第二定理,我们并没有中断讨论的一般性,我们只要指出,若把区间的端点构成的序列 a 和 $a+1$ 看作无穷点集,则序列的极限点可以看作点集的聚点。用 x_0 表示聚点,则聚点的定义如下:

若正数 ε 不论多小,$x_0-\varepsilon$ 和 $x_0+\varepsilon$ 之间总有点集的无穷多个点,则 x_0 称为点集的一个聚点。

证明第二定理时,我们采用的方法仍然是确实找到具有所需性质的 x_0 的十进制数表示。由此也可以看出,在每一个具体情况下,我们如何得到这样一个十进数来代表所求的实数。

首先仍把区间 a 到 $a+1$③ 平分为 10 段

$$a.0,a.1,a.2,\cdots,a.9,\overline{a+1.0},$$

在这些小段中,至少有一个含有点集的无穷多点。设这样一个区间是 $a.a_1\cdots a.\overline{a_1+1}$。对于这个长度只有原区间的 $\frac{1}{10}$ 的区间,重复采用同样步骤,以得到 10 个长度相等的小区间

---

① [参看第一卷第 30 页。]

② [与此类似,当然可以证明,有下界的点集必有最大下界。]

③ 在这里作者假设定理 2 中的 A 和 B 用实数 a 和 $a+1$ 代表,这只需适当地选取坐标原点、单位长和坐标轴正向即可。——中译者

$$a. a_1 0, a. a_1 1, \cdots, a. a_1 9, a. \overline{a_1 + 1},$$

这样得到的小区间长度是最初的 $\frac{1}{100}$。它们中至少有一个区间含有点集的无穷多点。假定它是 $a. a_1 a_2 \cdots a. a_1 \overline{a_2 + 1}$。你们看,我们又得到了一个无尽序列的区间,每一个含在前一个里,而它们的长趋于 0。这个区间序列所决定的无尽十进制数 x_0 的确就代表所给点集的一个聚点,因为在序列的每一个区间里,总有点集的无穷多点。所以,在这里又可以看出:我们证明聚点 x_0 的存在,是把 x_0 通过按一定规则进行的步骤,表示为十进制数,这样,我们就回到关于实数用十进制数代表的定义。

这里论述的关于点集的两个定理,向你们提供了例子,说明在单个自变量的讨论中,精确数学是怎样的一种事物,而且在证明中,我们如何运用了超越直观的绝对准确性原理。

第二十三章　实变量 x 的函数 $y = f(x)$

23.1　函数的抽象确定和经验确定(函数带概念)

到此为止,我们只谈论了自变量 x 的定义,现在我们要讨论函数 $y = f(x)$。我们要问,从精确数学的观点和从近似数学的观点,函数分别应当如何理解?

现代数学所采用的函数的最一般定义是从规定自变量 x 能有哪些值开始的。我们规定 x 在某个"点集"里变化,所以用的是几何的术语,但却是为康托尔-戴德金公理所确定的,因而是在算术意义上来理解的。

若对应于点集里的每一个 x,有一个确定的 y,则 y 称为 x 的函数,用记号表示是 $y = f(x)$(这里 x 和 y 都是精确地确定的实数,即它们是十进制数,其中各位数都是确定的)。

通常 x 是在坐标轴的一段上连续地变动的,即它在两个固定点 m, n 之间的一切点所构成的点集上运动(用另一种说法,这样一个点集称为区间 mn,而且当端点属于区间时,称为闭区间;当端点不属于区间时,称为开区间)。这样,我们就得到一个函数的老牌定义,例如 P. G. L. 狄利克雷所用的定义:若对应于区间里每一个数值 x,有一个完全确定的数值 y,y 就叫作 x 在那个区间里的函数。

但这是精确数学里当时最广泛的函数概念。作为参考,我还要举出 A. 普林斯海姆在《数学百科全书》里的文章：

《一般函数论》("Allgemeine Funktiontheorie",《数学百科全书》第 2 卷[1899 年完成]第 1—53 页)，它以优美的方式说明函数概念是如何扩充的。

关于经验数学里的函数概念，我的想法已经在引言最后所举出的文章里说明了。下面接着所说的可以看作那里所介绍的概念的发挥。

M. 帕施分两步论述了类似思想：他所讨论的范围虽窄，但很有趣味。第一步见《新几何学讲义》(*Vorlesungen über neuere Geometrie*，莱比锡，1882 年；在那里，帕施从经验给定的点和直线开始，上升到抽象的表述①)，第二步见《微积分引论》(*Einleitung in die Differential- und Integralrechnung*，莱比锡，1882 年)。我向你们特别推荐这本书，请多加留意；还可以参考帕施在《数学年刊》第 30 卷，1887 年，第 127—131 页②所作的与此类似的阐述。

最近丹麦数学家叶尔姆斯列夫(J. Hjelmslev)在一系列著作中讨论了建立经验几何的问题，这种几何是受精确实验制约而与实践不矛盾的一门科学：

(1)《现实的几何》，《数学学报》(*Acta math.*)第 40 卷(1916 年)，第 35—66 页。

(2)《自然几何》，《汉堡大学数学讨论会论文集》(*Abhandl. aus dem math. Seminar der Hamburgischen Universität*)第 2 卷(1923 年)，

---

①　[第二版有德恩所作的附录：《奠定几何基础的历史过程》("Die Grundlegung der Geometrie in historischer Darstellung"，柏林，施普林格，1926 年)。]

②　P. 杜布瓦-雷蒙(du Bois-Reymond)在他的《一般函数论》(*Allgemeinen Funktiontheorie*，图宾根，1882)中讨论了这个问题，而且是从"理想"和"经验"的区别中引出来的(他把空间直观作为经验)，但他由此没有得到正面的数学好处，反而由于发挥了他的主观信念而迷失了方向。

第 1—36 页。

(3)《初等几何学》(三卷),哥本哈根,1916－1921 年。这是丹麦一些学校采用的教材。

介绍了文献后,我们要问:

在经验几何里,我们应当怎样看待方程 $y=f(x)$?

我们先作一个直角坐标系,并提出这样的问题:当我们用钢笔或者用一种记录仪器(比方说,把气温作为时间的函数)画出一条连续曲线(图 23.1)的时候,作为 x 的函数,y 决定到什么程度。我们也可以不作出一条连续的线路而用一连串不连续的单个点来表示曲线(图 23.2)。从近处看,这一串的点的确是不连续的,但我们却感觉到那里有一条实在的曲线,而且从远处看,还会觉得看到一条连续曲线。

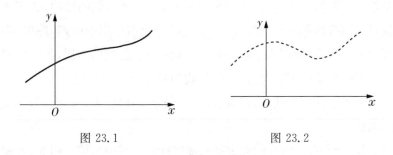

图 23.1　　　　　　　　　图 23.2

这里所举的简单例子,实际上是我们视觉的一个特性,这在别的场合也会出现。例如当你看远处的树林时,你并没有感觉到它是由一棵棵树构成的,你所得的印象是树林的轮廓;同样,当你看到拥挤的人群的头部时,也感到视觉的这个特征,即只是对人头的集体有一个概略印象。所以,我们要说,大量靠得紧密的小事物,会给我们一个连续的印象。

上面提到用钢笔画出来的一条连续曲线。但是,如果用一个足够精密的显微镜去观察,就会发现,它是由许多小点点构成的。所以对上面所说的那句结论,还要补充如下:当我们认为面对着一个连续的事物的时候,如果仔细观察,就往往发现,它只是由紧密相接的小部分构成的。

上面只是把这个性质看成视觉对相互挨近的东西的印象。但是它也适用于在时间上紧密相接的视觉印象。在很短的时间间隔里一个挨一个的视觉印象也会融合为一个连续的东西。电影就是如此。

研究如何去解释这些现象,是生理学和心理学的事情。在这里,我只指出,我们的视网膜是由不连续的紧挨着排列的感锥构成的,很可能每单个的感锥只能留下某一个视觉印象。因此,对我们来说,观察到一个实际上连续的东西,或者一串充分接近的东西的集合,其间是没有区别的。当然,关于视觉的机制,关于视网膜的结构,关于光线对视网膜所起的化学变化,关于这些变化所经历的时间,等等,生理学和心理学的研究已达到什么地步来揭示感觉的实质,我只好请专家们作出论断了。对这个问题,我们只能说明如上。

联系上面的论述,我们现在问:一条经验曲线如何确定 y 作为 x 的函数?

我们回答:x 和 y 的确定都只能准确到一定的阈值。因此,经验曲线不是确定 y 作为 x 的精确的函数,对于每个 x,其对应的 y,只能确定到一定程度的准确度。

我们把这个事实写成

$$y = f(x) \pm \varepsilon,$$

其中不确定的 ε(在一定情况下,它也可以看成 x 的一个函数),满足一个不等式 $|\varepsilon| < \delta$,即这个小的数量 ε 是限在一个阈值 δ 之内的。

这样一个有一定宽度的图形 $y = f(x) \pm \varepsilon$,在上述我在 1873 年的论文中叫作一个"函数带"。于是,我们就可以简短地说,由经验确定的曲线不是界定一个函数而是界定一个函数带。

23.2 关于空间直观的引导作用

由于经验曲线只能确定函数到一定的准确度,现在我们把上面认为有争议的心理问题放在前沿地位。我们能否从空间直观的一条曲线形象准确地感知一个函数?

这里所说的对曲线的"感知",不能和对下面的规律的理解相混淆:那就是,根据已假定为绝对准确的公理,精确地界定一条曲线。这里所涉及的毋宁说是关于一个具体图形的生动记录。

在前面已经说明如何在坐标轴上表示点集之后,我对上面提出的问题的回答就不会使人惊异了。在上面提到的 1873 年的论文中,是这样叙述的:即使一条曲线不是画出来的,也不是眼睛看到的,而只是"感知"的,它也只能有有限度的准确度,即它不属于精确数学的函数概念,而是与函数带概念相符合。

下面我们将揭示这个观点的正确性:我将按照公理体系的要求,把多样化的曲线界说清楚,那样的曲线是根本不能感知的(通过这个方式,人们可以清楚地了解关于曲线的这些概念的产生规律)。

在数学文献中,已出现了与此相反的观点,尤其是有 A. 克普克(Köpcke)在《数学年刊》第 29 卷(1887 年)第 123—140 页所提出的观点,我愿意在此讨论这个观点,因为虽然它不是准确地提出的,却传播得较广。

为了说明克普克的观点,我必须提到一些将来要详尽讨论的概念。

函数中有特殊的一类是连续函数,而连续函数中又有特殊的一类是可微函数。若函数可微任意多次,它就称为无穷次可微的。

克普克所说的是:我们能准确感知的曲线 $y=f(x)$ 只限于 $f(x)$ 不但连续而且无穷次可微的情况,至于那些曲线,其中的连续函数没有微商的,则根本不能感知。

你们看它和我的观点相去多远。我认为,空间直观总是不准确的,而克普克则以为,空间直观足够确定一定类型的函数,但他又排除了其他类的函数。

人们可能以为,生理学和心理学对这个问题已经研究过了。看来不是这样,在克普克和我之外,唯一详尽探讨这个问题的数学界人士是 M. 帕施,他的观点见上面提到过的教材以及《数学年刊》第 30 卷(1887 年)。在不同科学接壤处,最重要问题的研究展开得太少了! 目前,可以指出这样一个被忽视的问题:现代的数学算术化(即把数学系统地建立在现代的实数概念基础上),在数学界之外,了解的人越来越少,懂得它的重要性的人就更少了。

23.3　自然规律的准确度(附关于物质构成的题外话)

我愿意暂时离开主题而去论述自然哲学中与此联系着的下面问题:

当我们通过经验或者能从推理得到一个确切函数 $y=f(x)$ 时,它和自然规律的准确性有什么关系? 它是精确的还是近似的?

让我们考虑物理或自然科学中所论及的任何一项规律,例如落体定律:

$$y=\frac{gt^2}{2}+ct+c'。$$

这个定律和观察吻合到什么程度呢? 在这里,我们的答案仍然是:仅仅是近似的。同样,把一个物体投掷出去时,它的轨道也不是一条准确的抛物线,弹道曲线可以偏离抛物线很远。一个网球运行的曲线可能有向上的尖点。

那么如何看待一个作为绝对准确描述的规律和受到干扰所造成或观察中所产生的偏离呢?

这里有一条新的原则,即对自然说明的简约原则或思维经济原则①,它在当前情况下可以叙述如下。

在陈述自然规律时,人们愿意(不是基于表述的考虑而是不自觉地)采取能足够准确地表述现象的最简洁的公式。

这里对落体所说的话也适用于似乎是最确凿的自然定律,如质量与能量守恒定律。

在大多数(特别是化学方面)的研究中,质量基本上是常数,用公式表示

$$M=常数+\varepsilon(t),$$

其中 $\varepsilon(t)$ 是时间的一个函数,但只有很小的值,此外,人们的经验对于它还没有任何确定的结论。

对于能量也是如此。在研究中,它基本上是作为不变的量存在,但从绝对准确的观点来看,却绝非如此。② 因此,我们必须说,我们最普遍而且对世界观最重要的自然规律也只是在有限的范围内和在有限度的准确度内为实验所验证。可以说:

用简洁公式作为自然规律是基于这样的愿望:用可能最简单的工具去把握外界现象。

从科学立场出发,对于每个自然规律——为了不把它看作教条,

---

① 这是马赫主义者的用语。但在这里,作者强调了前提条件"能够足够准确地表述现象"。所以不能据此认为作者是马赫主义者,请阅下文。——中译者

② 这个准确性问题至今考虑得极少,至少比质量守恒的研究要少很多。

即不作为绝对正确而不必证明的定则——总要提出这样的问题:它在什么准确度的限度内为观察所验证? 人们通常会发现,它的准确性比人们所设想的要小得多。

我想用一个例子来说明我所说的情况。这个例子采自天文学,一门准确性很高的经验科学。我利用了下面的著作:

纽康:《4 个内行星的主要情况和天文学的基本常数》(S. Newcomb: *The elements of the four inner planets and the fundamental constants of Astronomy*,华盛顿,1895 年)。

在这本著作里,纽康在他毕生研究大行星运动的基础上给出全部"天文常数"的最佳值,为当前天文界所采用;他还给出这些常数的确切的准确幅度[1]。

在第 118—120 页里,他讨论了牛顿关于两个质量体之间的引力定律

$$f=\frac{kmm'}{r^2} \quad (k 为固定常数),$$

在很大程度上为观测所证实。

他把观察区分为 3 类:

(1) 在地球上的观测,这时 r 所在的区间是从若干厘米(实验室研究)到地球半径;

(2) 当 r 所在的区间是从地球半径到日地距离时的观测(落体定律,月球和地球相对于太阳的运动);

(3) 当 r 大于日地距离 20 倍时的观测(远行星运动)。

关于牛顿引力定律的适用程度,或者说,这个定律为 3 类观测所

---

① [晚近,在《数学百科全书》里有包辛格(J. Bauschinger)的一篇综合性文章(Ⅵ₂,17;完成于 1919 年):《天文常数的测定及其间的关系》("Bestimmung und Zusammenhang der astronomischen Konstanten")。其中的常数也是一律用区间的形式给出的。]

完全证实的准确度,纽康指出,其不确定度为

(1) 在上述的第一个区间里,等于引力 f 值的 $\frac{1}{3}$;

(2) 对于地球半径到日地距离的区间里,等于 f 值的 $\frac{1}{5\,000}$;

(3) 对于直到最远行星的区间,不确定性极小。

当然,例如在第一类观测中,所说的准确度并不表明从定律算出的数值误差达到 $\frac{1}{3}f$,而是说明现有的物质条件可能导致那样的误差。

我还要指出值得注意的一点:美国天文学家霍尔(Hall)为了解释水星运动的某些不规则性[①],把牛顿定律用

$$f=\frac{kmm'}{r^{2+0.157\,4\times10^{-7}}}$$

代替。

因此,无论如何,我们要说(这支持了我的论点):

即使是经过实验证实为普遍适用的牛顿引力定律,其准确度也受很大限制。

与上面论述相联系,请让我谈谈有关的自然哲学问题。这是我在引言里所提到的,哥廷根哲学系关于贝内克奖征文课题的专家报告里所讨论到的。

这里的问题也基本上是一些数量的近似估计和严格的实数定义的区别问题。特殊地,它涉及物质的内部结构问题(你们马上就要看到,这如何和我们讨论的内容相联系)。

---

① [我们知道,爱因斯坦相对论迈进了一大步,并导致观点的改变。奥本海姆(S. Oppenheim)关于牛顿引力理论的详尽评论文章(1920 年完成),见《百科全书》(Ⅵ₂,22)。]

关于物质的内部性质,有两种极端观点:

(1) 一种观点认为物质确实是连续地充满空间的(连续论)。

(2) 另一种观点认为空间是由分开的呈严格粒子状的质量积聚成的(极端原子理论)。

大多数科学家目前站在中间地位。他们看到物质是由分子构成的,但不是把分子看成点而是认为它本身就是一个复杂的世界。

第一个极端早些时候是奥斯特瓦尔德(F. Ostwald)和他的学派(唯能论者[Energetiker])所主张的。他们排斥原子理论。第二种观点主要为法国经典学派的数学家所主张,尤其是拉普拉斯(Laplace),而且长期占统治地位,例如 1847 年亥姆霍兹(Helmholtz)在他的最早著作里就把它作为指导观点。在那里,他假定互相分隔的质点通过中心力相互作用。这是从牛顿起在天文学中占统治地位观点的推广。

此外,这第二个极端有时候还进一步强化了。人们提出这样的问题:时间是否也是不连续的? 换句话说,会不会每一个运动都只是在不连续的时间间隔里跳跃地进行的? 人们可以从电影引出这个想法,电影就是把不连续的过程表现为连续的。克利福德(W. K. Clifford 的《关于物理力的理论》[*On theories of the physical forces*],《皇家学会报告》,1870 年,重印在《讲演与论文》[*Lectures and Essays*]第一卷,第 128—138 页,伦敦,1901 年)和玻尔兹曼(L. Boltzmann)实际上就是这样主张的①。

怎样能把如此不同的观点统一起来? 这就是数学家所感兴趣的问题。我们必须说:

这些不同的假设可以归结为我们从感觉得到印象的不准确性,

---

① [人们知道上述关于不连续观点在现代量子论中获得了完全的发挥。]

因为感觉的印象实际上不属于精确数学而属于近似数学。

我们将采取上述观点。但从根本上来说,这是严肃数学从事论证的前提。数学家既没有能力去判断"自然的本质",也不以它为课题,他只能把它留给能干的科学家去做——如果真有可能得到确定结果的话。数学家能够而且应当判断,在多大程度下,基于适当条件的不同的前提会导致大体相同的结果。对于近似数学,这的确是个大课题。

23.4 经验曲线的属性:连通性、方向、曲率

在这些一般的论述以后,我回到一个确定的问题。

每个人都会把经验曲线(例如用手画的曲线)的概念和某些性质联系起来。对于精确数学里的曲线 $y=f(x)$,能否把函数 $f(x)$ 加以限制,从而赋予它们类似的性质?

把我所想的性质列举如下:

(1) 经验曲线所具有的第一个性质是连续性,即曲线在它的最小局部是连通的。

这相当于 $f(x)$ 通过一切中间的值,或者更准确地:

若 $f(a)=A$,$f(b)=B$,则 $f(x)$ 在从 $x=a$ 到 $x=b$ 的区间里,确实经过 A 与 B 之间的一切值。我们将要看到,所谓的连续函数有这个性质(图 23.3)。

(2) 我们从经验曲线中推出的第二个性质是,对应于它的连续性,它和 x 轴以及两条平行于 y 轴的直线包围着确定的面积(图 23.4)。在这里,我们假设曲线和每一条与 y 轴平行的直线交于一点。

面积存在这个要求并没有对连续函数 $f(x)$ 提出新的限制。

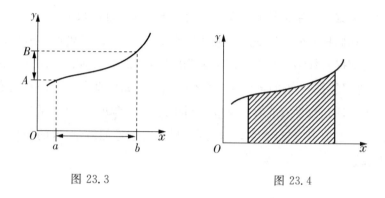

图 23.3 图 23.4

我们将发现,对于在区间 $a \leqslant x \leqslant b$ 连续的函数 $f(x)$,这个面积,即定积分 $\int_a^b f(x)\,\mathrm{d}x$ 是完全确定的。换句话说,每一个连续函数是可积的。

(3) 从经验曲线的一般路线来看,也就是从纵坐标的升降来看,我们发现,纵坐标在区间内或区间上有一个最大值和一个最小值,而且在区间内只有有限多个极大值或极小值(图 23.5)。

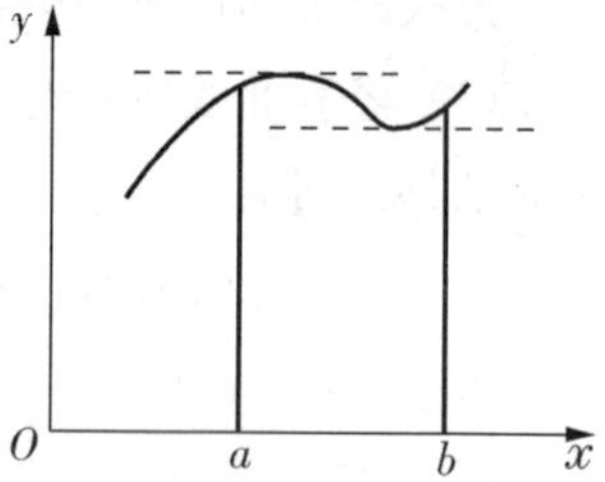

由算术方法确定的连续函数,在有限区间里,极大值和极小值可能有聚点。例如,若 $y = \sin \dfrac{1}{x}$(图 23.6),在从 $x = \dfrac{2}{\pi}$ 到 $x = -\dfrac{2}{\pi}$ 的区间里,函数

图 23.5

在 $y = +1$ 和 $y = -1$ 之间上下摆动无穷多次(在接近原点时,摆动次数无限制地增加)。或者,函数 $y = x \sin \dfrac{1}{x}$ 在一个含原点的有限区间里有无穷多个极大值和无穷多个极小值(图 23.7)。第二例有一个优

点,函数不但在原点的左右是连续的,它在原点处也是连续的。[1]

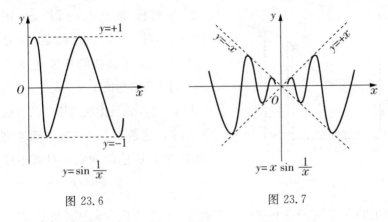

图 23.6　　　　　　　　　　图 23.7

由此可见,由于不能排除一个连续函数 $y=f(x)$ 在一个有限区间里有无穷多个极大值和极小值,为了和经验曲线一致起来,我们还提出一个特殊的条件:

函数 $y=f(x)$ 在所考虑的区间里,可以分解成有限多段,每段都是单调的。

(4) 对于经验曲线,我们赋予它一个方向。[2] 什么是方向? 在这里我们给一个最自然的答案,它和我们从微积分学所知道的定义不能混同。

我们用一条有限宽度的小溪来表示所画的曲线。这样,所确定的纵坐标只准确到一个阈值 δ 的范围内(如果嫌小溪宽度太明显,下面

---

[1]　这里无形中规定了 $x=0$ 时, $x \sin \dfrac{1}{x} = 0$。这是可以接受的,因为虽然在 $x=0$ 处, $\sin \dfrac{1}{x}$ 没有确定值,但在任何别处,正弦的值是在 -1 和 $+1$ 之间。——中译者

[2]　原文为 Richtung,是作者针对经验曲线采用的一个术语。英译本均译为 slope,即"斜率",似不妥。作者在本卷中极少使用"斜率"(Steigung)这个词,只在涉及精确函数时才偶尔提及。——编者

我们就把它看成一条缩窄了的带)。为了确定方向,我们进行如下:

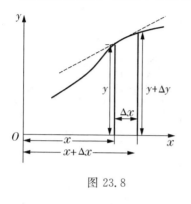

图 23.8

在坐标轴上取一段 Δx(图 23.8),相对于小溪(带)的宽,Δx 是大的,但相对于曲线的整体,它是小的。对于横坐标值 x 和 $x+\Delta x$,求出 y 和 $y+\Delta y$,并且把端点用一条直线连起来。这条线当然不能准确地决定,因为它所连的两点本身就不准确。但是,它实际上就代表那条带在那里的方向,它只有有限度的准确性。这个方向我们用差商 $\dfrac{\Delta y}{\Delta x}$ 来度量[①]。这样,我们可以简单地说:

一条经验曲线在每一点上有一个方向,它用差商 $\dfrac{\Delta y}{\Delta x}$ 表示,这个比值总是确定在一定的幅度里,这里的 $\Delta x \neq 0$ 是一个有一定大小的量。它相对于曲线整体是小的,相对于带的阈值是大的,经验曲线和从 x,y 到 $x+\Delta x,y+\Delta y$ 的连线实际上是近似地一致。

现在,另一方面,是否每一连续函数都有导数[②]?

导数的定义是

$$\lim_{\Delta x \to 0} \frac{\Delta y}{\Delta x}, \Delta x \neq 0,$$

并且写成 $\dfrac{\mathrm{d}y}{\mathrm{d}x}$,其中 d 表示已经取了极限,但是在这里,我们必须考虑,从刚才所说的差商到导数要经过两个极限过程。这两个过程以一定

---

① 更一般地,可以令 $\dfrac{\Delta y}{\Delta x} = \dfrac{y_1 - y_2}{x_1 - x_2}$,其中 x_1 和 x_2 是在 x 的左和右一定距离处。

② 亦称微商。——中译者

次序实现:首先是带的宽,然后是坐标轴上线段 Δx 无限制地缩小。

关于极限过程,有一个普遍性的基本定理:先不管极限过程是怎样实现的,但当有不止一个极限过程的时候,它们的次序是必须明确规定的。

以前,数学家并不是根据这个基本定理行事的,他们相信每一个连续函数都有导数。但经过 B. 波尔查诺(B. Bolzano)、B. 黎曼和 K. 魏尔斯特拉斯等人的研究,人们知道连续函数可以根本没有确定的导数,即有时候 $\dfrac{\Delta y}{\Delta x}$ 根本不存在像上面所界定的极限。我们以后将详尽地阐述这个问题。

相反的观点是怎样产生的呢? 我们还不能肯定地说毛病出在哪里。但是,那个认为一个连续函数必然有一个确定的导数的错误假定,起因于人们设想经验曲线的宽度和增量 Δx 同时缩小,而且在缩小时,那条曲线和直线在区间 Δx 里保持一致,而这正是它们形象的要点。一般地,对于严格的函数所代表的曲线的一小段同一条直线差不多。

如果这个解释是正确的,那么,错误结论之所以产生,就是由于我们同时而且同步地进行两个极限过程,可是这两个极限过程是应该一个接一个进行的。

后面还要更准确地阐明连续函数可能没有导数。在这里,我们只需知道连续函数不一定有导数。因此,为了和经验曲线保持一致,既然经验曲线是有方向的,就必须对连续函数加一个条件,即它的导数存在。

(5) 同样没有问题的是,每条经验曲线有曲率。

一条曲线的曲率等于经过曲线上 3 个适当选取点的圆半径 ρ 的倒数 $\dfrac{1}{\rho}$。若这 3 个点是

$$x, y; \quad x+\Delta x, y+\Delta y; \quad x+2\Delta x, y+2\Delta y+\Delta^2 y,$$

那么,曲率本质上要涉及二阶差分 $\Delta^2 y$,或者在除以 $(\Delta x)^2$ 后,涉及二阶差商 $\dfrac{\Delta^2 y}{(\Delta x)^2}$。它度量曲线和直线 $(\Delta^2 y = 0)$ 间的偏离度,我们也可以把它写成

$$\frac{f(x+2\Delta x) - 2f(x+\Delta x) + f(x)}{(\Delta x)^2}。$$

实际上我们如何选择这 3 点呢?显然和上面类似,它们的距离,相对于带的宽度是大的,相对于带的整体是小的。因为现在 3 个点都可以在带里移动,所以对于由经验给定的带的二阶差商(以及曲率)满足我们要求的精确度总是要小于一阶差商,以及曲线方向所具有的精确度。

当涉及三阶,四阶……差商的时候,这种不准确性还要增加。

为了和经验曲线保持类似,对于精确数学中的曲线,我们自然需要假定二阶或更高阶的导数存在。

把(4),(5)两点合并,就有:

由经验给定的曲线有方向和曲率(一阶和高阶差商),这是人们感觉到的;为了使精确界定的函数所代表的曲线能有相应的性质,我们不但要假定该函数是连续的,在有限区间里有有限多个极大值和极小值,还要明确假定它有一阶以及一系列更高阶导数(需用多少,就假定多少)[①]。

―――――――――――

① 为了一致性,我们当然可以作更多的规定。对于经验曲线,它在一点的方向和曲率等也确定它在更大范围内的形状(这是显然的,因为我们是在更大范围内导出方向曲率等的)。奥腾森的 A. 克普克(我在第 21 页曾经提到他,在《汉堡科学研究文集》[Hamburger Naturforscherversammlung]对他有详尽的评论)对精确数学中的函数 $y = f(x)$,也要作那样的要求。这样,他得到的自然是比我们所讨论的更窄的一类函数。克普克要求这类函数比别的函数在直观上有更高的层次。我们的想法当然和他相反,我们认为,函数都不是直观的,只有函数带才是直观的。

23.5　关于连续函数的柯西定义和经验曲线类似到什么程度

上面最后的结论决定了我们下面的计划。为了对函数 $y = f(x)$ 所代表的曲线赋予从经验提炼出来的性质,按精确数学的观点,对函数 $f(x)$ 需有一系列严格的定义。

首先是连续性定义。

在这里,我按着历史顺序给出它以及有关的许多较初始的定义,这些都可以在下面两本基础性著作中找到:

柯西:《分析教程》第 1 卷(*Cours d'analyse*,Bd. 1,巴黎,1821 年),以及《微分学课程概要》(*Résumé des leçons données sur le calcul infinitésimal*,巴黎,1823 年)。柯西(1789—1857)在综合技术学校讲授了这门课。

在这方面,另一位开拓者独立于柯西作出了努力,但他的名字很晚才广泛地为人所知晓。他就是波尔查诺(1781—1848),他从 1817 年起就在布拉格工作。关于他对微积分的历史贡献,可参考施托尔茨在《数学年刊》第 18 卷(1881 年)第 255—279 页的文章《关于波尔查诺对微积分学的历史贡献》("Über Bolzanos Bedeutung für die Geschichte der Infinitesimalrechnung")。在这里,就像在科学里经常发生的那样,历史的发展总是与一个人的名字紧密相连,但这种发展却可能在许多地方同时出现。

那么,连续性的柯西定义是怎样的呢?

一个函数 $y = f(x)$ 在点 x_0 连续的条件有二。首先,它在这点唯一地确定;第二,对于无论多小的正数 η,总有一个具有如下性质的正数 ξ:在每一个含 x_0 在内的区间里的两点 x, x',只要 $|x - x'| < \xi$,就有 $|f(x) - f(x')| < \eta$。用更直观的方式表达就是:无论 η 如何选取,总有一个含 x_0 在内、长度为 $\xi > 0$ 的这样一个区间,在该区间内

部的一切点偶 x 与 x',其函数值的差的绝对值小于 η。

若条件 $|f(x)-f(x')|<\eta$ 只对于以 x_0 为端点的区间成立,则 $f(x)$ 称为在 x_0 半连续;而且按照长度为 ξ 的区间是在 x_0 的右边或左边,$f(x)$ 依次称为右连续或左连续。现在,一个函数在一个区间里连续意味着什么就容易界定了。这就是,它在区间里每个点连续,但对于闭区间,在它的左端点,只要求右连续;而在右端点,则只要求左连续。

在这些定义的基础上,我们现在证明:在闭区间 $a{\leqslant}x{\leqslant}b$ 里,连续的函数经过 $f(a)$ 和 $f(b)$ 之间的一切值。

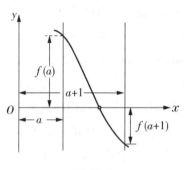

图 23.9

我们以一种特殊的形式证明这个定理,但这证明显示了一般原理。设 $f(x)$ 在整数 $x=a$ 和 $x=a+1$ 之间连续,并假定 $f(a)>0$,$f(a+1)<0$(图 23.9)。我们证明,$f(x)$ 在 a 和 $a+1$ 之间,至少有一次是零。

从经验来看,若一条连续曲线在 a 处位于横轴之上而在 $a+1$ 处位于横轴之下,则在 a 与 $a+1$ 之间显然要和横轴交于至少一点。可是理论上我们必须从所选取的连续性定义出发,在早已奠定的实数概念的基础上来证明这个定理。换种方式表达:我们要验证柯西的定义的有效性,方法是证明它暗含着由经验曲线的连续性(这是连续性的概念的自然来源)立刻可以引出的定理。

重复一次所要证明的定理:按柯西定义在区间 $a{\leqslant}x{\leqslant}a+1$ 连续的函数,若在 $x=a$ 处是正的,在 $x=a+1$ 处是负的,则在 a 和 $a+1$ 之间至少有一个零点。

证明的方式和关于点集的定理的证明一样,是"十进制证明"。

用十进制数

$$a_0.0, a_0.1, a_0.2, \cdots, a_0.9, \overline{a_0+1.0}$$

把 $a = a_0$ 到 $a_0 + 1$ 那个区间分为 10 等份。

若 $f(x)$ 在这些分点都不等于 0(若它在某分点是 0,就不再需要证明了),那就有第一个区间 $a_0.a_1 \cdots a_0.\overline{a_1+1}$,在它的左端,$f(x)$ 仍是正的,在它的右端,$f(x)$ 是负的。于是长为 $\frac{1}{10}$ 的这个区间具有整个区间所具有的情况。

把长度为 $\frac{1}{10}$ 的区间 $a_0.a_1 \cdots a_0.\overline{a_1+1}$ 分为长度为 $\frac{1}{100}$ 的区间

$$a_0.a_1, a_0.a_11, a_0 \cdot a_12, \cdots, a_0.a_19, a_0.\overline{a_1+1}。$$

在这些分点之一,$f(x)$ 可能是 0,我们假定不是这样。我们选取其中第一个这样的区间,在它的左端,$f(x)$ 是正的,在它的右端,$f(x)$ 是负的。不断继续这个步骤,就得到一个区间套,即一个无尽序列的区间,每个都含在所有以前的区间里,而它们的长度则无限制地趋近于 0。因此,这些区间的左端点所对应的十进制数的序列和它的右端点所对应的序列有共同的十进制数 x_0 作为极限。我们要由柯西关于连续性的定义证明 $f(x_0)$ 等于 0。这个定理可以归结为一个一般性基本定理。

x_0 是一个递减的和一个递增的十进制数序列的共同极限:对于前一序列,$f(x) > 0$;对于后一序列,$f(x) < 0$。这两个序列依次是

$$a_0, a_0.a_1, a_0.a_1a_2, \cdots$$

和

$$a_0+1, a_0.\overline{a_1+1}, a_0.a_1\overline{a_2+1}。$$

于是对于连续函数,有以下定理:

若 x_0 是序列 $x_1, x_2, \cdots$ 的极限,则 $f(x_0)$ 也是函数值序列 $f(x_1)$, $f(x_2), \cdots$ 的极限。

这定理从柯西关于连续性的定义以及极限值的定义可以简单地推得。

据此,上述定理可以立即证明。因为 $f(x_0)$ 一方面是正数序列的极限,另一方面又是负数序列的极限,则只有当 $f(x_0) = 0$ 时,这两方面才不出现矛盾。

在证明中,我们最后用了一个几乎比所证定理还重要的定理。用记号表示,这就是:若 $f(x)$ 连续,则

$$f(\lim x) = \lim f(x)。$$

由这个定理可以推证另一个以后有用的定理:

设 x 为横轴上有理点 $x = \dfrac{m}{n}$ 的集合。从它们可以确定一切无理数,即把无理数作为无穷有理数序列的极限。因此,对于无理数 x_0

$$f(x_0) = f(\lim \text{有理数 } x) = \lim f(\text{有理数 } x)。$$

用文字叙述,即:若一个连续函数在一个区间里的一切有理点的值已经确定,则它在该区间里一切点的值也就确定。若回忆已经论述过的关于在一个区间 (a, b) 里处处稠密的点集的概念,则上述结论即可推广。处处稠密点集的特点是:在区间 (a, b) 的每一个无论多小的子区间里,总有一个该点集的点,我们可以看出,区间 (a, b) 里的点都是聚点,即对于区间中每点 x_0,即使不属于该点集,也有属于点集的点序列,以 x_0 为极限值。于是得到定理:若连续函数的值在一个区间里的一个处处稠密的点集的点已知,则它在该区间里的一切点都已确定。

作为处处稠密的点集,可以选取一切有尽十进制数(因为它们在

横轴上已构成一个处处稠密集),这样就有推论:

若一个连续函数在一切用十进制数代表的点的值已知,则函数完全确定。

23.6　连续函数的可积性

现在到了第二点,即关于曲线下面的面积问题。

我们感到每一条经验曲线段和 x 轴以及经过它的两个端点的纵线包围一定的面积。为了近似地处理这个问题,可以把纸上图形剪下来称一下,然后和一个已知面积,例如 100 平方米的纸的重量比较,这样往往能得到可用的结果。

另一种实用方法是机械求积法或数值求积法,用的是梯形公式和辛普森法则(Simpson rule)。现只谈梯形公式。把所给区间分成充分小的段 Δx(可以让它们长度相等),使各个 Δx 上的曲线段可以近似地看作直线段,因而这部分的面积可以作为梯形面积计算(图 23.10)。把一切梯形面积相加,就得到曲线下的面积

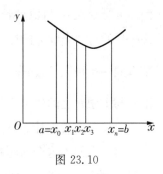

图 23.10

$$\Delta x \frac{y_0+y_1}{2} + \Delta x \frac{y_1+y_2}{2} + \cdots + \Delta x \frac{y_{n-1}+y_n}{2}$$

$$= \frac{\Delta x}{2}(y_0 + 2y_1 + \cdots + 2y_{n-1} + y_n).$$

第三种实用方法是用求积仪[①]。

———————

① ［参考第二卷第 13—18 页。］

在运用实际方法确定面积时,主要的误差来源,通常不在于把那些矩形放在一起来代替那块面积,也不在于 Δx 选择的任意性;最重要的还是作为那块面积边界所画出,或者用其他经验方法所给出的曲线的有限宽度,例如一条 10 厘米长,$\frac{1}{3}$ 毫米宽的带,由于宽度所产生的误差是 $\frac{1}{3}$ 平方厘米。

那么我们如何在理论上把握这个事物呢?

理论上的论述从总和 $S = \sum_{1}^{n} \Delta x_{\mu} \cdot f_{\mu}(x)$ 开始,其中 n 是把 $a \leqslant x \leqslant b$ 区间任意细分中的子区间数目,而 $f_{\mu}(x)$ 表示子区间 Δx_{μ} 中的任意一个纵坐标。我们考察,当子区间的最大长度 Δn 趋于 0,因而 n 自然无限制地增长时,这个总和的变化。若对于满足条件 $\Delta n \rightarrow 0$ 的每一个细分的序列和每一种对于 $f_{\mu}(x)$ 的选择,这个总和都有同一个极限,这极限就用 $\int_a^b f(x) \mathrm{d}x$ 表示,并且称为 $f(x)$ 在下限 a 与上限 b 之间的定积分。下面要判断的问题是:

这样一个极限什么时候存在?即函数 $f(x)$ 什么时候可积?

第一个回答这个问题并且以一般方式加以处理的是黎曼,他在 1854 年的就职论文里对此作了论述。其论文是:《关于用三角级数代表任意函数的可能性问题》("Über die Darstellbarkeit einer willkürlichen Funktion durch eine trigonometrische Reihe")[①]。

我们从考察在 $a \leqslant x \leqslant b$ 区间内有界的函数开始,在这里,绝对值不超过一个固定数 K 的函数称为有界。这样一个函数不一定连续。我们将在下面证明,它在整个区间内以及在每个子区间内有一个最

---

① 《数学全集》(*Mathematische Werke*),第 213—251 页。

小上界和一个最大下界。G_μ 是函数在子区间 Δx_μ 上的最小上界，g_μ 是最大下界，则 $f_\mu(x)$ 就介乎 g_μ 和 G_μ 之间（图 23.11）。于是我们得：我们原来的总和 $\sum \Delta x_\mu f_\mu(x)$ 的值介于上界 $\sum \Delta x_\mu G_\mu$ 和下界 $\sum \Delta x_\mu g_\mu$ 之间，而

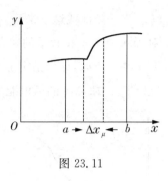

图 23.11

这两和之差是 $\sum \Delta x_\mu D_\mu$，其中 $D_\mu = G_\mu - g_\mu$，并且称为 $f(x)$ 在第 μ 个小区间上的变差。

可以证明（但我们不加详述），对于有界函数，当 $\Delta n \to 0$ 时，$\sum \Delta x_\mu G_\mu$ 和 $\sum \Delta x_\mu g_\mu$ 趋于两个极限 A 和 B，而 $\sum f(x_\mu) \Delta x_\mu$ 也总在它们之间。若极限 A, B 都等于 C，则 $\sum f(x_\mu) \Delta x_\mu$ 的极限必然存在，并且也等于 C。可是，如果在子区间的最大长度 Δn 充分小时，$\sum \Delta x_\mu D_\mu$ 可以变得任意小，则 A, B 肯定相等，因而有界函数 $f(x)$ 可积。

特殊地，我们要证明，对于每一个在闭区间 $a \leqslant x \leqslant b$ 之间连续的函数——这样一个函数必然有界——可以使和 $\sum \Delta x_\mu D_\mu$ 任意小。

在进行证明之前，我还必须指出关于连续性的一个细节，但我不准备详细讨论。

上面已经指出：若对于每一个 ξ，使得对于一切满足 $|x-x_0|<\xi$ 的 x，就有 $|f(x)-f(x_0)|<\eta$，则函数 $f(x)$ 称为在 x_0 处连续。

现在，当 x_0 在 $a\cdots b$ 区间移动时，连续性的变化如何？即当 x_0 在区间上运动时，连续性的程度[1]会有什么变化？

---

① 连续性条件中 ξ 的值体现连续性程度。——中译者

当一条曲线这里平些,在那里陡些时,就出现这个问题。显然,对于同一个 η,在较平的地方 x_{01},ξ 可以大些;在较陡的地方 x_{02},ξ 就要小些。所以,如果给定 η,在不同的 x_0(按照曲线在那里较平或较陡[图 23.12]),ξ 的值可能区别很大。

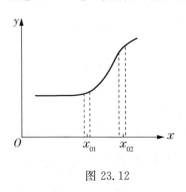

图 23.12

可以利用一条辅助曲线来清楚地表现连续程度。

选择 x_0 为横坐标,$10^4\xi_0$ 为纵坐标。所得的曲线(对于已给的 η,它表现 ξ 依赖于 x_0 的情况)在整个区间内,其纵坐标都是正的。但是还不能排除辅助曲线会有图 23.13 所示的情况。其纵坐标会在一个或更多地方附近任意接近 0,然后突然跳到高处。而由于 $f(x)$ 的连续性,曲线的纵坐标在那个地方本应该等于 0。于是辅助曲线将在那些地方有不连续点。若发生这种情况,原来的函数在区间里就称为"非一致连续",我们说:

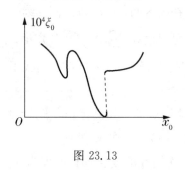

图 23.13

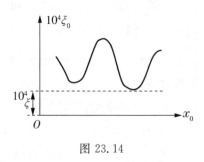

图 23.14

假定了函数在区间的每个单独的点连续,并不能排除在整个区间上它的连续性是非一致的,即不能排除,有这么一些地方,在那里,ξ 的值比任何已给的值都小。

　　与此相反,若曲线虽然上下摆动,但不出现上述那种例外的情况(图 23.14),函数在区间里就是一致连续的,即对于区间里一切点对 x,x_0,只要 $|x-x_0|<\xi$,就同时有 $|f(x)-f(x_0)|<\eta$。

　　现在遇到这样一个事实:为简明起见,我们略去它的证明。可以证明,对于在闭区间里连续的函数,上述设想的非一致连续性的不良情况根本不可能出现,因为闭区间是自紧的[1],即它的每一个点序列都有一个属于区间的聚点。

　　于是有定理:在闭区间里连续的函数,也在该区间里一致连续。

　　详情可参考 A. 普林斯海姆:《一般函数论》,《数学百科全书》第 2 卷第 18 页[2]。

　　在这里,我如此详细地提请注意非一致连续性的可能性,是因为后面讨论级数收敛问题时还要遇到类似的可能性。

　　现在我们回到连续函数的可积性问题。

　　因为知道 $f(x)$ 在闭区间 $a\leqslant x\leqslant b$ 一致连续,我们可以一劳永逸地找到一个 ξ,使得在整个区间里,只要 $|x-x_0|<\xi$,就有 $|f(x)-f(x_0)|<\eta$。因此,若选择长度 $\Delta x_\mu<\xi$,则在区间 Δx_μ 里,变差 $G_\mu-g_\mu<\eta$,即 $D_\mu<\eta_0$ 对于 Δx_μ 和变差的积之和,现在有

$$\sum \Delta x_\mu D_\mu<\eta \sum \Delta x_\mu=\eta(b-a),$$

即:对于在闭区间连续的函数 $f(x)$,我们可以使 $\sum \Delta x_\mu D_\mu$ 小于 $\eta(b-a)$,因而小于任意已给的正数。可见这个函数总是可积的。

---

　　① in sich kompakt。——中译者
　　② [还可以参考 A. 普林斯海姆的《实数与函数理论讲义》(*Vorlesungen über Zahlen- und Funktionenlehre*),Ⅱ 1,莱比锡,1925 年,第 54—56 页和 F. 豪斯多夫(Hausdorff)的《集合论基础》(*Grundzüge der Mengenlehre*),第二版,柏林,1927 年,第 8 章,第 197 页。]

23.7　关于最大值和最小值的存在定理

我们现在考虑第三点:关于连续函数的最大值和最小值。

一条经验曲线的纵坐标在一个区间里总有一个最小的和一个最大的值,在某些情况下,它们会出现在区间的端点(图 23.15)。问题

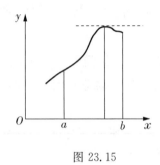

图 23.15

是,在精确数学的意义下,一条理想曲线,或说,一个函数 $y = f(x)$(它在闭区间里自然是有界的),在 $a \cdots b$ 里是否有个最大值?

在这里,我们必须区分最小上界和最大值。对于最小上界,首先有定理:若 $f(x)$ 在区间 $a \leqslant x \leqslant b$ 里有界,区间里的 y 值就必有一个最小上界(最大下界),这是在第 38—39 页里指出过的。

定理的证明可以很容易从我们关于点集的第一个定理(第 13—15 页)推出。实际上,对于区间里每一个 x,总有一个确定的 y,所以在 y 轴上,对应于 x 轴的区间,有一个完全确定的有上界的点集。但是,对于这样一个点集,我们已经证明最小上界存在。

但是还不知道的是,该点集的最小上界是否属于该点集,即它是否是对应于一定的 x 的纵坐标,或者说,最小上界可否达到。我要先举一个例子来说明,答案可能是否定的。设用一个半圆来界定 $f(x)$ 在 $+1$ 和 -1 之间的一切点,半圆圆心在原点,半径等于 1,只是对于 $x = 0$,设 $f(x) = 0$,于是

$$x \neq 0 \text{ 时}, y = |\sqrt{1-x^2}|;$$
$$x = 0 \text{ 时}, y = 0。$$

如图 23.16 所示,这个函数是完全界定的,却不是连续的;因为它唯一能达到最小上界的地方是 $x=0$,但根据定义,$f(0)=0$。

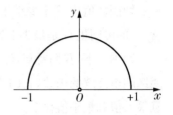

图 23.16

与此相反,在区间 $a\leqslant x\leqslant b$ 里连续的函数必达到它的最小上界,即在区间里连续函数有一个最大值。定理成立的关键在于区间的端点属于区间。K. 魏尔斯特拉斯在他的讲义里总是把这个定理放在突出的地位。

首先,在闭区间里连续的函数是有上界的,因而有最小上界 G。现在利用十进位数的步骤,可以得到结论:存在一个 x_0,具有所需要的以下性质,即在 x_0 的无论多小的邻域里,G 是 $f(x)$ 的上界。我们把这个区间分成 10 等份,选择第一个以 G 为最小上界的子区间。我们像对待原先的区间那样处理这个子区间。把这个步骤无限制地继续下去,就得到一个区间套,它确定所需要的 x_0。虽然对于每个有上界的函数 f 得到了上述结论,但 $f(x_0)=G$ 的结论,却不是对每个有界函数都正确的,可是它对于在闭区间里连续的每个函数,则是正确的。我们将证明后一个结论。

我们用反证法。假定 $f(x_0)=G'$,G' 小于 G。由于函数 $f(x)$ 的连续性,有一个含 x_0 的区间,使得

$$|f(x)-f(x_0)|\leqslant\eta,$$

其中 η 选得小于 $G-G'$。这样,在含 x_0 的那个区间里,函数值就在 $G'-\eta$ 和 $G'+\eta$ 之间。但由于 $G'+\eta$ 总是小于 G,对于那个区间,G 不是 $f(x)$ 的最小上界;可是根据 x_0 的定义,在那个区间里,$f(x)$ 又必须以 G 为最小上界。这个矛盾可以叙述如下:若 $f(x_0)=G'<G$,则由于 $f(x)$ 在 x_0 邻近的连续性,总有一个含 x_0 在内的区间,在那

里一切函数值比 G 至少小于一个固定的正值 δ,这和假设在每一个含 x_0 的区间里 G 是最小上界是不相容的。

归纳一下,我们看到,经验曲线的连续性重现于精确数学中,在闭区间里连续的函数,它的曲线也具有以下性质:包围一个面积,而且最大值和最小值存在。

如已指出的,为了和经验函数一致,我们还要明确地假定函数 $f(x)$ 在每一个有限区间里只有有限多个极大值和极小值,这也就是说,在每一个足够小的邻域里,有一个最大值和一个最小值。

23.8　4 个广义导数

$f(x)$ 的导数存在性的问题是怎样的呢?

我们首先说,对于经验曲线,我们看到,方向是用差商 $\dfrac{\Delta y}{\Delta x}$($\Delta x$ 在一定的数量级内)界定的。对于精确数学中的函数,我们则用导数

$$\frac{\mathrm{d}y}{\mathrm{d}x} = \lim_{\Delta x \to 0} \frac{\Delta y}{\Delta x}$$

界定它。

问题是:这样一个极限是否存在? 也就是:对于一切趋于零的序列 Δx_ν,极限是否一样?

为了把这个问题完全弄清楚,我们从一个例子开始。

取上面已经提到过的函数(图 23.7)

$$y = x \sin \frac{1}{x}。$$

它在原点左右都在直线 $y = +x$ 和 $y = -x$ 之间摆动,而且越接近原点,摆动得越密;在原点本身,它却是连续的(参考柯西的定义)。对

坐标原点和任意另一个点 (x,y) 作差商,显然

$$\frac{\Delta y}{\Delta x}=\frac{y}{x}=\sin\frac{1}{x}。$$

现在对于导数,我们能说些什么呢?

函数 $\sin\dfrac{1}{x}$ 对于无限制变小的 x,在 $+1$ 与 -1 之间无限频繁地上下摆动,因此,当 $\Delta x\to 0$ 时,差商 $\dfrac{\Delta y}{\Delta x}$ 在 $+1$ 与 -1 之间摆动,但不趋于一个固定的极限。无论把 Δx 取得多么小,差商的值所构成的集合的最小上界和最大下界是 $+1$ 和 -1。我们看到,序列 $\dfrac{\Delta y_{\nu}}{\Delta x_{\nu}}$ 的极限的存在及其大小依赖于序列 Δx_{ν} 的选择。若选序列 Δx_{ν},使得极限存在,则极限值可以是从 -1 到 $+1$ 间的任意值。对于正值 δ,用 $G(0,\delta)$ 表示在零点旁的区间 $0<x<\delta$ 里一切 $\dfrac{\Delta y}{\Delta x}$ 的最小上界,$g(0,\delta)$ 表示最大下界,再用 D^{+} 和 D_{+} 表示 $\lim\limits_{\delta\to 0}G(0,\delta)$,$\lim\limits_{\delta\to 0}g(0,\delta)$,然后对于负值 δ,用 D^{-} 与 D_{-} 表示相应的极限值,则在我们的例子里,有

$$D^{+}=+1,D_{+}=-1,D^{-}=+1,D_{-}=-1。$$

这样界定的 4 个数称为函数 $y=x\sin\dfrac{1}{x}$ 在 $x=0$ 处的广义导数。特殊地,D^{+},D_{+} 称为右方上导数和右方下导数,D^{-} 和 D_{-} 称为左方上导数和左方下导数。从下面的论述可以看到,对于每一个连续函数,都可以有这样 4 个导数。

为了更好地解释这一点,我们把上面的例子略微改动,使函数在 y 轴的左右不再对称。令:

在原点右方,$y=ax\sin\dfrac{1}{x}$,

在原点左方，$y = bx \sin \dfrac{1}{x}$，

其中 $a+b \neq 0$。于是，它的几何图形是
一条曲线，右方在$+ax$ 和$-ax$ 之间，左
方在$+bx$ 和$-bx$ 之间摆动，但在原点
是连续的(图23.17)。

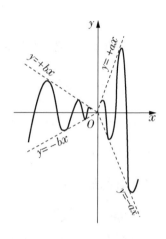

这样，对于无限制变小的 Δx，4 个
差商的极限就是

$$D^+ = a, D_+ = -a,$$
$$D^- = -b, D_- = b,$$

就是说：在这个例子里，4 个导数彼此都
不相同。

图 23.17

我们可以向普遍性再进一步。上述的例子还有一点特殊性。当
Δx 趋于零时，差商$\dfrac{\Delta y}{\Delta x}$的值本身就无穷多次达到其最小上界和最大
下界。但我们很容易举出与此不同的例子。

设 $y = y_1 \sin \dfrac{1}{x}$，其中 y_1 是
一条曲线的纵坐标，这条曲线就
像图 23.18 那样，经过原点时和
x 轴成 45°角。

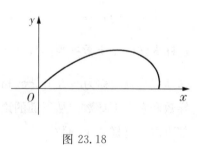

这时，$\dfrac{\Delta y}{\Delta x}$达不到它的最小上
界$+1$ 和最大下界-1，但能任意
接近它们。

图 23.18

为了有显式表示，例如选取 y_1，使上述曲线就是双纽线，它的方
程是

$$(x^2 + y_1^2)^2 = x^2 - y_1^2 \text{。}$$

于是在第一象限里的一段就是

$$y_1 = \left| \sqrt{\frac{|\sqrt{8x^2+1}| - (2x^2+1)}{2}} \right| \text{。}$$

这样,我们的函数就是

$$y = \left| \sqrt{\frac{|\sqrt{8x^2+1}| - (2x^2+1)}{2}} \right| \sin \frac{1}{x} \text{。}$$

当 $x > 0$ 时,对于 $0, 0$ 和 x, y,差商

$$\frac{\Delta y}{\Delta x} = \frac{1}{x} \left| \sqrt{\frac{|\sqrt{8x^2+1}| - (2x^2+1)}{2}} \right| \sin \frac{1}{x}$$

$$= \left| \sqrt{\frac{2(1-x^2)}{|\sqrt{8x^2+1}| + (2x^2+1)}} \right| \sin \frac{1}{x} \text{。}$$

当 $x \to 0$ 时,第一个因子无限制地接近 1,而第二个因子则在 $+1$ 与 -1 之间上下摆动无穷多次。这样,当 Δx 趋于零时, $\frac{\Delta y}{\Delta x}$ 在 $D^+ = +1$ 和 $D^- = -1$ 之间摆动,但总达不到这两个值。

通过这些例子,下面所说就清楚了:取任意连续函数 $y = f(x)$。取点 (x, y),并向右方取 Δx 及其对应的 Δy,则当 Δx 无限制地减小时, $\frac{\Delta y}{\Delta x}$ 就有两个极限值:最小上界 D^+ 和最大下界 D_+。同样,当 Δx 从左方趋于零时, $\frac{\Delta y}{\Delta x}$ 有两个确定的极限值 D^- 和 D_-。在这里, $+\infty$ 和 $-\infty$ 也可能作为极限值出现。因此,不管连续函数 $f(x)$ 的具体情况如何,当 Δx 趋于零时, $\frac{\Delta y}{\Delta x}$ 总有 4 个极限值,从这边是 D^+ 和 D_+,

从另一边是 D^- 和 D_- [①] 。

当 $D^+ = D_+$ 时,我们说,函数有"右导数";当 $D^- = D_-$ 时,我们说,它有左导数。

当右方上、下导数和左方上、下导数都相等时,而且只在此时,我们说,函数在那里有唯一确定的导数。

当我们按照这种方式弄清楚函数在每一点有导数需满足几个条件时,我们必须问,这样的函数根本存在否。这个问题是极端对立的两个问题之一,另一个极端来自不假思索的习惯观点,即每一个连续函数都该有导数 [②] 。

23.9   魏尔斯特拉斯不可微函数;它的形象概述

在上述一般论述之后,我们转而详细地讨论这样一个例子:一个连续函数在任何处没有符合我们定义的导数。

我们选取魏尔斯特拉斯的著名函数。他大约在 1861 年找到这函数,可是直到 1874 年在 P. 杜布瓦-雷蒙的文章里才附带地公开发

---

① [关于 4 个导数更详尽的探讨,见 C. 卡拉西奥多里(Carathéodory):《实变函数讲义》(*Vorlesungen über reelle Funktionen*,第二版,莱比锡,1927 年)。]

② [在皮兰(Jean Perrin)的名作《原子》(*Les Atomes*,由洛特莫泽[A. Lottermoser] 1914 年译成德文)里,有与此相关的提示。他在该书的前言第 IX 页和第 X 页中说:"利用显微镜观察布朗运动,看到浮在溶液里的每个小颗粒来回运动时,我们被实验的真实完全吸引住了。为了对它的轨迹作切线,需要作连接轨迹上非常接近的两点(即该小颗粒在两个邻近时刻的位置)的直线,并找出它的极限位置。可是,在我们的研究过程中,两次观察的时刻间隔无论多小,这直线的方向总是持续地变化着。由这项研究,一个不带成见的观察者只能得到函数没有导数的感觉,而丝毫得不到有切线的曲线的感觉。"

还可以参阅 E. 博雷尔在他 1912 年的讲演《分子理论及其数学》("Les théories moléculaires et les mathématiques")中的有趣评述。该讲演在他的《一些物理理论的几何导引》(*Introduction géométrique à quelques théories physiques*,巴黎,1914 年)中作为注记 VII 重印了。]

表（J. f. Math. 第 79 卷，1875 年）[1]。

魏尔斯特拉斯函数是用具有形式

$$y=\sum_0^\infty b^\nu \cos{(a^\nu \pi x)}$$

的无穷三角级数确定的，其中 $b>0$，但是要使级数收敛，则必须有 $b<1$，而且 a 和乘积 ab 还需满足一些需要进一步给定的条件。

我们首先通过一个数值的例子来说明函数的构成。设 $b=\dfrac{1}{2}$，$a=5$，则

$$y=\cos \pi x+\frac{1}{2}\cos 5\pi x+\frac{1}{4}\cos 25\pi x+\frac{1}{8}\cos 125\pi x+\cdots。$$

我们先考察部分曲线

$$y_0=\cos \pi x,$$

$$y_1=\frac{1}{2}\cos 5\pi x,$$

$$y_2=\frac{1}{4}\cos 25\pi x,$$

$$\cdots\cdots$$

---

① ［魏尔斯特拉斯本人对该函数论述见他的全集第 2 卷第 71－74 页。此外，可以阅读魏尔斯特拉斯致 P. 杜布瓦-雷蒙和柯尼希斯贝格尔（L. Koenigsberger）的非常有趣的信。这两封信在《数学学报》第 39 卷（1932 年）第 199－239 页公开发表。在魏尔斯特拉斯之前 30 年，波尔查诺已经构造了无处可微连续函数的例，但直到几年前才被发现。对此，可以参考柯瓦莱夫斯基：《波尔查诺建立无处可微连续函数的方法》（G. Kowalewski："Bolzanos Verfahren zur Herstellung einer nirgends differenzierbaren stetigen Funktion"），Leipziger Ber.（*math.*-*phys.*）第 74 卷（1923 年），第 315－319 页。关于这里所谈的问题的其他文献还可以指出 K. 克诺普：《构造无处可微连续函数的一个简单方法》（"Ein einfaches Verfahren zur Bildung stetiger nirgends differenzierbarer Funktionen"），*Math. Zechr.* 第 2 卷（1918 年），第 1－26 页和罗森塔尔：《关于实变函数的新研究》（A. Rosenthal："Neuere Untersuchungen über Funktionen reeller Veränderlichen"），《数学百科全书》第 2 卷，第 1091－1096 页。］

把它们叠加起来,就得到曲线 y。

曲线 $y_0 = \cos \pi x$ 是一条通常的余弦曲线,半波长是 1,第一个正零点位于 $x = \frac{1}{2}$。

函数 $y_1 = \frac{1}{2} \cos 5\pi x$ 确定一条波状曲线,它在 $+\frac{1}{2}$ 和 $-\frac{1}{2}$ 之间摆动,第一个正零点位于 $x = \frac{1}{10}$,它的半波长是 $\frac{1}{5}$。所以波状曲线 y_1 比 y_0 陡。这里,部分曲线的陡度用它在一个零点处的斜率绝对值来衡量。这样,对于 y_0,陡度 $\left| \dfrac{\mathrm{d}y_0}{\mathrm{d}x} \right|_{x=\frac{1}{2}} = \pi$,对于 y_1,它增加到 $\left| \dfrac{\mathrm{d}y_1}{\mathrm{d}x} \right|_{x=\frac{1}{10}} = \dfrac{5\pi}{2}$。

函数 $y_2 = \frac{1}{4} \cos 25\pi x$ 确定一个波状曲线,它比前一个更陡。第一个正零点位于 $x = \frac{1}{50}$,半波长是 $\frac{1}{25}$,纵坐标在 $+\frac{1}{4}$ 到 $-\frac{1}{4}$ 之间摆动,陡度是 $\frac{25\pi}{4}$。

在那以下的部分曲线,一个比一个陡,高度一个比一个小,它的幅度按着比值为 $\frac{1}{2}$ 的几何级数减小,但波长比幅度减小得快得多,即按着比值为 $\frac{1}{5}$ 的几何级数减小;而陡度则增加得非常迅猛,按照比值为 $\frac{5}{2}$ 的几何级数增加。由这些观察,我们指出对下文具有重要意义的一个关键结论:用以构成最后曲线的单条部分曲线是波状曲线,它们的幅度逐渐减小,但陡度非常迅猛地增加。

现在我们离开数值的例子,回到原先的函数 $y = \sum\limits_{0}^{\infty} b^{\nu} \cos (a^{\nu} \pi x)$,

对于它,我们区分

(1) 部分曲线 $y_\nu = b^\nu \cos(a^\nu \pi x)$;

(2) 近似曲线 $Y_m = \sum_0^m b^\nu \cos(a^\nu \pi x)$

(Y_m 是前 $m+1$ 条部分曲线之和)。

当 $a>1, b<1$ 时,对于部分曲线总有定理:当 ν 增加时,部分曲线的幅度和波长无限制地减小。可是部分曲线是否像我们上面所举的具体的数值的例子那样越来越陡呢?

微商 $\dfrac{\mathrm{d}y_\nu}{\mathrm{d}x}$ 等于 $-a^\nu b^\nu \pi \sin(a^\nu \pi x)$,因此,在 y_ν 的一个零点

$$\left| \frac{\mathrm{d}y_\nu}{\mathrm{d}x} \right| = (ab)^\nu \pi.$$

所以,只要 $ab>1$,当 ν 无限制地增大时,尽管部分曲线的高度无限制地减小,它的陡度却增加。

我们现在略谈近似曲线。只有我们弄清楚了这样一条近似曲线如何从前一条得到,我们才能够了解,当这个步骤无限制地继续下去时,所得到的最后曲线的某些形象。

首先有

$$Y_1 = \cos(\pi x) + b \cos(a\pi x),$$

因而我们可以想象,把一条较细密的波状线加到普通的余弦曲线上,就可以得到近似曲线 Y_1。

其次

$$Y_2 = \cos(\pi x) + b \cos(a\pi x) + b^2 \cos(a^2 \pi x),$$

因而在这里,对于前一条曲线加上了一条更细密的波状线。

　　尽管我们可以用这种方式逐步构建近似曲线,[①]但是,当我们想要获得所求极限曲线的整个轮廓时,我们的直观能力就迅速变弱了。我们宁可满足于下面那种逻辑分析:

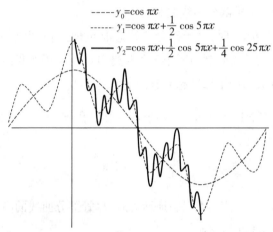

$$----- y_0 = \cos \pi x$$
$$----- y_1 = \cos \pi x + \frac{1}{2} \cos 5 \pi x$$
$$\underline{\hspace{1cm}} y_2 = \cos \pi x + \frac{1}{2} \cos 5 \pi x + \frac{1}{4} \cos 25 \pi x$$

图 23.19　魏尔斯特拉斯曲线 $\sum\limits_0^\infty b^\nu \cos\left(a^\nu \pi x\right) \left(b = \frac{1}{2}, a = 5\right)$ 的近似曲线

　　每一条近似曲线加上一条幅度更小,而且其波长不成比例地远为更小的细密曲线,就得到后一条近似曲线。

　　现在,对于最后曲线,我们能说些什么呢? 设第 m 条近似曲线已经作出,令

$$y = \sum_{0}^{\infty} b^\nu \cos\left(a^\nu \pi x\right) = Y_m + \sum_{m+1}^{\infty} b^\nu \cos\left(a^\nu \pi x\right)。$$

----

　　① 参看图 23.19,在该图里,仍令 $b = \frac{1}{2}$, $a = 5$。我从克里斯蒂安·维纳(Christian Wiener)在《理论与应用数学杂志》(*Journ. f. Math.*,第 90 卷,1881 年)第 221－252 页上的文章中采用这个图和其下的考察,但不采用他对魏尔斯特拉斯的结论的错误评论(维纳的文章是很有教育意义的,因为它含有不清楚的说法,而这些说法有时是联系着导数概念的。请参考魏尔斯特拉斯清晰的答复[著作集第 2 卷,第 228－230 页])。

在总和 $\sum_{m+1}^{\infty} b^{\nu}\cos(a^{\nu}\pi x)$ 里，每个被加项都含有同一个因子 b^{m+1}。把它提出来，得

$$y=Y_m+b^{m+1}\sum_{0}^{\infty} b^{\nu}\cos(a^{m+1+\nu}\pi x)。$$

现在对右方的无穷和作出估计，以得到 y 的上界和下界，从而得到含魏尔斯特拉斯曲线在内的一条带。

令其中一切余弦的值为 $+1$，即得一个上界；令余弦值为 -1，即得一个下界，于是

y 的上界：$Y_m+b^{m+1}(1+b+b^2+\cdots)$，

y 的下界：$Y_m+b^{m+1}(-1-b-b^2-\cdots)$。

因为我们已明确假定正数 $b<1$，括弧里的几何级数是收敛的。于是得结果 $y=Y_m+\varepsilon b^{m+1}\cdot\dfrac{1}{1-b}$，其中 ε 是在 $+1$ 与 -1 之间的未知因子；在一切情况下，它包括上下界。用语言表达，就是：

最后曲线的纵坐标可以对下标为 m 的近似曲线 Y_m 加上形如

$$\varepsilon\cdot\frac{b^{m+1}}{1-b}\ (\text{其中}-1\leqslant\varepsilon\leqslant1)$$

的一项来得到。

用更为几何化的语言，也可以说：

最后曲线含在一个宽度为 $2\cdot\dfrac{b^{m+1}}{1-b}$ 的带里，带的中线是近似曲线 Y_m。

例如若 $b=0.1$，用厘米来量，则 $m=6$ 时，带的宽度是 $2\cdot\dfrac{b^{m+1}}{1-b}=2\times\dfrac{0.1^7}{0.9}=\dfrac{2}{9}\times10^{-6}$。这样的宽度连最精密的显微镜都察觉不到。因此，若 b 适当地小，随着 m 增加，带宽非常快地减小。总之，按照这样的方法，就可以推知函数 y 的连续性。事实上有如下分析：

作为有限多个连续函数的和,Y_m 是连续的。此外,为了得到最后曲线而加上的后面那部分,当 m 充分大时,对一切 x,它是一致地小的。而这两个事实合起来,正表明 y 是连续的。为了说明这个结论,我简单地把公式写下来:设

$$y(x) = Y_m + \varepsilon \frac{b^{m+1}}{1-b},$$

$$y(x') = Y'_m + \varepsilon' \frac{b^{m+1}}{1-b},$$

则

$$|y(x) - y(x')| = \left| Y_m - Y'_m + (\varepsilon - \varepsilon') \frac{b^{m+1}}{1-b} \right|,$$

$$|y(x) - y(x')| \leqslant \underbrace{|Y_m - Y'_m|}_{\eta_1} + \underbrace{\left| (\varepsilon - \varepsilon') \frac{b^{m+1}}{1-b} \right|}_{\eta_2},$$

因而

$$|y(x) - y(x')| \leqslant \eta_1 + \eta_2 = \eta。$$

用语言表达,这就是:

我们先取 m 为非常大的值,使得 $\left| (\varepsilon - \varepsilon') \cdot \dfrac{b^{m+1}}{b-1} \right| \leqslant 2 \times \dfrac{b^{m+1}}{b-1} <$ $\dfrac{\eta}{2}$,然后令 x' 接近 x,使 $|Y_m - Y'_m| \leqslant \dfrac{\eta}{2}$;这样 $|y - y'|$ 也就小于任意已给的正数 η。归结如下:

由于当 $b<1$ 时,随着 m 的增加,带宽变得任意小;另一方面,近似曲线 Y_m 是连续函数,所以当 $b<1$ 时,最后曲线是连续的。

但是,对于最后曲线,我们还可以说得更多一些。在适当选择 a 后,首先对于所谓的结和峰①可以给出完整的描述。

① 结和峰依次是 Knoten 和 Scheitel 的译名。——中译者

首先关于结：

当一个角是 $\frac{\pi}{2}$ 的奇数倍时，其余弦是零。令 $x=\frac{2g+1}{2a^m}$，其中 g 是整数。这时 $a^m\pi x=(2g+1)\frac{\pi}{2}$，故 $\cos(a^m\pi x)=\cos\left[(2g+1)\frac{\pi}{2}\right]=0$。现在再假设 a 是奇数，则由于奇数之积还是奇数，$a^{m+1}\pi x$，$a^{m+2}\pi x$，… 也具有 $(2g+1)\frac{\pi}{2}$ 的形式，于是得

$$\cos(a^{m+1}\pi x)=\cos(a^{m+2}\pi x)=\cdots=0。$$

所以，若 g 是任意整数，a 是奇数，则当 $x=\frac{2g+1}{2a^m}$ 时，不但第 m 条部分曲线有零点，在这些地方，最后曲线和第 $m-1$ 条近似曲线以及一切后面的近似曲线都有相同的纵坐标。于是在最后曲线上有一些点同时在第 $m-1$ 条近似曲线以及一切后面的近似曲线上。这些点我们称为结点。它们都在经过部分曲线的零点的纵线上。若 $2g+1$ 被 a 整除，则有关的结点已经在前面一些近似曲线上，但这种情况不需要进一步考察。

由于幂 m 以及 g 可以是任意大的整数，又因已经假定 $3a>1$，可以看出，经过结点的纵线和 x 轴的交点在 x 轴上处处稠密，即在每一个无论多小的子区间内总有无穷多个结点[1]。

峰点稍微复杂一点，但它们对于证明魏尔斯特拉斯函数的不可微性特别重要。这个名称我们将用于近似曲线以及最后曲线的一些点。所谓近似曲线 Y_m 的峰点，是指它上面对应于 $x=\frac{g}{a^m}$ 的点，其中 g 仍然是一个整数，至于最后曲线的峰点，是指它上面一切对应于

---

[1]　应说：在 x 轴上，每个无论多小的子区间内总有无穷多个结点的投影。——中译者

$x=\dfrac{g}{a^m}(m=0,1,2,\cdots)$的点。在这些点,第 m 条部分曲线有极大极小,因为在那里:

$$\cos\,(a^m\pi x)=\cos\,(\pi g)=(-1)^g。$$

由于 a 是奇数,因此又有

$$\cos\,(a^{m+1}\pi x)=\cos\,(a\pi g)=(-1)^g。$$

同样的结论适用于一切后面的部分曲线,于是有以下结果:近似曲线上的峰点,因而最后曲线的峰点,位于经过部分曲线的极大极小的纵线上[①]。

对于峰点 $x=\dfrac{g}{a^m}$,当 $\nu\geqslant m$ 时,魏尔斯特拉斯级数的第 ν 项的值是 $b^\nu(-1)^g$。

这样对于一个峰点,就容易给出级数的和。用 Y_{m-1} 表示第 $m-1$ 条近似曲线在那里的纵坐标,就有

$$y=Y_{m-1}+(-1)^g\cdot\dfrac{b^m}{1-b}。$$

把魏尔斯特拉斯曲线的一切峰点投射到 x 轴上,则由于类似的原因,这些投影像结点的投影一样在 x 轴上处处稠密。于是,到现在为止,我们的结果是:

当 $0<b<1,a$ 是奇数而且大于 1 时,魏尔斯特拉斯曲线是处处连续的,而且在 x 轴上有两个确定的处处稠密的点集。作为连续函数,它的值被它在这两个点集上的值完全确定。

---

① "峰点"这个词不完全确切,因为当 g 为奇数时,峰点对应于部分曲线的极低点。——中译者

23.10 魏尔斯特拉斯函数的不可微性

现在,下一个需要系统地考虑的问题是:

在每个 x 处,微商的 4 个上、下界 D^+, D_+, D^-, D_- 的关系如何?我们将发现,在任何点 x,这 4 个导数没有共同的有穷值或无穷值,因而在任意 x 处,我们的函数没有有穷或无穷的导数。当然,只需证明 4 个导数中的两个,例如 D^+, D_- 有不同的值。

魏尔斯特拉斯的证明步骤是综合性的,没有对 x 作进一步的分类。为了不至于在这个问题上花太多时间,我们沿用他的方法,不过要更深入到其中的细节里去也不难。

假定我们要考察导数在 x_0 的存在性。先考虑第 m 条近似曲线,在它上面和 x_0 相邻的两个峰点中,魏尔斯特拉斯选取较靠近的一个。若 x_0 刚好在两个峰点间的正中,他选择左边的一个(图 23.20)。设 $\frac{\alpha_m}{a^m}$ 是这个峰点的横坐标,其中 α_m 当然是一个整数,他就得到不等式

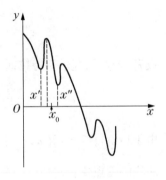

图 23.20

$$-\frac{1}{2} < x_0 a^m - \alpha_m \leqslant +\frac{1}{2}。$$

这样确定的第 m 条近似曲线的峰点,本身也有两个相邻的峰点。设左边一个的横坐标是 x',右边一个的横坐标是 x''。对于 x' 和 x'',确定最后曲线的纵坐标,并且把这样得到的两点 x', y' 和 x'', y'' 同所给点 x_0, y_0 连起来。这样,我们就有最后曲线的两个差商。现在要考察的是:当 $x'-x_0$ 和 $x''-x_0$ 都趋于 0 时,它们是否接近一个共

同的有穷或无穷的极限值。我们将看到,当乘积 ab 充分大时,

$$\frac{y'-y_0}{x'-x_0} \quad 和 \quad \frac{y''-y_0}{x''-x_0}$$

或者趋近具有不同符号的无穷大值,或者它们都在下界$-\infty$和上界$+\infty$之间摆动。这样,就排除了存在有穷或无穷导数的可能性。

首先考察 $x'-x_0$ 和 $x''-x_0$。因为

$$x'=\frac{\alpha_m-1}{a^m} \quad 和 \quad x''=\frac{\alpha_m+1}{a^m},$$

我们有

$$x'-x_0=\frac{\alpha_m-1-x_0a^m}{a^m}=\frac{-1-(x_0a^m-\alpha_m)}{a^m},$$

$$x''-x_0=\frac{1-(x_0a^m-\alpha_m)}{a^m},$$

或者,若按照魏尔斯特拉斯的做法,把 $x_0a^m-\alpha_m$ 简写成 x_{m+1},则

$$x'-x_0=\frac{-1-x_{m+1}}{a^m}, \quad x''-x_0=\frac{1-x_{m+1}}{a^m}。$$

由于 $|x_{m+1}|\leqslant\frac{1}{2}$,又 $a>1$,因此当 m 增加时,两个差都趋于零。最后曲线的峰点集合对应于 x 轴上一个处处稠密的点集,这本来是可以立刻看得出的。

把 y' 和 y'' 写成

$$y'=\sum_{\nu=0}^{m-1} b^\nu\cos(a^\nu\pi x')-(-1)^{a_m}b^m\sum_{\nu=0}^{\infty} b^\nu,$$

$$y''=\sum_{\nu=0}^{m-1} b^\nu\cos(a^\nu\pi x'')-(-1)^{a_m}b^m\sum_{\nu=0}^{\infty} b^\nu。$$

这时,若把 $y'-y_0$ 分成两部分,则差商

$$\frac{y'-y_0}{x'-x_0}=\sum_{\nu=0}^{m-1} b^\nu\frac{\cos(a^\nu\pi x')-\cos(a^\nu\pi x_0)}{x'-x_0}$$

$$+ \sum_{\nu=0}^{\infty} b^{m+\nu}(-1)^{a_m+1}\frac{1+\cos\,(a^{\nu}\pi x_{m+1})}{x'-x_0}。$$

把 $y'-y_0$ 分为两部分的想法是,把第 $m-1$ 条近似曲线 $\sum_0^{m-1} b^{\nu}$

$\cos\,(a^{\nu}\pi x)$ 和"余曲线" $\sum_m^{\infty} b^{\nu}\cos\,(a^{\nu}\pi x)$ 的差商分开。现在,对两个

差商分别进行估计。

在第 $m-1$ 条近似曲线的差商里,把分子中的差化为积,就得

$$\sum_{\nu=0}^{m-1} b^{\nu}\,\frac{\cos\,(a^{\nu}\pi x')-\cos\,(a^{\nu}\pi x_0)}{x'-x_0}$$

$$=\sum_{\nu=0}^{m-1} b^{\nu}\,\frac{2\sin\,\left(a^{\nu}\pi\dfrac{x_0+x'}{2}\right)\cdot\sin\,\left(a^{\nu}\pi\dfrac{x_0-x'}{2}\right)}{x'-x_0}。$$

以 $\dfrac{1}{2}a^{\nu}\pi$ 乘第 ν 项的分子和分母,就得

$$\sum_{\nu=0}^{m-1} b^{\nu}\,\frac{\cos\,(a^{\nu}\pi x')-\cos\,(a^{\nu}\pi x_0)}{x'-x_0}$$

$$=\sum_{\nu=0}^{m-1} =-a^{\nu}b^{\nu}\pi\,\frac{\sin\,\left(a^{\nu}\pi\dfrac{x_0-x'}{2}\right)}{a^{\nu}\pi\dfrac{x_0-x'}{2}}\cdot\sin\,\left(a^{\nu}\pi\dfrac{x_0+x'}{2}\right)。$$

由 $\left|\dfrac{\sin\,\left(a^{\nu}\pi\dfrac{x_0-x'}{2}\right)}{a^{\nu}\pi\dfrac{x_0-x'}{2}}\right|\leqslant 1$ 和 $\left|\sin\,\left(a^{\nu}\pi\dfrac{x_0+x'}{2}\right)\right|\leqslant 1$ 可知,第 $m-1$

条近似曲线的差商的绝对值小于或等于 $\pi\sum_0^{m-1}a^{\nu}b^{\nu}=\pi\dfrac{a^mb^m-1}{ab-1}$,而

且肯定大不到 $\pi\dfrac{a^mb^m}{ab-1}$(已假定 $ab>1$)。因此可以令第 $m-1$ 条近似

曲线的差商等于

$$\varepsilon\pi\frac{a^mb^m}{ab-1}\;(\text{其中}-1<\varepsilon<+1),$$

至于余曲线的差商,则

$$\sum_{\nu=0}^{\infty} b^{m+\nu}(-1)^{\alpha_m+1}\frac{1+\cos{(a^\nu\pi x_{m+1})}}{x'-x_0}$$

$$=(-1)^{\alpha_m}a^m b^m\sum_0^{\infty}b^\nu\frac{1+\cos{(a\nu\pi x_{m+1})}}{x_{m+1}+1}。$$

这里面无穷级数第一项是

$$\frac{1+\cos{(\pi x_{m+1})}}{x_{m+1}+1}。$$

由于

$$-\frac{1}{2}<x_{m+1}\leqslant+\frac{1}{2},$$

$\cos{(\pi x_{m+1})}\geqslant0$。分母 $x_{m+1}+1$ 则在 $\frac{1}{2}$ 和 $\frac{3}{2}$ 之间摆动。因此

$$\frac{1+\cos{(\pi x_{m+1})}}{x_{m+1}+1}\geqslant\frac{2}{3}。$$

级数后面各项或正或等于零,所以级数的和也大于等于 $\frac{2}{3}$。

设 η' 为大于等于 1 的一个正数,并令 $\frac{(-1)^{\alpha_m}}{\eta'}\cdot\varepsilon=\varepsilon'$(因此,$\varepsilon'$ 像 ε 那样也在 -1 与 $+1$ 之间),就有

$$\frac{y'-y_0}{x'-x_0}=(-1)^{\alpha_m}a^m b^n\eta'\left(\frac{2}{3}+\varepsilon'\frac{\pi}{ab-1}\right)。$$

于是得到魏尔斯特拉斯函数左方差商的一个估计,类似地,对右方差商有公式

$$\frac{y''-y_0}{x''-x_0}=(-1)^{\alpha_m+1}+a^m b^m\eta''\left(\frac{2}{3}+\varepsilon''\frac{\pi}{ab-1}\right),$$

不过这里多了一个因子 (-1),因为 $x''-x_0$ 是正的而 $x'-x_0$ 是负的。

我们希望能使差商中余曲线提供的那部分的绝对值大于第 $m-1$ 条近似曲线提供的那部分的绝对值。通过定性考虑,我们可得结论:

必须使得加到第 $m-1$ 条近似曲线上的那些波状线尽可能地陡。但陡度与 ab 有关,因此必须令 ab 充分大。

从定量角度看则如下:

我们选取不利的情况,令 ε'(以及 ε'')等于 -1。这时必有 $\dfrac{2}{3}>\dfrac{\pi}{ab-1}$,即

$$ab>1+\frac{3\pi}{2}。$$

现在假定这个条件已得到满足。这时 $\eta'\left(\dfrac{2}{3}+\varepsilon'\dfrac{\pi}{ab-1}\right)$ 肯定是一个依赖于 m 的正数 p'_m。同样有

$$\eta''\left(\frac{2}{3}+\varepsilon''\frac{\pi}{ab-1}\right)=p''_m。$$

于是得

$$\left.\begin{aligned}p'_m&=\eta'\cdot\frac{2}{3}+\eta'\cdot\varepsilon'\frac{\pi}{ab-1}\\[2mm]p''_m&=\eta''\cdot\frac{2}{3}+\eta''\cdot\varepsilon''\frac{\pi}{ab-1}\end{aligned}\right\}\geqslant\left(\frac{2}{3}-\frac{\pi}{ab-1}\right)。$$

若令 $\dfrac{2}{3}-\dfrac{\pi}{ab-1}=q$,则

$$\left.\begin{aligned}p'_m\\p''_m\end{aligned}\right\}\geqslant q,$$

其中 q 的值与 m 无关。

于是关于差商,有以下两种关系之一:

(1) $\dfrac{y'-y_0}{x'-x_0} \geqslant (-1)^{a_m} a^m b^m q$,

$\dfrac{y''-y_0}{x''-x_0} \leqslant (-1)^{a_m+1} a^m b^m q$;

(2) $\dfrac{y'-y_0}{x'-x_0} \leqslant (-1)^{a_m} a^m b^m q$,

$\dfrac{y''-y_0}{x''-x_0} \geqslant (-1)^{a_m+1} a^m b^m q$,

依次按照 $(-1)^{a_m}=+1$ 或 $(-1)^{a_m}=-1$ 而定。

这些就是魏尔斯特拉斯证明导数不存在性所依据的最后公式。证明的具体步骤如下:在差商中,令 m 越来越大,使 x' 从左方,x'' 从右方无限制地接近 x_0。若假定有穷导数存在,则两个差商都必须无限制地趋近同一个有穷数。若假定无穷导数存在,则当 $|x'-x_0|$ 和 $|x''-x_0|$ 充分小时,两个差商最后保持以相同符号向无穷大增长。但令 m 加大时,从两个差商的最后公式可知,要区分 3 种情况:

(1) 一切 a_m(除有限多个外)是偶数,这时

$$\dfrac{y'-y_0}{x'-x_0} 趋于 +\infty, \dfrac{y''-y_0}{x''-x_0} 趋于 -\infty。$$

(2) 一切 a_m(除有限多个外)是奇数,这时

$$\dfrac{y'-y_0}{x'-x_0} 趋于 -\infty, \dfrac{y''-y_0}{x''-x_0} 趋于 +\infty。$$

(3) 若既非第(1)种情况又非第(2)种情况,则可以假设,当 m 增大时,$(-1)^{a_m}$ 有交错符号,这无损于普遍性。但这时 $\dfrac{y'-y_0}{x'-x_0}$ 和 $\dfrac{y''-y_0}{x''-x_0}$ 分别都是在以 $-\infty$ 为最大下界,以 $+\infty$ 为最小上界之间摆动。所以在任何一种情况下,魏尔斯特拉斯函数在 x_0 都没有有穷或无穷导数,而 x_0 则完全是任意的。

我们用一个图来说明问题的实质。取第 m 条近似曲线上一个下峰[①](α_m 为奇数)所对应的 x_0 (图 23.21)，它也是后面的一切近似曲线的下峰。这是因为一切 $\alpha_{m+\nu}(\nu=0,1,2,\cdots)$ 都是奇数。于是当 m 增长时，它和相邻的峰点的高度差必然缩小，它们和 x_0 的水平距离也缩小，但由于 ab 选择得非常大，高度差缩小的速度比水平距离缩小的慢得多。其结果是，当 m 增长时，对应于差商的两条弦无限制地变得更陡，因而它们的斜率以相反符号变得无穷大。上面是假设了第 m 条部分曲线的一个

图 23.21

下峰同时是第 $m+1$ 条，第 $m+2$ 条，$\cdots$ 部分曲线的下峰。若 $\alpha_{m+\nu}(\nu=0,1,2,\cdots)$ 是偶数，x_0 当然对应于有关部分曲线的上峰，而和它相邻的峰则是下峰，于是图像倒过来了，但假定导数存在仍然会引出矛盾[②]。

23.11　"合理"函数

关于魏尔斯特拉斯函数的讨论表明，假定了函数连续还不能保证导数存在。若要求连续函数有一阶、二阶以及更高阶导数，就必须

---

① 下峰即极小点，称为"倒峰"可能更恰当。——中译者

② ［读者会猜测，对于魏尔斯特拉斯函数的不可微性，条件 $ab>1$ 已经够了，它可以取代所采用的更强的条件 $ab>1+\dfrac{3\pi}{2}$，而且条件"a 是奇数"与问题的本质无涉。实际上，G. H. 哈代(G. H. Hardy, *Transactions of the American Mathematical Society*, 第 17 卷，1916 年，第 301—325 页)已证明了，如果把不可微性理解为不存在有穷导数，则条件 $0<b<1, ab\geqslant1$ 就够了。若不限于有穷导数，要保证不可微性，上述条件就不够了。这个事实，魏尔斯特拉斯是知道的。从前面所提到的他给柯尼希斯贝格尔的信中可以看出。我们上面在 $0<b<1$ 外，还要求 a 是奇数，$ab>1+\dfrac{3\pi}{2}$。这也有优点，可以使用初等方法来论证。］

明确地提出这些条件。

回顾本章的论述,有如下内容。我们从经验曲线自然地看到某些性质:

(1) 连续性;

(2) 在一个有限区间内有一个最大值和一个最小值,以及有限多个极大值和极小值;

(3) 存在着方向;

(4) 存在着曲率。

若要求精确数学里的函数也有类似表现,就必须明确假定它们有下列性质:

(1) 在一个闭区间里的连续性;

(2) 在一个闭区间里有有限多个极大值和极小值;

(3) 存在着一阶导数;

(4) 存在着二阶导数,等等。

这样就从全部函数中筛选出一类完全确定的函数,但它们比解析函数要普遍些,因为并没有要求它们有任意高阶的导数,更不要说可以用泰勒级数表示了。我沿用雅可比(Jacobi)的名词,把它们叫作"合理函数"①。

引进这个名词,就可以说:

经验曲线通常定性地具有的性质,在精确数学中我们称为合理函数的那类函数 $y = f(x)$ 上重现了。

这里还没有涉及两者定量方面的一致性问题,这个问题将在下一章讨论。

_____

① 下文将要提到的正则函数与正则曲线,意义与此相同。

第二十四章　函数的近似表示

24.1　用合理函数近似表示经验曲线

设已给一条经验曲线。问题是：能否在精确数学中确定一个函数 $y = f(x)$，使得对每个 x，它在纵坐标、方向和曲率等方面都和经验曲线充分接近？为此目的，我们将不使用复杂的函数而只用简单的、用解析式代表的函数。因此，紧接着上述问题就可提出另一个问题：

在多大程度上，可以在路线整体、方向、曲率等方面，用一个简单的、由解析式界定的函数来近似地表示一条经验曲线？

首先我们通过一个任意的具体例子来说明，总可以用合理函数来任意近似地代表每一条经验曲线。假定要求用函数 $y = f(x)$ 来充分准确地表示图 24.1 所规定的纵坐标和横坐标的关系。我们取一个有充分多

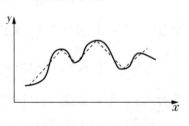

图 24.1

条边的内接多边形，使它的各边和其对应的曲线段明显地吻合。在各具体的例子中，如何取多边形，或者说，如何选取其各边的长及其端点，在这里提不出一般办法，但总可以用多边形来代替每条经验曲

线,使它达到明显的准确度,[①]而这个多边形就代替了 $y=f(x)$,它就可以看作曲线所代表的规律的近似表示。

但这样我们并没有得到一个处处可微函数,更不要说该函数的导数处处和曲线的"方向"吻合了;它和经验曲线在误差要求限度内的吻合只限于纵坐标。

为了解决关于方向的问题,我们采取下述步骤。设 y 是所给经验曲线的纵坐标,在每一处 x,取确定曲线方向的差商(参看前文 23.3) $\dfrac{\Delta y}{\Delta x}$,取 $\dfrac{\Delta y}{\Delta x}$ 的值 y_1 作为一条新曲线 $y_1=f_1(x)$ 的纵坐标。这条曲线就叫作"第一导出曲线"[②](图 24.2)。

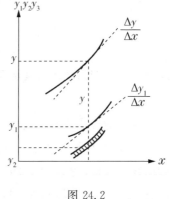

图 24.2

由于经验曲线只是用一个"带"表示而不是准确地给定的,因此方向 $\dfrac{\Delta y}{\Delta x}$ 可以在较宽的幅度中游动,"第一导出曲线"有较明显的宽度;但总要受到一种制约,即(在允许的准确限度内)$\displaystyle\int f_1(x)\mathrm{d}x=f(x)$。

类似地可以作"第二导出曲线",即以第一导出曲线的方向 $\dfrac{\Delta y_1}{\Delta x}$ 作为纵坐标所得曲线。它当然有更大的不准确度,等等。

在完成以上步骤之后,我们用多边形代替曲线 y_2,以得到一个函数 $f_2(x)$,对它积分两次,就得到一个函数 $f(x)$,这函数在纵坐标、方向和曲率等方面都以所期望的准确度代表所给曲线。用公式

---

① 这是从实际经验得到的方法,而且它在数学思想中占有重要地位。

② 即 abgeleitete Kurve。——中译者

简短地表示：

$$y_2 = f_2(x), \quad y_1 = \int f_2(x)\,\mathrm{d}x, \quad y = \int y_1\,\mathrm{d}x = f(x)。$$

归纳起来：

为确定一个合理函数，使它在所给准确度范围内，不但代表已给经验曲线的纵坐标，也代表其方向和曲率，我们在实际可能限度内，作所给曲线的第一和第二导出曲线，然后用多边形代替第二导出曲线以得到函数 $f_2(x)$，把 $f_2(x)$ 积分两次，就得到所求的近似函数。

当然，这是获得具有所期望性质的合理函数的一种方法，每个数学工作者都能立刻想出别的方法。

在具体工作中，如何运用这样一种方法，只能根据情况作出实际判断。在这里，我们绝不仅仅是在纯粹数学的严格逻辑领域中处理问题，而是在这样一个领域中处理问题：在这里，除数学的纯粹逻辑推理外，某些应用性、目的性和可行性的考虑也起着重要作用。由于我们既不能也不想深入到具体的应用领域（在那里，如上面所看到的，总有非常大的不确定性），在进一步讨论用简单的解析式作近似表示时，我们不再设想已给的是一条经验曲线而是一个"合理函数" $y = f(x)$。这个函数可以是一次或二次（或更多次）可微的。我们的问题是：这样一个合理函数在多大程度上可以用一个简单的解析式（多项式、三角函数和等）来逼近？

这样，我们就把关于近似表示问题的探讨完全转入纯数学领域；一切假设都是严格地提出的，从而一切论点都是严格地陈述的。至于"应用"意义，就要看我们的论述中哪些地方能起实际作用了。

24.2 用简单解析式近似表示合理函数

用以作近似表示的简单解析式首先是

(a) 多项式

$$y=A+Bx+Cx^2+\cdots+Kx^n,$$

(b) 有穷三角级数(三角函数多项式或和)

$$y=a_0+a_1\cos x+a_2\cos 2x+\cdots+a_n\cos nx$$
$$+b_1\sin x+b_2\sin 2x+\cdots+b_n\sin nx。$$

我们要考察的是,一个合理函数在多大程度上可以用这些简单的函数表示,尤其是导数的接近情况又如何。

在课本里,用有穷级数近似表示的问题常常让位于无穷级数(泰勒级数、傅里叶级数等)的准确表示。但后者完全是另外一个问题。它本身的确是很重要的,但在应用中它从来不起作用。因为在应用中所要解决的,自然是在多大程度上以及在什么意义上可以用有穷级数去逼近。许多课本的这种片面性只能理解为作者不是从实践出发而是从理论基础着眼的。

在近似表示中可以有两种想法:

(a) 多项式以及有穷三角级数只是在某些地方与函数和它的导数吻合;

(b) 选取级数使所得到的结果在整体上按照例如最小二乘法的要求,令其误差平方的和为极小①。

24.3　拉格朗日插值公式

我从多项式开始,它们只在若干已给处和所给函数吻合。

---

① 上面所提的问题,在第一卷(第八章 8.3(1)"三角学,特别是球面三角学"一节,第九章 9.2"泰勒定理"一节)已经讨论了,无须为了下面的目的复习那里的论述。

设 $y=f(x)$，另取 n 个 x 值 $x=\alpha,\beta,\cdots,\nu$，在这些处，希望所求多项式具有所给函数的纵坐标。

我们将采用熟知的拉格朗日插值公式，它给出满足要求的最低次多项式，只含有 n 个常数：

$$Y=f(\alpha)\frac{(x-\beta)(x-\gamma)\cdots(x-\nu)}{(\alpha-\beta)(\alpha-\gamma)\cdots(\alpha-\nu)}$$

$$+f(\beta)\frac{(x-\alpha)(x-\gamma)\cdots(x-\nu)}{(\beta-\alpha)(\beta-\gamma)\cdots(\beta-\nu)}$$

$$+\cdots+f(\nu)\frac{(x-\alpha)(x-\beta)\cdots}{(\nu-\alpha)(\nu-\beta)\cdots}。$$

它是一个 $n-1$ 次多项式，在所给各处，它和函数 $y=f(x)$ 的确有相同的纵坐标。例如，当 $x=\beta$ 时，$Y=f(\beta)$。

现在要考察，在所给 n 处以外，拉格朗日插值多项式和我们的函数接近到什么程度？

为了作出判断，我们用 $\Theta(x)$ 表示多项式 Y，并用 $R(x)$ 表示余项 $y-Y$，则

$$y=\Theta(x)+R(x)。$$

由于当 $x=\alpha,\beta,\cdots$ 时，$R(x)$ 等于零，可以把因子 $\varphi(x)=(x-\alpha)(x-\beta)\cdots(x-\nu)$ 提出来，因此得

$$y=\Theta(x)+\varphi(x)\cdot r(x)。$$

同时拉格朗日公式就可以写成

$$\Theta(x)=\frac{f(\alpha)}{\varphi'(\alpha)}\frac{\varphi(x)}{x-\alpha}+\cdots+\frac{f(\nu)}{\varphi'(\nu)}\frac{\varphi(x)}{x-\nu}。$$

若要拉格朗日公式在已给区间里能用，$|r(x)|$ 在这个区间里必须保持充分地小，$\varphi(x)$ 在每个闭区间里是有界的。于是我们有以下主要

问题：

能否把 $r(x)$ 限制在一定范围，使得 $\Theta(x)$ 可用作 $f(x)$ 的一个近似式？

我们这里所讨论的内容通常称为插值或内插，这个名词的来源是，我们本来设想，把对 $f(x)$ 的近似表示只限于在区间 $\alpha,\beta,\cdots,\nu$ 里的 x 值。可是我们的问题也涉及在这个区间外的 x(外插)。①

从这个一般的讨论，我们要进入两个或更多的点 $\alpha,\beta,\cdots$ 重合的特殊情况，即在某些地方，一阶或更高阶的导数已经给定的情况。②

若除了 $f(\alpha),f(\beta),\cdots$ 以外，还给定了 $f'(\alpha),f'(\beta),\cdots$，就有如下问题：

如何作出一个多项式，它在 $\alpha,\beta,\gamma\cdots$ 不但有所要求的纵坐标，还有所给的导数(密切插值)？

这个问题我们可以直接处理，也可以由拉格朗日公式通过极限过程解决。下一个问题是，这样所得到的多项式在多大程度上可以用来近似表示 $f(x)$ 和它的导数？

特殊地，令一切点 $\alpha,\beta,\cdots,\nu$ 重合到一个点 a，就得到泰勒公式

$$f(x)=f(a)+\frac{f'(a)}{1}(x-a)+\frac{f''(a)}{2!}(x-a)^2$$
$$+\cdots+\frac{f^{(n-1)}(a)}{(n-1)!}(x-a)^{n-1}+r(x)\cdot(x-a)^n.$$

从拉格朗日公式不难推得这个结果，在这里我们不加说明。③

现在对拉格朗日公式和它的特殊情况，我们特别感兴趣的是上边已经提出的，对余项的估计。

---

① ［在第一卷第 280 页曾指出应当把"插值法"换成把"外插法"包含在内的"近似"一词，最近插值已经无形中把外插包括在内了。］
② ［进一步内容见第一卷第 280—286 页。］
③ ［详尽讨论见第一卷第 280 等页。］

　　作为余项估计的基础，我们利用罗尔(Rolle)定理，它是微分中值定理的特殊情况。罗尔定理说：设 $F(z)$ 是在闭区间 $a \leqslant z \leqslant b$ 连续的函数，它在区间内部的每一点有导数，此外，设 $F(a) = F(b) = 0$。则导数 $F'(z)$ 在区间的内部至少有一个零点(图 24.3)。

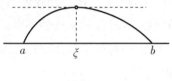

图 24.3

　　这个定理的证明是容易的。按照魏尔斯特拉斯定理，每一个在闭区间里连续的函数在区间的内部或在区间的一个端点有最大值。我们不考虑 $F(z)$＝常数的普通情况，并且先假定 $F(z)$ 在区间 $a \cdots b$ 内部的一些地方有正值。这时 $F(z)$ 必在区间的内部某处 ξ 有最大值。根据导数的唯一性，立刻就得 $F'(\xi)=0$。

　　若 $F(z)$ 在区间的内部只有负值，我们就考虑 $-F(z)$ 的最大值，从而得到相同结论。

　　如你们所看到的，这个定理的简单基础是魏尔斯特拉斯定理和 $F(z)$ 的一次可微性。

　　下面我们把定理推广到 $F(z)$ 在 3 点 a, b, c 等于 0 的情况。应用我们的定理两次，可知在区间 $a \cdots c$ 里 $F''(z)$ 至少有一次等于零。这样就得以下的定理，我把它写成适合后面应用的形式：

　　设 $F(z)$ 有 k 个零点，再设 $F(z)$ 在一个含有这些零点的一个闭区间里连续，而且充分多次可微，则在该区间里，$F(z)$ 的 $k-1$ 阶导数至少有一个零点。

　　我们按照下面的方法利用这个定理来估计拉格朗日插值公式中

的余项。

考虑函数

$$F(z)=f(z)-\Theta(z)-r(x)\cdot\varphi(z),$$

其中 $\Theta(z)[(n-1)$ 次$]$表示不带余项的拉格朗日多项式,$\varphi(z)(n$ 次$)$ 是第 69 页所引用的因子,而 x 是任意选定的自变量 z 的一个固定 值。现在,我们知道函数 $F(z)$ 有一系列的零点。首先,当 z 等于 α, $\beta,\cdots$ 时,$f(z)-\Theta(z)$ 和 $\varphi(z)$ 都等于零,因而 $F(z)=0$。此外,x 也是 零点,因为当 $z=x$ 时,根据定义 $f(x)=\Theta(x)+r(x)\cdot\varphi(x)$;所以 $F(x)=0$。

于是我们可以把一般形式的罗尔定理应用于 $F(z)$。在这里,我 们令 $k=n+1$。根据该定理,$F^{(n)}(z)$ 在区间 $\alpha,\cdots,\nu,x$ 内部至少有一 个零点 ξ。把这个 n 阶导数算出来,得

$$F^{(n)}(z)=f^{(n)}(z)-r(x)\cdot n!$$

$[\Theta(z)$ 作为一个 $n-1$ 次多项式,它的 n 阶导数是零,$r(x)$ 是常数, $\varphi(z)=z^n+\cdots$ 的 n 阶导数是 $u!]$。所以对于上述的 ξ,

$$f^{(n)}(\xi)-r(x)n! =0,$$

因而

$$r(x)=\frac{f^{(n)}(\xi)}{n!}。$$

把这个通过如此简单但富有意义的方法所得到的 $r(x)$ 的值代进带 余项的拉格朗日公式,就得

$$f(x)=\Theta(x)+\varphi(x)\frac{f^{(n)}(\xi)}{n!},$$

其中的 ξ 除了知道它在那个区间 $\alpha,\beta,\cdots,\nu,x$ 内某处之外,是未知量。

于是我们有以下结果:

只要 $\varphi(x)\cdot f^{(n)}(\xi):n!$ 对于区间里的一切 ξ 是一个充分小的

值,拉格朗日公式就是可以用的,即,$f(x)$可以用$\Theta(x)$近似地表示无论x在$\alpha\cdots\nu$之间或者之外,这话都适用。这个带余项的公式对于插值或外插同样适用。

24.4 泰勒定理和泰勒级数

特殊地,若要同泰勒公式联系起来,就有

$$f(x)=f(a)+\frac{f'(a)}{1}(x-a)+\cdots$$
$$+\frac{f^{(n-1)}(a)}{(n-1)!}(x-a)^{n-1}+\frac{f^{(n)}(\xi)}{n!}(x-a)^n 。$$

这里的余项和通常在微积分学中论述泰勒级数时所得的拉格朗日余项形式相同。

泰勒公式只涉及外插,因为在这里,所有$\alpha,\beta,\cdots,\nu$都重合到同一点a。

我现在通过一系列例子来说明上面所讨论的内容。

首先我们考察,在使用对数表中拉格朗日公式的应用。在对数表中,我们先找到两个数a和$a+1$。问题是:我们能否利用直线来插值,即能否把纵坐标$\log a$和$\log(a+1)$之间的那段对数曲线用它的弦来代替(图24.4)?

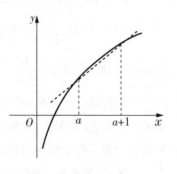

图 24.4

令$f(x)=\log x$[①],则当$n=2$时,拉格朗日公式是

---

① 此处$\log x$是常用对数$\log_{10} x$。——中译者

$$\log x = \log a + (x-a)[\log(a+1) - \log a] + R。$$

为了估计余项

$$R = \frac{f''(\xi)}{2}(x-a)(x-a-1),$$

我们有 $f'(x) = \dfrac{\mathrm{d}\log x}{\mathrm{d}x} = \dfrac{M}{x}$ 和 $f''(x) =$

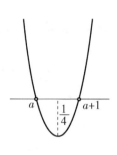

图 24.5

$-\dfrac{M}{x^2}$,其中 M 是常用对数的模①。乘积$(x-$

$a)(x-a-1)$的曲线图像是一条抛物线。在

区间 $a \leqslant x \leqslant a+1$ 里,当 $x = \dfrac{a+(a+1)}{2} = a +$

$\dfrac{1}{2}$时,它的纵坐标的绝对值最大,这时纵坐标

等于 $-\dfrac{1}{4}$(图 24.5)。把它代入上面的公式,

就可看出略去余项所产生的误差的绝对值$|r(x)|$的上界是$\dfrac{M}{8\xi^2}$。

所以,当我们用比例方法来计算一个对数值时,所得到的值是小

了些,但最多只差$\dfrac{M}{8\xi^2}$。在这里,ξ 是 a 和 $a+1$ 之间的任何值。因此,

误差的绝对值肯定小于$\dfrac{M}{8a^2}$。

我们再通过一个数值的例子来说明误差的大小。假定我们用的

是七位对数表,在那里,对数的值已经给出了五位数。这样,a 以及 ξ

都是五位数。对于常用对数的模 $M = 0.434\,29\cdots$我们用一个较大的

数 0.5 替代,当选取 a 为最小的五位数时(这时误差最大),就得到误

差的上界是$\dfrac{0.5}{8 \times 10\,000^2} = \dfrac{1}{16 \times 10^8}$。这比用五位对数表算七位对数

① $M = \log_{10} e$。——中译者

值所产生的误差还要小。[①]

作为第二个例子,我们对泰勒定理

$$f(x)=f(a)+\frac{f'(a)}{1!}(x-a)+\cdots$$
$$+\frac{f^{(n-1)}(a)}{(n-1)!}(x-a)^{n-1}+\frac{f^{(n)}(\xi)}{n!}(x-a)^n$$

作一次说明。当 $f(x)$ 不是无限制地可微时,这个公式仍然有良好的意义。另一方面,在所有课本里,通常假定了 $f(x)$ 是无限制可微的。这时,当 n 增大时,余项的绝对值无限制地减小,$f(x)$ 就等于这样所得到的无穷级数。在众多情况下,当 $|x-a|$ 充分小时,就是如此;这时,我们就有一个"收敛区间"。若级数对于一切有限 x 值收敛,$f(x)$ 就称为一个整函数。

当无穷级数有收敛时,考察泰勒级数的部分和所对应的近似曲线的情况是有意义的。由于这在第一卷里已经用图形详细说明过了,因此这里就无须再次回到这个问题[②]。

24.5 用拉格朗日多项式近似表示积分和导函数

现在我们进一步讨论以下问题:带着余项的拉格朗日公式在多大程度上可以用来得到一个函数 $f(x)$ 的积分和它的导函数的近似表示?

先考虑积分的近似表示。

---

① 克莱因在最后一次(1911 年)关于微积分的讲演中详尽地讨论了,若作插入法时,用的不是 $\log a$ 和 $\log(a+1)$ 的准确值而是近似值,如何求得误差。在这个可惜未发表的讲演中,克莱因以优美的方式运用了函数带的思想来引导我们的直观。对此,洛雷(W. Lorey)在 *Zeitschr. f. math. u. naturw. Unterricht* 第 43 卷(1912 年),第 544—556 页有报道。

② 第一卷第九章 9.2"泰勒定理"。

在多数课本里,这是最重要的,因为拉格朗日公式普遍用来作一条曲线的面积的数值运算(所谓的机械求积法或数值积分法)。可是

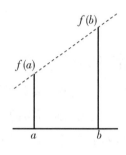

图 24.6

误差的估计往往被省略了,或者没有像公式实际运用中所需要的那样进行深入地讨论。[①] 这里我们只对 4 个重要的简单情况作简短概括,不深入到具体的运算。

假定要计算积分 $\int_a^b f(x)\mathrm{d}x$。

(a) 假定在 a 和 b,函数 $f(x)$ 的值已经给定,在纵坐标 $f(a)$ 和 $f(b)$ 之间,用弦去替代那一段曲线(图 24.6)。在拉格朗日公式里令 $n=2$,就得

$$\int_a^b f(x)\mathrm{d}x = \frac{f(a)+f(b)}{2}(b-a)-\frac{f''(\xi)(b-a)^3}{12},$$

即这个积分等于梯形面积加上一个余项,其中 ξ 是在区间 $a\cdots b$ 内的一个未知量。

(b) 另一个用直线来插入的方法,是用在 $x=\dfrac{a+b}{2}$ 处的切线来代替曲线。这时就得

$$\int_a^b f(x)\mathrm{d}x = f\left(\frac{a+b}{2}\right)(b-a)+\frac{f''(\xi)(b-a)^3}{24},$$

这里的误差和上一种情况的误差相比,减少一半,而且有相反的符号。

值得注意的是,在最后的公式里,方向系数 $f'\left(\dfrac{a+b}{2}\right)$ 没有出现。

---

① 参看诸如龙格和柯尼希:《数值计算》(*Numerisches Rechnen*,柏林,1924 年);斯特芬森:《插值理论》(J. F. Steffensen:*Interpolationslaere*,哥本哈根,1925 年;英文版《插值法》[*Interpolation*],巴尔的摩,1927 年;德文版在准备中。)

事实上,对于用以作为近似面积的那个梯形上,那条经过点 $x=\dfrac{a+b}{2}$,$y=f\left(\dfrac{a+b}{2}\right)$的边的走向,不影响梯形面积(图 24.7)。

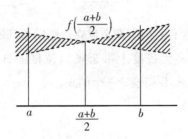

图 24.7

(c) 写下当 $n=4$ 时的拉格朗日公式就是用一条三次抛物线来近似表示曲线 $y=f(x)$,可以用 $a,f(a)$ 和 $b,f(b)$ 两点以及曲线在这两点的方向来确定那条抛物线,于是得

$$\int_a^b f(x)\mathrm{d}x = \frac{f(a)+f(b)}{2}(b-a)$$

$$-\frac{f'(b)-f'(a)}{12}(b-a)^2 + \frac{f^{IV}(\xi)(b-a)^5}{720}。$$

(所谓欧拉"和公式"的最简单情况。)

(d) 确定三次抛物线的另一种方法是用纵坐标 $f(a)$ 和 $f(b)$ 的终点和纵坐标 $f\left(\dfrac{a+b}{2}\right)$ 的终点以及那里已知的方向 $f'\left(\dfrac{a+b}{2}\right)$(图 24.8)。这时 $f'\left(\dfrac{a+b}{2}\right)$ 在最后公式里还是不出现。结果是

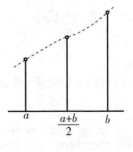

图 24.8

$$\int_a^b f(x)\mathrm{d}x = \frac{f(a)+4f\left(\dfrac{a+b}{2}\right)+f(b)}{6}(b-a)$$

$$-\frac{f^{IV}(\xi)(b-a)^5}{2\,880}。$$

最后这一行含有利用所谓辛普森法则所得到的面积公式。[①]

为了考察在多大程度上带余项的拉格朗日公式近似地表示 $f(x)$ 的导函数问题,我们谈论一个结果。

我们知道函数

$$f(x)-\Theta(x)$$

有 n 个零点 $\alpha,\beta,\cdots,\nu$。为了比较 $f'(x)$ 和 $\Theta'(x)$,我们考察函数 $f'(x)-\Theta'(x)$ 的零点。

由中值定理,我们立刻可知,它在 $\alpha,\cdots,\nu$ 之间至少有 $n-1$ 个根 $\alpha',\beta',\cdots,\mu'$。若 $\psi(x)$ 表示乘积 $(x-\alpha')\cdots(x-\mu')$,可以令

$$f'(x)=\Theta'(x)+s(x)\cdot\psi(x),$$

其中 $s(x)$ 可以像 $r(x)$ 那样计算(参看第 70—72 页)。容易推得

$$s(x)=\frac{f^{(n)}(\xi)}{(n-1)!},$$

因而有以下结果。

我们可以令

$$f(x)=\Theta(x)+\frac{f^{(n)}(\xi)}{n!}\cdot\varphi(x),$$

以得到良好结果;对于导函数,有近似公式

---

① 关于机械求积、插值法理论以及数值计算等的详尽著作,除上面已提出的龙格和柯尼希以及斯特芬森的书外,还可以特别举出惠特克(E. T. Whittaker)和罗宾森(G. Robinson)的《观测的数学》(*The calculus of observations*,伦敦,1924 年)。

$$f'(x)=\Theta'(x)+\frac{f^{(n)}(\xi)}{(n-1)!}\cdot\psi(x),$$

其效果也同样好,其中 $\psi(x)$ 是新因子 $(x-\alpha'),\cdots,(x-\mu')$ 之积而 ξ 是区间 $\alpha',\cdots,\mu',x$ 里的一个未知量。

对具体的情况,我们当然要设法求出函数 $\psi(x)$。当 $\psi(x)$ 不能具体确定时,有时可以对它的值作出估计[①]。

24.6 关于解析函数及其在阐释自然中的作用

在此,我想插进关于解析函数的一些一般性说明,并指出它在多大程度上和当前讨论的内容相联系或者相反地,不相联系。

我们从泰勒公式出发

$$f(x)=f(a)+\frac{f'(a)}{1!}(x-a)+\cdots$$
$$+\frac{f^{(n-1)}(a)}{(n-1)!}(x-a)^{n-1}+\frac{f^{(n)}(\xi)}{n!}(x-a)^n。$$

在这里,我们明确指出,带余项的泰勒公式不假定函数 $f(x)$ 是无限制地可微的,而只假定它是 n 次可微的。为明确起见,我还要加一句:在应用中,只有在所考虑的区间里,这个公式的余项可以略去时,公式才适用。

什么时候 $f(x)$ 称为解析函数?

它需要满足两个条件:

显然泰勒公式必须形式上能无限延伸,即任意高阶导数必须存在,而且当 n 增大时,余项最后必须变得任意小。

---

① [关于数学上十分有趣的数值微导的问题,可参看 76 页注释①所提到的斯特芬森的《插值理论》。]

当这些条件得到满足时,我们才能在某个区间内令

$$f(x)=f(a)+\frac{f'(a)}{1!}(x-a)+\frac{f''(a)}{2!}(x-a)^2+\cdots,$$

它有无穷多项。

应当把含有限多项以及余项的公式称为泰勒定理,而把含无穷多项的公式称为泰勒级数。于是可以说:

若 $f(x)$ 在含 $x=a$ 的一个区间里可用泰勒级数表示,就称它为在 $x=a$ 的邻近的解析函数。

早已说过,解析函数的概念只属于精确数学,还可指出,只是在较晚近时,人们才弄清楚泰勒级数在一个区间内表示函数的条件。

以前的观点是,只要级数在形式上收敛就够了。不过柯西就已指出,个别点可以是例外。但是,存在着无限制可微函数,它在任何点不能用泰勒级数表示。在这方面,A. 普林斯海姆[①] 1893 年使问题告一段落。他找出除无穷次可微之外,还要加上些什么条件,泰勒级数才的确表示那个函数,即当 n 无限制地增加时,余项才减小到比任何已给量都小。

这里的各种事物有时不是严格地分析清楚的,其所以如此,无疑是与我们曾指出的这样一种观点(在许多书里可以找到)有关,即认为在自然界出现的函数都是解析的。

若进一步考察这种观点,就可以看出,它有两个来源:

(1) 认为自然界中的函数都是可微的,因而是无穷次可微的。(与此有关的是,认为自然现象都是连续的流行观点。)

(2) 不了解普林斯海姆条件的必要性而对它又不加注意。

---

　　① 《在芝加哥 1893 年国际数学大会上宣读的论文》("Mathematical papers read at the International Mathematical Congress held in Chicago 1893",纽约,1896 年,第 288—304 页;《数学年刊》第 44 卷,1894 年,第 57—82 页)。

我当然采取与此相反的观点，认为在自然过程中直接遇到的只是函数带，至于是否宜于把自然过程和精确数学中某些类的函数联系起来，对这个问题的判断就超出我们的感知能力了。

但若说数学家由于数学原因对解析函数有所偏爱，那就是另一回事了。在这里，我愿意附带地略谈数学家对解析函数的偏爱。

这种偏爱的根源是，对于复数 $x=u+iv$，也能界定解析函数。把 $x=u+iv$ 代入泰勒级数，就得到复变函数 $f(x)$ 的展开。相反，复变函数论也限于研究这样所得到的函数。于是：

一个实变量的解析函数可以拓展到复变量。

具体过程要在函数论里论述。在这里，我只能零星地谈几点。

首先是泰勒级数的收敛域。

函数论指出，对于复平面的一点$(x=u+iv)$，泰勒级数的收敛域是一个圆盘，圆盘中心在 x，圆周则经过最近的函数奇点(图 24.9)。级数在圆周上的情形是不确定的，要根据具体情况而定。

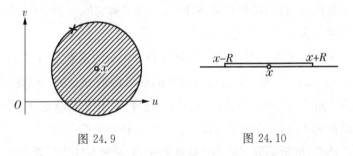

图 24.9   图 24.10

若限于实变量，则这个定理反映出的结论是：收敛域是以所论的点为中心的一个区间，但在区间的端点，级数的情况不确定(图 24.10)。

我还要说明复变函数论中两个概念：函数元和解析延拓。

我们沿用魏尔斯特拉斯的提法，称函数 $f(x)$ 在一点 a 的泰勒级

数为 $f(x)$ 的一个函数元。所以它的定义域是以 a 为中心的收敛圆内部。

在许多情况下,我们可以把这个域拓展,方法是在该域内部取另一点 b,然后把原来关于 $(x-a)$ 的幂的级数转化为关于 $(x-b)$ 的幂的级数。这样所得的新级数的收敛圆可能越过第一个收敛圆延伸到它外面。于是可以在复数平面上新的一个域内界定该函数。这个步骤称为函数的解析开拓,它有时可以连接运用任意多次。在延拓中所得的每一个泰勒级数称为函数的函数元。

归纳起来可以说,原来的级数只直接给出所论解析函数的第一个函数元。但在许多情况下,通过所谓的解析延拓,可以越过原来的区域,并在不断扩大的区域内界定该函数。解析函数的概念包括第一个函数元以及由此出发通过解析延拓所得的新函数元。

更深入的讨论恐怕是另一场解析函数讲演的主题。对于我们,更需考虑的是事物的哲学方面的问题。首先有这样的问题:关于一个解析函数,我们需要知道些什么,才算了解它的一个函数元(从它可以进一步获得函数的全貌)?

为此,显然必须而且只需知道在 $x=a$ 的泰勒展开式的系数 $f(a)$,$f'(a)$,…这些系数是作为差商的极限值界定的。因此,我们只需了解含有 $x=a$ 的任意一小段。这样,就有如下结论:解析函数的函数元本身,完全决定于曲线 $y=f(x)$ 任意小的一段。[①]

请看,解析函数有着多么特殊的状态,它被整体中任意小的一块所确定。但要注意,这只是在精确数学的意义下,因为只有这时系数 $f(a)$,$f'(a)$,…才能作为差商的极限来界定。

---

① ［在很长一段时间里,人们以为,只有解析函数才有这样的性质:初始值及其对应的诸导数值就能确定它的整体。E. 博雷尔指出,也有非解析函数具备这种性质。请参考卡莱曼:《拟解析函数》(T. Carleman, *Les Fonctions Quasi Analytiques*,巴黎,1926 年)。］

现在,再次考虑自然现象的数学表达问题,我们采取通常的观点,把坐标 x,y,z 看作时间的解析函数

$$x=\varphi(t),y=\psi(t),z=\chi(t)。$$

按照上面所说,就要导致完全的宿命论:任意小一段时间的轨道不可避免地要规定后来一切时刻的轨道。因此必须说:

如果自然界中果真只有解析函数的话,则特殊地,每个小段时间的运动就要用解析函数 $x=\varphi(t),y=\psi(t),z=\chi(t)$ 表示,因而世界的进程必然预先决定于它在任意一小段时间里的状态。

这样的结论是许多人不同意的。因此,就有与此相对立的另一种观点,认为轨道不是用解析函数给出而是用具有解析系数的微分方程给出的。例如

$$\frac{\mathrm{d}^2 x}{\mathrm{d}t^2}=x,y,z,t,\frac{\mathrm{d}x}{\mathrm{d}t},\frac{\mathrm{d}y}{\mathrm{d}t},\frac{\mathrm{d}z}{\mathrm{d}t}\text{的解析函数}。$$

这种观点是在研究理论力学中形成的。它所导出的不完全是像上面所说的那样严格的结论。例如这样的具有解析系数的微分方程的解可能有所谓的"分歧点",在那里,沿着这条或那条路前进是不确定的。我们可以想想一个一阶微分方程的通解和特解之间的关系,代表后者的曲线是代表前者的一般积分曲线的包络线(图 24.11)。

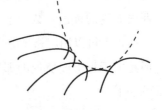

图 24.11

按上述观点,在这样的分歧点上,一个点的运动不完全受一般机械的自然规律制约,可能在那里还有一种非机械的诱因。巴黎的 J. 布西内斯克(Boussinesq)特别热衷于这个观点。他认为,在解一个具有解析系数的微分方程时,这种分歧点的出现可能是由于一种其他(生物或伦理性质)的力量介入了一般机械的世界秩序。他认为,

这种分歧点可以解释自由意志的存在与活的物质和死的物质的差异。按照他的想法,在这样的分歧点,活的有机体原则决定了质点的前进道路。参考已发表的布西内斯克:《机械的真实决定性和生命以及精神自由存在性的调和》(*Conciliation du véritable déterminisme mécanique avec l'existence de la vie et la liberté morale*,巴黎,Gauthier Villars,1879 年)。

你们了解,对这种观点我将有什么评论。

布西内斯克谈论的完全是精确数学概念(解析函数确定于一小段等)。可是,如果我们记得,对自然的一切观察只能达到有限的准确度的话,那么,当我们说,精确数学中的关系仅仅立足于自然时,就是根据一个没有证实的假设。但谈到精确数学时,我们就记得,那里面还含有别的概念,如不连续变量的不连续函数,它们在自然界的数学解释中,同样能用上。①。可是上述整个讨论本身是属于玄学范畴,我们的观察根本不能对它作出任何判断。因此,布西内斯克的理论在数学上之所以不确切,不是由于那个理论假设了自然现象可以用解析微分方程表达,因而获得错误或不确定的结论,而是由于把上面所说的那个未经证实的假设放在首位,我们可以归纳如下:

所有那类论点之所以脆弱,其原因在于,对精确数学的某些思想和概念有着偏爱,可是对自然的观察却总是只具近似准确性的,它可以多种多样的方式和精确数学相联系。② 无论如何,可以争论的问题是:对自然的解释是否本质上要以精确数学为基础,能否通过近似数学的灵巧运用来达到这个目的。

---

① ［参考在第 48 页脚注提到的那篇 E. 博雷尔报告中关于原子论与数学的说明。］
② 参照像电影那样完全不连续的世界的概念。

24.7　用有穷三角级数插值法

上面的整个讨论是结合着拉格朗日公式进行的,由此引到泰勒定理,并进一步引到泰勒级数,直到解析函数概念。现在转入用三角级数插值的问题,先考虑有穷三角级数,再考虑无穷的。

假定 $f(x)$ 是周期函数,周期为 2π,于是 $f(x+2\pi)=f(x)$。

我们要用三角级数

$$
\begin{aligned}
f(x)&=\frac{a_0}{2}+a_1\cos x+\cdots+a_n\cos nx \\
&\quad +b_1\sin x+\cdots+b_n\sin nx+R \\
&=\frac{a_0}{2}+\sum_{\nu=1}^{n}(a_\nu\cos\nu x+b_\nu\sin\nu x)+R=\Theta(x)+R
\end{aligned}
$$

作为这样一个函数的近似表示,其中的余项 R,当它的值无关紧要时,可以略去。有穷级数 $\Theta(x)$ 含有奇数 $(2n+1)$ 个常数。

为了获得级数 $\Theta(x)$ 的表示式,可以采用类似抛物插值的方法,即利用函数的 $2n+1$ 个值 $f(x_0),f(x_1),\cdots$ 来确定那 $2n+1$ 个常数。换句话说,要求 $x=x_1,x_2\cdots$ 时,$\Theta(x)$ 的值等于 $f(x_0),f(x_1),\cdots$,以得到 $\Theta(x)$ 的表示式。

可以立刻仿照拉格朗日公式把所求的 $\Theta(x)$ 写成

$$
\begin{aligned}
\Theta(x)=&f(x_0)\frac{\sin\dfrac{x-x_1}{2}\cdot\sin\dfrac{x-x_2}{2}\cdot\cdots\cdot\sin\dfrac{x-x_{2n}}{2}}{\sin\dfrac{x_0-x_1}{2}\cdot\sin\dfrac{x_0-x_2}{2}\cdot\cdots\cdot\sin\dfrac{x_0-x_{2n}}{2}} \\
&+f(x_1)\frac{\sin\dfrac{x-x_0}{2}\cdot\sin\dfrac{x-x_2}{2}\cdot\cdots\cdot\sin\dfrac{x-x_{2n}}{2}}{\sin\dfrac{x_1-x_0}{2}\cdot\sin\dfrac{x_1-x_2}{2}\cdot\cdots\cdot\sin\dfrac{x_1-x_{2n}}{2}}+\cdots
\end{aligned}
$$

$$+f(x_{2n})\dfrac{\sin\dfrac{x-x_0}{2}\cdot\sin\dfrac{x-x_1}{2}\cdot\cdots\cdot\sin\dfrac{x-x_{2n-1}}{2}}{\sin\dfrac{x_{2n}-x_0}{2}\cdot\sin\dfrac{x_{2n}-x_1}{2}\cdot\cdots\cdot\sin\dfrac{x_{2n}-x_{2n-1}}{2}}\text{。}$$

重复应用关于 $\cos\alpha\pm\cos\beta$ 的熟知公式,可以把每个分子化为角的若干倍数的余弦和正弦之和,那就达到了我们原先的目的。于是可以指出:

可以完全仿照拉格朗日多项式那样得到有穷级数 $\Theta(x)$ 的表示式,而且只要经过形式上的转化,就得

$$\Theta(x)=\frac{a_0}{2}+\sum_{\nu=1}^{n}(a_\nu\cos\nu x+b_\nu\sin\nu x)\text{。}$$

在实际应用中,这种插值方式常被采用,不过,在多数情况下,我们假定 $x_0,x_1,\cdots,x_{2n}$ 诸点是等距离的,即把区间 $x_0,\cdots,x_0+2\pi$ 分成 $(2n+1)$ 等份,如上面已证明的,这时级数 $\Theta(x)$ 可以用一种直接方法较简捷地导出。等距诸点是

$$x_0,x_1=x_0+\frac{2\pi}{2n+1},x_2=x_0+2\frac{2\pi}{2n+1},\cdots,$$

$$x_{2n}=x_0+2n\frac{2\pi}{2n+1}\text{。}$$

设其对应的函数值是 $y_0,y_1,\cdots,y_{2n}$,则用以计算 $(2n+1)$ 个系数的 $(2n+1)$ 个线性方程

$$y_0=\frac{a_0}{2}+a_1\cos x_0+\cdots+a_n\cos nx_0$$

$$+b_1\sin x_0+\cdots+b_n\sin nx_0,$$

$$\cdots\cdots$$

$$y_{2n}=\frac{a_0}{2}+a_1\cos x_{2n}+\cdots+a_n\cos nx_{2n}$$

$$+b_1\sin x_{2n}+\cdots+b_n\sin nx_{2n}\text{。}$$

为了求得 a_μ 和 b_μ,只需第一次用 $\cos \mu x_\nu$,乘第 ν 个方程,第二次改用 $\sin \mu x_\nu$ 乘第 ν 个方程($\nu=0,1,2,\cdots,2n$),然后分别相加,再注意 x_ν 和 $x_{\nu+1}$ 之差是 $\dfrac{2\pi}{2n+1}$,最后可得

$$\sum_{\nu=0}^{2n} y_\nu \cos \mu x_\nu = a_\mu \cdot \frac{2n+1}{2},$$

$$\sum_{\nu=0}^{2n} y_\nu \sin \mu x_\nu = b_\mu \cdot \frac{2n+1}{2}。$$

其中的计算细节省略了。

这样得到的插值公式,在实际中经常使用。同样常用的是,假定有偶数个等距点所得公式[①]。例如在地磁理论中,就有这样的课题:给出在一条纬线上磁偏角和经度的关系。为此,在 $2n+1$ 个等距点观察磁偏角[②],按上面公式计算系数 a_μ, b_μ,就得到一个有穷三角级数作为所求的函数。在这里,余项是作为无关紧要东西来处理的。在具体情况下,这是否恰当,就需由实践者来判断了。

现在特别有意义的是,在上面的公式中,选取无限稠密的 x 值以得到其对应的纵坐标。这时 $\Theta(x)$ 就纯形式地变成无穷三角级数

$$\Theta(x)=\frac{a_0}{2}+\sum_{\mu=1}^{\infty} (a_\mu\cos \mu x+b_\mu\sin \mu x)。$$

可以从我们的公式推得 a_μ, b_μ。

用 Δx_ν 表示两个相邻的点 x_ν 和 $x_{\nu+1}$ 的距离 $\dfrac{2\pi}{2n+1}$,于是从上面公式得

---

① 在气象学中这些公式以贝塞尔命名。参看他在 *Astronomischen Nachrichten*,1928 年,第 333—348 页的文章:《周期现象规律的确定》("Über die Bestimmung des Gesetzes einer periodischen Erscheinung")。

② 或者由观察数值,经过插值法以得到这些磁偏角。

$$a_\mu = \frac{1}{\pi} \sum_{\nu=0}^{2n} y_\nu \cos \mu x \cdot \Delta x_\nu,$$

$$b_\mu = \frac{1}{\pi} \sum_{\nu=0}^{2n} y_\nu \sin \mu x \cdot \Delta x_\nu。$$

因而当 n 无限制地增加,当 Δx_ν 趋于零时,就得作为极限值的两个积分

$$a_\mu = \frac{1}{\pi} \int_0^{2\pi} f(x) \cos \mu x \mathrm{d}x,$$

$$b_\mu = \frac{1}{\pi} \int_0^{2\pi} f(x) \sin \mu x \mathrm{d}x。$$

以这些系数构成的无穷级数 $\Theta(x)$ 就是熟知的傅里叶级数。在这里,我们推迟对余项的考察,于是可以把所得结果归结如下:

用无穷傅里叶级数逼近 $f(x)$,可以看作用有穷多个等距纵坐标所得的近似有穷三角级数的极限情况[1]。

———————

① 可以和 A. 瓦尔特在《汉堡大学数学讨论会论文》(*Math. Seminar d. Hamb. Univ.*)上发表的一篇文章相比较,那篇文章通过由殆周期函数转化到纯周期函数以重新处理这个问题。

第二十五章　进一步阐述函数的三角函数表示

25.1　经验函数表示中的误差估计

上面的讨论还没有涉及余项,即傅里叶级数的收敛性。我们现在来谈这个问题。

我首先指出,关于用到等距纵坐标的有穷三角级数的余项,在所知文献中,还没有一个方便的公式。[①] 但这个级数[②]却是人们处理自然现象中,遇到作为时间的周期函数时所常用的。在这里,我指出若干经常用到这个工具的学科:气象学(气温及其他气象现象与时间的关系)、声响分析、地磁学(一条纬线上地磁现象和经度的关系)、电气工程(交流电强度和时间的关系)等。我要叙述一个来自气象学应用的事实,它和余项估计有关,又与我们的思路密切相联,因而特别值得注意。

以一日 24 小时为横坐标,气温为纵坐标;例如每日观察气温 4 次:午夜 12 时,上午 6 时,中午 12 时,下午 6 时(图 25.1)。然后利用这 4

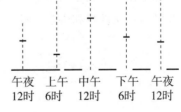

图 25.1

---

①　参看第 91 页脚注①中的建议。

②　以及取偶数个等距离点所得的级数。

个数据确定有穷三角级数,以得到气温变化的规律。人们(由于认为余项无关紧要而把它省略掉)得到的一个值得注意的结论是:日出前好几小时,气温达到极低点。所有课本都采用了这个结论,并且给出

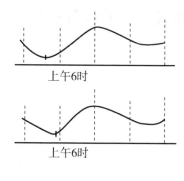

上午6时

上午6时

图 25.2

了特别怪异的解释。但在有了自动记录的气温表后,该结论却被证实是错误的,真正的最低温度是在紧靠日出之前。实际上气温曲线下降到日出前(例如到上午 6 时),然后突然很快上升(图 25.2 下)。曲线如此下降和突然上升的现象和插值所得结果不一致,因而插值曲线对此显然不能提供正确说明(图 25.2 上)。应当强调,这里的错误来自略去余项。[1] 于是有如下结论:

在实际应用中,如何使用这类插值公式,才能得到和观察充分一致的结果,必须在每个具体情况下加以检查处理。上面为气象学证实的例子说明,不加控制地使用插值公式可能导致完全错误的结论。

现在,狄利克雷在克雷勒杂志第 4 卷(1829 年)的经典论文中已特殊地阐述了傅里叶级数的收敛性及其在表示函数的作用,这理论并已为一切教材和讲演所吸收。人们进行论述时,多半从积分

$$S_n(x)=\frac{1}{2\pi}\int_{-\pi}^{+\pi} f(\xi)\frac{\sin\frac{2n+1}{2}(\xi-x)}{\sin\frac{1}{2}(\xi-x)}d\xi$$

① 关于参考文献以及细节,可参考施密特:《关于三角级数对气象学的应用》(A. Schmidt: *Über die Verwendung trigonometrischer Reihen in der Meteorologie*)。Programm des Gymnasium Ernestinum zu Gotha vom Jahre 1894.

入手,它是由傅里叶级数前 $n+1$ 项的和推导出来的,像我们在第一卷第 239 页所作的那样。

在 $S_n(x)$ 的积分公式中,为了区别于作为固定值的 x,用 ξ 表示积分变量。可以看出,当 n 无限制地增加时,积分极限值是什么。可以证明,在众多情况下,极限值的确就是所要表示的函数 $f(x)$。我省略掉具体的计算,只是指出:

可以把级数的前 $(2n+1)$ 项的和用一个积分表示,并可以证明,若具周期 2π 的函数 $f(x)$ 在区间 $0 \leqslant x \leqslant 2\pi$ 里满足所谓狄利克雷条件,则当 $n \to \infty$ 时,该积分必以 $f(x)$ 为极限。狄利克雷条件是:

(1) $f(x)$ 是单值而有界的;

(2) $f(x)$ 是分段连续的,即它只含有有限多个不连续点;

(3) $f(x)$ 是分段单调的,即只有有限多个极大极小值。

这些充分却不必要的条件总为我们所说的合理函数所满足,特殊地为(在区间 $0 \leqslant x \leqslant 2\pi$ 里)"分段光滑"的函数所满足。这些是具有如下性质的函数 $f(x)$:可以把区间 $0 \leqslant x \leqslant 2\pi$ 分为有限多个子区间,在每个子区间内部,$f(x)$ 本身和它的导数都连续,而在子区间的各端点,当 x 从子区间内部向它趋近时,$f(x)$ 和 $f'(x)$ 都趋于有限值。所以当曲线 $f(x)$ 分段光滑时,它一般地是连续的而且有连续切线,但可能有有限多个跳跃点和犄角(却没有具纵向切线的尖点)。

此外,$S_n(x)$ 的狄利克雷积分还可以用以考察所给函数 $f(x)$ 在多大程度上可用傅里叶级数中有限多项近似地表示。为此,只需把积分按适当方式加以估计即可①(参看第一卷第 239 页)。

---

① 同样的方法也适用于采用等距纵坐标所得的有穷级数。

25.2   通过最小二乘法所得的三角级数插值

在这里,我还回顾傅里叶级数的以下性质:

它能够表示简单不连续的函数,即具有简单跳跃点的函数(在区间 $0 \leqslant x \leqslant 2\pi$ 里,也只有有限多个极大点和极小点)。在跳跃点本

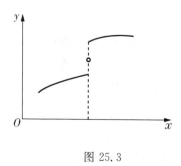

图 25.3

身,级数的值等于 x 从左和右趋于跳跃点时函数两个极限值的算术中值(图 25.3),或者,沿用狄利克雷记法

$$\lim_{n \to \infty} S_n(x) = \frac{f(x+0) + f(x-0)}{2}。$$

这是在本书第一卷中已讨论过的结果,但是,关于傅里叶级数的系数 a_μ,b_μ,也曾给出了另一种推导法,那是在第 87 页提到的论文中贝塞尔用过的。由于下面在另一场合将采用贝塞尔的推导思路,值得回顾一下其主要推导过程。

要想把函数 $f(x)$ 用有穷三角级数

$$\frac{a_0}{2} + a_1 \cos x + \cdots + a_n \cos nx + b_1 \sin x + \cdots + b_n \sin nx$$

表示,我们可以提出这样的课题:确定系数 a_μ 和 b_μ,使它和 $f(x)$ "尽可能好地"近似。宜于采用最小二乘法来解决这个问题。

作函数差

$$f(x) - \frac{a_0}{2} - a_1 \cos x - \cdots - a_n \cos nx$$

$$- b_1 \sin x - \cdots - b_n \sin nx = f(x) - S_n(x),$$

将其视为用 $S_n(x)$ 表示 $f(x)$ 所产生的误差,并要求误差平方在长度为 2π 的区间上的积分

$$\int_0^{2\pi} \left[f(x) - S_n(x) \right]^2 \mathrm{d}x$$

有极小值。通过这个容易理解的方式,就可以得到用有穷三角级数对 $f(x)$ 的"最佳"近似表示。若解出这个极小问题,就可看出,不管 n 是大是小,所得的恰好就是系数 a_μ, b_μ 的傅里叶值,甚至不需要把下标从 1 到 $n(n \geqslant \mu)$ 的项都写出来,也就是可以任意略去其中一些项,所得结果总是一样,于是有以下结论:

用三角级数中任意多项都可以得到函数 $f(x)$ 的近似表示,其中最佳的是通过最小二乘法所得到的。

25.3 调和分析仪

在已画出曲线 $y = f(x)$ 后,有许多种仪器可以用来机械地算出傅里叶级数里一定数目的系数。这种仪器按英文表达法叫作"调和分析仪"。把一个函数分解为周期项之和的方法,英国人称之为"调和分析"。调和这个词来源于声学,在那里,人们把一个振动分解为尽可能简单的振动,下面介绍的分析仪是科拉迪(苏黎世)根据亨里奇(Henrici,伦敦)的思路制作的,当 $\mu = 1, 2, \cdots, 6$ 时,它能给出一个 a_μ 和一个 b_μ,至于常数项 a_0,它等于 $\dfrac{1}{\pi} \displaystyle\int_0^{2\pi} f(x) \mathrm{d}x$,因而是原来曲线下面积的 $\dfrac{1}{\pi}$,可以用求积仪求得。

在详细描述分析仪之前,我先进行以下说明:

为了计算傅里叶级数的系数,就要计算积分

$$a_\mu = \int_0^{2\pi} \frac{f(x) \cos \mu x}{\pi} \mathrm{d}x \quad \text{和} \quad b_\mu = \int_0^{2\pi} \frac{f(x) \sin \mu x}{\pi} \mathrm{d}x$$

(曲线由 $x = 0$ 延伸到 $x = 2\pi$)。当然,这样的积分一般地可以采用上

面提到的机械求积法,甚至可以指出,当只有有限多次的观察数据时也行,[1]下面这本书阐述了用图解法求系数的近似值[2]:

基尔施:《蒸汽机圆棒里的热运动》(Kirsch: *Bewegung der Wärme in den Zylinderwandungen der Dampfmaschine*)。莱比锡,1886 年。

另一方面,若曲线已经画出,就可以用一种连续工作的仪器。

为了说明我们的仪器如何工作,需要通过分部积分法把积分化为另一种形式,我们有

$$a_\mu = \frac{1}{\pi}\int_0^{2\pi} y\cos\mu x \mathrm{d}x = \frac{1}{\pi}\left[\frac{y\sin\mu x}{\mu}\right]_0^{2\pi} - \frac{1}{\pi}\int_0^{2\pi}\frac{\sin\mu x}{\mu}\mathrm{d}y,$$

$$b_\mu = \frac{1}{\pi}\int_0^{2\pi} y\sin\mu x \mathrm{d}x = \frac{1}{\pi}\left[\frac{y\cos\mu x}{\mu}\right]_0^{2\pi} + \frac{1}{\pi}\int_0^{2\pi}\frac{\cos\mu x}{\mu}\mathrm{d}y。$$

若 $y=f(x)$ 不只是分段连续而是连续的,则把上下限代入后,右边两个第一项都等于 0,而分析仪实际上要处理的是

$$\int_0^{2\pi}\sin\mu x \mathrm{d}y \quad 和 \quad \int_0^{2\pi}\cos\mu x \mathrm{d}y。$$

分析仪实现计算这些积分的机制如下:

(1) 它主要含有一个只能平行于 y 轴移动的长方框架(图 25.4)。

(2) 附着在框架上有一个能平行于 x 轴运动的滑块,固定在滑块上有一根针 *St*。

---

① 这样,有时候,傅里叶级数就回到了上面提到过的用积分界定的系数的有穷三角级数。

② [参考桑登:《实用分析学》(H. v. Sanden; *Praktische Analysis*,第二版,1924 年,第 122—135 页),在那里还论述了计算方法。关于计算详情,可参考前文已列出的龙格和柯尼希的书和波拉克(L. W. Pollack)制的表:《调和分析计算表》(*Rechentafeln zur harmonischen Analyse*,莱比锡,1926 年)。此外,还可以举出弗里泽克(H. Friesecke)、格勒内费尔德(J. Groeneveld)、洛曼(W. Lohmann)、米塞斯(R. v. Mises)、波拉泽克-盖林格(H. Pollaczek-Geiringer)和齐佩雷尔(L. Zipperer)在 *Zeitschr. f. angewandte Mathematik und Mechanik* 第 2 卷(1922 年),第 3 卷(1923 年)及第 6 卷(1926 年)上的论文。]

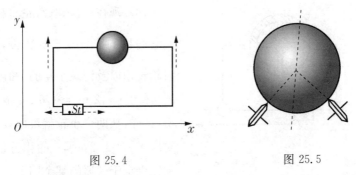

图 25.4　　　　　　　　　　　　图 25.5

（3）框架的运动和滑块相对于框架的运动合并，滑块上那根针就可以沿着任意已给的曲线描绘。

（4）仪器最重要的部件是一个磨光了的玻璃球。它安装在框架和针相对的那条边上。当框架平行于 y 轴移动 dy 时，玻璃球在支架上绕平行于 x 的直径转动一个和 dy 成比例的角（图 25.5）。

（5）在玻璃球上安装一个带有记录功能的小轮，当玻璃球转动时，它连带地沿一条纬线转动；若纬度是 φ，则转动角和 $dy \cos \varphi$ 成比例（比例常数和仪器的大小等有关，用 c 表示）。

在玻璃球上有另一个小轮，和前一个位置作 $90°$ 角，它记录下 $c\,dy \sin \varphi$。两个轮都有记录器，立刻可以读出

$$\int c \cos \varphi dy \text{ 和 } \int c \sin \varphi dy.$$

（6）仪器还有一个重要组成部分，它要使这个或那个记录小轮的"纬度"等于 μx（对我们的仪器来说，$\mu = 1, 2, \cdots, 6$），以得到积分

$$\int \cos \mu x dy \text{ 和 } \int \sin \mu x dy.$$

（7）为此，在玻璃球上安上一个具有适当直径的黄铜滑轮，使它的转动带动两个记录小轮。为了使滑轮所转的角和滑块上那根针的行程 x 成比例，用银丝绕过它并把它和针相连（图 25.6）。

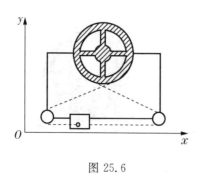

图 25.6

（8）现在,若选取滑轮直径,使它们和 $1:\frac{1}{2}:\cdots:\frac{1}{6}$ 成比例,则滑轮转角以及记录小轮的"纬度" φ 也和 $1\cdot x,2\cdot x,\cdots,6\cdot x$ 成比例,这样,从两个小轮就可以读出对应于 $\mu=1,2,\cdots,6$ 的积分值,乘以决定于仪器的某个因子。所以,理论是异常简单的。数学上的创造就是通过分部积分把积分变个样。然后根据变了样的积分来制作仪器:首先是作出 dy,然后是分量 $\cos\mu x\,dy,\sin\mu x\,dy$,其中主要课题是使记录小轮的"纬度"等于相应的 μx。

25.4　三角级数举例

下面将考察一个函数是如何被它的泰勒级数的部分和所逼近的。为此,我们将充分求助于结合两个例子的曲线图。在这种归纳式的方法中,我宁可局限于初始的论述,因为这样立刻可以引导出一系列在抽象理论中往往难以领会的概念。

我选的第一个例子是这样的 $f(x)$,它的曲线图是由经过 x 轴上 $\pm k\pi(k=0,1,\cdots)$ 诸点而和 x 轴作 $45°$ 角的线段构成的折线。$f(x)$ 是周期函数,周期是 2π,它在 $0\leqslant x\leqslant 2\pi$ 区间上的定义是

$$0\leqslant x\leqslant\frac{\pi}{2}\text{时},f(x)=x;$$

$$\frac{\pi}{2}\leqslant x\leqslant\frac{3\pi}{2}\text{时},f(x)=\pi-x;$$

$$\frac{3\pi}{2}\leqslant x\leqslant 2\pi\text{时},f(x)=-(2\pi-x)。$$

它处处连续,但只是分段解析,因为它的一阶导数在 $(2k-1)\dfrac{\pi}{2}(k=0,\pm1,\pm2,\cdots)$ 有跳跃点。$f(x)$ 的傅里叶系数 a_μ 全等于 0,因为——我们立刻可以看出——它是奇函数。于是在 $f(x)$ 的傅里叶级数中,余弦项全部消失。正弦项的系数 b_μ,可以按上面(见第 88 页)给出的公式计算。结果是

$$f(x)=\frac{4}{\pi}\left(\frac{\sin x}{1^2}-\frac{\sin 3x}{3^2}+\frac{\sin 5x}{5^2}-\cdots\right),$$

其中等号成立是因为 $f(x)$ 满足狄利克雷条件。

在图 25.7 里,画了前两条近似函数的曲线。

$$s_1(x)=\frac{4}{\pi}\cdot\frac{\sin x}{1^2},$$

$$s_2(x)=\frac{4}{\pi}\left(\frac{\sin x}{1^2}-\frac{\sin 3x}{3^2}\right)。$$

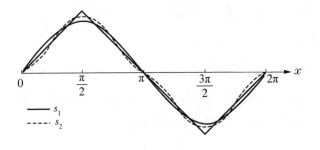

图 25.7

第一条近似曲线是正弦型曲线,在区间 $\left(0,\dfrac{\pi}{2}\right)$ 里和所给曲线相交一次,并且和 $(0,\pi)$ 上的三角形在两个顶点密切。第二条近似曲线在区间 $\left(0,\dfrac{\pi}{2}\right)$ 里和原曲线相交两次,并且像蛇那样在它的两旁

来回游动。人们会问，当 n 增大时，近似曲线 $S_n(x)$ 和原曲线交点数是否无限制地增加。[①] 附带指出，对于我们这个例子，$f(x)$ 确实如此。

关于这些曲线的纵坐标和 $f(x)$ 的接近情况，则当 n 增大时，它们的近似程度变得无限制地越来越好，而且对于一切 x 都是如此。至于它们的方向和原曲线的接近，则不能指望在一切点都能实现，例如在 $x=(2k-1)\dfrac{\pi}{2}(k=0,\pm1,\cdots)$ 时，就肯定不能。在那些地方，所有近似函数 $S_n(x)$ 的导数都等于 0，它们的曲线在那里的切线平行于 x 轴，但原曲线则有犄角。

在考察其他 x 处的方向接近问题之前，我们先考虑第二例。设函数 $g(x)$ 是具周期 2π 的函数，它在区间 $0 \leqslant x \leqslant 2\pi$ 里的定义如下：

当 $0 < x < \pi$ 时，$g(x)=\dfrac{\pi}{4}$；

当 $x=0$，或 π，或 2π 时，$g(x)=0$；

当 $\pi < x < 2\pi$ 时，$g(x)=-\dfrac{\pi}{4}$。

在图 25.8 中，画了 $g(x)$ 的曲线；$g(x)$ 像前例中的 $f(x)$ 那样，也是分段解析的，和 $f(x)$ 不同的是，它只是分段连续的。按狄利克雷定理，$g(x)$ 可以用它的傅里叶级数表示：

$$g(x)=\frac{\sin x}{1}+\frac{\sin 3x}{3}+\frac{\sin 5x}{5}+\cdots。$$

在图 25.9 中，以不同于图 25.8 的比例尺画出近似函数 $s_1(x)$，$s_6(x)$，$s_{11}(x)$，$s_{16}(x)$ 的曲线。和上例相同，我们首先指出，取的项越

---

① L. 费耶尔在《数学年刊》第 64 卷(1907 年)第 273—288 页上一篇论文中考察了这个问题。

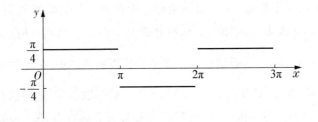

图 25.8

多,近似曲线和原曲线的交点数越大。①

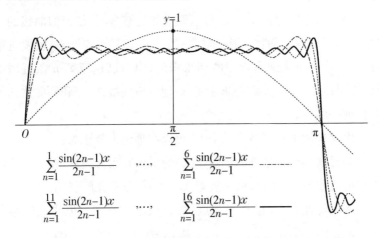

$$\sum_{n=1}^{1} \frac{\sin(2n-1)x}{2n-1} \quad,\cdots, \quad \sum_{n=1}^{6} \frac{\sin(2n-1)x}{2n-1} \quad \text{-----}$$

$$\sum_{n=1}^{11} \frac{\sin(2n-1)x}{2n-1} \quad,\cdots, \quad \sum_{n=1}^{16} \frac{\sin(2n-1)x}{2n-1} \quad \underline{\qquad}$$

图 25.9

但纵坐标的接近情况又如何呢?

在这里,我们遇到一个微妙之处,它引到傅里叶级数在它所代表的函数跳跃点邻近的所谓"非一致收敛"问题。事情是这样的:

例如考虑近似曲线 $s_6(x)$,我们看到,对于离跳跃点不太近的一

_____

① 在制作图 25.9 时,利用了哥廷根大学数学所的幻灯片。

切 x,它已经很接近 $g(x)$ 的纵坐标。但在充分靠近跳跃点时,其近似性就越来越差。例如当 x 从右方靠近 0 但又未达到 0 时,原曲线的纵坐标保持在 $\frac{\pi}{4}$,近似曲线却在某处比以前离 $\frac{\pi}{4}$ 更远,然后非常急剧地下降到 0。只要看看 $s_{11}(x)$ 和 $s_{16}(x)$ 就可以察觉,这种情况原则上并非例外。当 n 固定时,只要 x 充分接近非连续点,$S_n(x)$ 就不和 $g(x)$ 接近。

若对这情况作出一般性判断(当然不经证明,但可以理解),就是:

对于每个确定值 $x=x_0$,可以取级数足够多项,使近似曲线的纵坐标"满意地"和原曲线的纵坐标一致。x_0 越靠近连续点,就要选取越大的 n,才能达到所希望的满意程度;但若已选定第 n 条近似曲线,则可以令 x_0 充分靠近非连续点,使得该曲线在 x_0 和原曲线达不到任何一致性。

由这个例子所归纳出的事实,可以在理论上叙述为:

满足狄利克雷条件的函数 $f(x)$ 的傅里叶无穷级数,在一切连续点都的确收敛于 $f(x)$,但靠近非连续点时,收敛无限制地变慢。[1]

人们可能以为,在非连续点,级数根本不收敛。但事实恰恰相反。因为问题中的左右两极限的中值 $\frac{g(0+0)+g(0-0)}{2}$ 等于 0,而第一条近似曲线就已给出这个值。人们之所以有那样的想法,是因为习惯上把函数看成是连续的,因而对相应的级数的收敛性有不符合事实的估计,而实际却恰好不是如此。这里所出现的现象,即在接近一点时,收敛无限制地变慢,称为级数的非一致收敛性。我这里的主要目的是要讲清楚这个概念。

---

① [详情见第一卷第 239—242 页。]

上面已指出,在靠近一个非连续点时,近似曲线 $s_6(x)$(及其后继者),在非常陡地下降或上升之前,变得相对地远离原曲线。若随着 n 的增加,逐个观察近似曲线的情况,就会出现在第一卷 243－244 页所讨论的吉布斯现象。它是这样的:设 AB 为跳跃点处连接原曲线上下两端点的线段,则当 n 增大时,曲线 $S_n(x)$ 不是接近 AB 而是超出 A 和 B 同样远的线段 CD。在这里

$$AC=BD=\frac{g(0+0)+g(0-0)}{\pi} \cdot \int_\pi^\infty \frac{\sin x}{x}\mathrm{d}x。①$$

积分 $\int_\pi^\infty \frac{\sin x}{x}\mathrm{d}x$ 的值约等于 0.09π,故 AC 和 BD 比 AB 跳跃值约大 9%,这结果适用于一切用傅里叶级数表示而有跳跃点的函数 $g(x)$。

若再次观察图 25.9,但这时集中注意力于不同近似曲线的极大极小的相位差,就会觉得,可以考虑把部分和 $S_n(x)$ 代以它们的算术中值,即

$$S_0(x)=s_0(x),S_1(x)=\frac{s_0(x)+s_1(x)}{2},$$

$$S_2(x)=\frac{s_0(x)+s_1(x)+s_2(x)}{3},\cdots$$

作为近似函数,费耶尔在《数学年刊》上好几篇著名文章中讨论了这些算术中值。② 他证明了:对于相当广泛的一类函数,用傅里叶级数中的算术中值 $S_n(x)$ 比部分和 $s_n(x)$ 更能近似地表示函数。在许多情况下,傅里叶级数发散而部分和的中值都收敛于所要代表的函数,特殊地,对于具有图 25.9 特点的函数,用 $S_n(x)$ 作为近似函数,不出

---

① 原书方程右边积分前因子为 $\frac{g(x+0)-g(x-0)}{\pi}$,但没有声明 x 是个跳跃点,为明确起见,改成现状。——中译者

② [《数学年刊》第 58 卷(1904 年)第 51－69 页以及第 93 页所举的文章。]

现吉布斯现象。

现在我回到通过近似曲线来接近原曲线方向的问题。对于第一例中的曲线 $y=f(x)$，我们曾经指出，除峰点外，它的方向可以用近似曲线逐渐接近。对于第二例中的曲线 $g=g(x)$，尽管纵坐标可以接近，其方向却不能。相反地，当 n 增大时，相对于原曲线，近似曲线摆动得越来越陡。在原曲线一个非连续点邻近，近似曲线的这种表现尤其突出。

从我们的例子，不难看出其原因。

对于第一曲线，容易画出其导函数曲线。它是由纵坐标等于 $+1$ 和 -1 的线段构成，它们交替着在区间 $\left(0,\dfrac{\pi}{2}\right)$，$\left(\dfrac{\pi}{2},\dfrac{3\pi}{2}\right)$ 里。

对于第二曲线，事情较复杂。在这里，导数一般等于 0，只有在跳跃点例外，在那些地方，导数为无穷大。

在第一个例子中，导数曲线本身可以用傅里叶级数

$$f'(x)=\frac{4}{\pi}\left(\cos x-\frac{\cos 3x}{3}+\frac{\cos 5x}{5}-\cdots\right)$$

表示；在跳跃点，它代表在该点两值的中值和原曲线的傅里叶级数

$$f(x)=\frac{4}{\pi}\left(\frac{\sin x}{1^2}-\frac{\sin 3x}{3^2}+\frac{\sin 5x}{5^2}-\cdots\right)。$$

比较，可知前者可以从后者通过逐项微分得到。这样，就完全清楚了，近似曲线不但一个个越来越接近原曲线，而且也接近原曲线的方向，只有峰点例外。

第二个例子的情况完全不同。若把原级数

$$g(x)=\frac{\sin x}{1}-\frac{\sin 3x}{3}+\cdots$$

逐项积分，得

$$\cos x+\cos 3x+\cos 5x+\cdots。$$

它根本不收敛。由此可见，近似曲线不接近原曲线的方向就不奇怪

了。当具有跳跃点的函数用傅里叶级数表示而取函数的导数时，第二个例子中的情况总要出现。[1]

但若对发散级数

$$\cos x + \cos 3x + \cdots$$

取费耶尔中值，情况就又完全不一样。这些中值，除在跳跃点外，对于一切 x 值都收敛于 $g(x)$ 的导数。于是原来级数的费耶尔算术中值在每个不含跳跃点的区间内，既逼近原来的函数又逼近它的导数。这个结论对于一切在区间 $0 \leq x \leq 2\pi$ 里，除有限多个简单跳跃点外，连续而且有连续导数 $g'(x)$（分段光滑）的 $g(x)$，都是对的。其证明见已举出的费耶尔在《数学年刊》（第 58 卷，1904 年）里的论文。

这些就是我想就傅里叶级数说的不多的话[2]。

25.5　切比雪夫关于插值法的工作

全章讨论了关于一元函数的插值及其近似表示。在结束本章前，我还要特别提到杰出的俄罗斯数学家 P. L. 切比雪夫（Tscheby-scheff）的工作。

切比雪夫毕生致力于用简单类型的解析式来近似地表示函数，他成了优秀的近似数学家。

---

① ［关于用傅里叶级数的近似曲线来逼近方向的问题，在下列文献中有准确的阐明：克罗内克的《数学讲义》（L. Kronecker: *Vorlesungen über Mathematik*，第 1 卷，1894 年，第 98—99 页），特别是霍布森的《实变函数论》（E. W. Hobson: *The theory of functions of a real variable*，第二版，剑桥，1926 年，第 2 卷，第 639—643 页）。后一书对傅里叶级数理论作了深入论述。］

② ［关于傅里叶级数的文献，还可以举出《数学百科全书》中布克哈特（ⅡA12）和希尔伯与里斯（ⅡC10）所写的两节；此外，还可以指出下面两书中的有关论述：柯朗和希尔伯特的《数理物理方法》第 1 卷（*Mathematische Physik* Ⅰ，柏林，1924 年）和 K. 克诺普的《无穷级数》（*Unendliche Reihen*，在第 5 页已举出）。］

马尔柯夫和索宁(Sonin)把他的著作译成法文,分两卷出版,第1卷含有关于插值理论的众多结果,我在这里特别提出其中 3 篇文章:

(1)《关于连分数》("Sur les fractions continues")。*Journal de mathématiques pures et appliquées*(第 2 辑)第 3 卷(1858 年),见《全集》1,第 203—230 页;

(2)《关于与 0 之差尽可能小的函数》("Sur les fonctions qui diffèrent le moins possible de zéro")*Journal de mathématiques pures et appliquées*(第 2 辑)第 19 卷(1874 年),见《全集》2,第 189—215 页;

(3)《关于一元函数的发展》("Sur le développement des fonctions à une seule variable")。彼得堡,*Bulletin de l'Acad*,第 1 卷(1859 年),见《全集》1,第 501—508 页。

为了揭示切比雪夫工作的特点,我指出:在我们关于近似表示的论述中,有两个互相交叉的课题。

一方面,对一条曲线给出若干纵坐标,求一个简单的表达式,使它在所给点有这些纵坐标。另一方面,我们采用最小二乘法的思想。

可以通过以下方式把这两方面结合起来:我们要用一个 n 次多项式

$$a + bx + cx^2 + \cdots + kx^n$$

代表一条曲线,它含有$(n+1)$个常数。若已给$(n+1)$个观察数据(纵坐标),我们当然就采用拉格朗日插值公式。但已给数据多于 $n+1$ 时,就可以运用最小二乘法思想:我们要求所写下的 n 次抛物线所产生的误差平方之和有极小值。这个课题还可以推广,即不同观察数据可以有不同的权重,因而要求(误差)^2×(权重)之和达到极小值。对此,切比雪夫利用一种连分法展开,得到一个完整的公式。这样，他的成果的本质也许可以简述如下。

　　他的第一组工作涉及如下课题：当观察数据多于插值公式所用系数中的未知量个数时，就要求误差平方乘以权重之和达到极小值，并据此来确定诸系数。

　　但切比雪夫并没有单纯地依赖最小二乘法。在另外一些论述中，他不是要求误差平方之和为极小，而是要求所出现的最大误差的绝对值为极小。这项工作出现在他一篇令人惊奇的论文中，其标题是《关于与 0 之差尽可能小的函数》。你们即将了解这是什么意思。设已给一个 n 次多项式，其最高次项是 x^n，问题是，确定其他各项的系数，使得对于在 $+1$ 和 -1 之间的 x，多项式与 0 的差别最小。在这里，切比雪夫也得到一个简单的最后公式。

　　他还有第三类的研究工作。

　　所涉及问题如下：设一条曲线的纵坐标都已给定，但附有一个与横坐标 x 相关的权重。所求的是，按照最小二乘法的基本法则，求与所给曲线尽可能好地接近的级数。按照不同观察所得权重的分布类型，几乎对实践中用到的级数都获得了结果。其中一个实例是，切比雪夫研讨了曲柄传动装置（所要代表的是曲柄传动装置的规律）问题。我之所以指出切比雪夫关于插值法的工作，一来是因为它很有价值，二来是因为德国人对他的了解还是太少。包辛格在《数学百科全书》第 1 卷第 6 册（ID3）关于插值法的阐述，是我要向每个从事插值法工作的人推荐的一篇读物，那里也不含有对切比雪夫工作的公正评价。希望有朝一日德国数学界能得到关于他的工作的系统阐述。

第二十六章 二元函数

26.1 连续性

略微回顾迄今为止的讲演就会看出,无论是讨论变量 x 还是一元函数 $f(x)$,我们始终强调了近似数学和精确数学的对立。和近似数学相联系的则是数学的各种实际应用。

在这里,几何在一定程度上占有核心位置。我们利用几何来引导,使抽象内容较易掌握。事情是这样的:在处理已经画好,并具体地呈现在我们面前的曲线时,首先感觉到的是和近似数学的关系;与此同时,通过几何形象容易揭示抽象观念,间接地使它们能为人所理解。我们用一系列近似曲线来阐明魏尔斯特拉斯函数时,就是如此。①

现在转入二元函数,我们仍然按照这种方式处理。在这里,我们也从阐明精确数学里的概念开始。我的目标是,通过几何图形来讲清楚一些基础关系,而不是像通常那样采取抽象方式。

首先略谈变量 x,y 的区域。要问 x,y 最一般的区域是什么,这个区域什么时候构成连续统,等等,就要深入到集合论。我以后再讨

---

① 也许最终能在一切应用领域按这个意义来利用几何。但在这里,我们不愿深入讨论这种推测。

论这个问题,目前请参考前面已举出的 A. 罗森塔尔在《数学百科全书》里的报告。

为简明起见,我们假设函数的定义域是一个圆或者一个长方形,其边平行于坐标轴(图 26.1)。这指的是什么,估计不需要作更多的说明。首先要明确的是,在区域里的每组(x,y)值,对应于一个确定的 z 值。但在每一个具体情况下,必须声明,区域的边界点是否属于它;若边界点属于它,就称区域为闭的,否则称为开的。近来人们把闭区域叫作"区",开区域叫作"域"[①]。

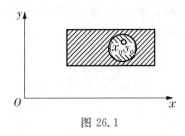

图 26.1

什么时候 $f(x,y)$ 称为在(x_0,y_0)连续呢?下面的定义将会得到你们的认可。考虑

$$|f(x,y)-f(x_0,y_0)|,$$

然后说,若 $f(x,y)$ 满足下面两个条件,它在点(x_0,y_0)就是连续的:第一,它在(x_0,y_0)有唯一的值;第二,已给无论多小的正数 δ,总可以找到一个异于零的 ρ,使得对于一切满足$(x-x_0)^2+(x-y_0)^2<\rho^2$的 x,y,都有

$$|f(x,y)-f(x_0,y_0)|<\delta.$$

[当然我们选取以(x_0,y_0)为中心,$|\rho|$为半径的圆,只是为了简单明

① "区"和"域"依次是 Bereich 和 Gebiet 的暂译,相当于英文的 region 和 domain。——中译者

确,实质是无论 δ 多小,必有一个含 (x_0,y_0) 在内的区域,在它内部,总有 $|f(x,y)-f(x_0,y_0)|<\delta$。]

你们看,连续性这个抽象定义本身并无难处。但当我们考虑某些很简单的解析式,例如有理函数

$$z=\frac{2xy}{x^2+y^2}$$

时,却遇到复杂的关系。

这个函数在一切 (x,y) 连续,只有在 $(0,0)$ 是例外,因为 $x=0$,$y=0$ 时,分子、分母都等于零,问题是,能否界定函数在 $(0,0)$ 的值,使它在那里也变成连续。

引进极坐标

$$x=r\cos\varphi, y=r\sin\varphi,$$

则当 $r\neq0$ 时,

$$z=\sin 2\varphi$$

与 r 无关。

对所给函数的定义作补充,最自然的办法是令 $r=0$ 时,函数值也是 $z=\sin 2\varphi$。

这个函数的几何图像是一个三阶直纹面,在力学中称为"圆柱性面",如图 26.2(采自鲍尔:《螺旋理论专著》[*A treatise on the theory*

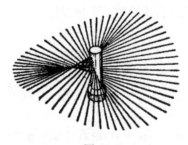

图 26.2

of screws]，剑桥，1900 年)所示，它的母线都平行于 x-y 平面并和 z 轴相交。[①]

我们的补充定义能使函数 z 在 $x=0,y=0$ 处连续吗? 显然不能，从图上一眼看出：函数在$(0,0)$的值并不唯一地确定，它可以是从 -1 到 $+1$ 的任何值。可是沿着原点的每条路径，它却是连续的。设 $y=g(x)$ 是经原点的一条曲线，其斜率是 $\tan\varphi$；则当一点沿曲线趋于$(0,0)$时，函数 z 的极限是 $\sin 2\varphi$，也就是函数在 $x=0,y=0$ 时的值。

假若令函数在$(0,0)$有唯一的值，例如 0，则连续函数定义中第一个条件满足了，但却不能沿每条路径都连续，因而容易看出，连续性定义中第二个条件不能满足。我们说：

多值连续[②]的现象在二元有理函数中已经出现，而在我们连续定义中是排除了的。

接着二元有理函数可能遇到的第一种困难，我还要说明第二种困难。

设函数 $f(x,y)$ 在(x_0,y_0)的值唯一确定，再设它沿每条经过(x_0,y_0)方向角为 Θ 的直线也连续(图 26.3)。这时 $f(x,y)$，按照我们所述的一般定义是否连续呢? 更详尽些：设对于每个 Θ 和每个无论多小的正数 δ，总有一个正

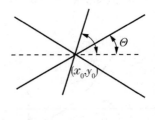

图 26.3

① 图 26.2 表示曲面 $z=\sin 2\varphi$ 应用于螺杆时的情况，但只有当图中螺杆半径趋于 0 时，得到的才是曲面的真实几何形象。这曲面的"母线"是半径而不是整条直线，因而和通常的直纹面也不相同。"圆柱性面"是 zylindroid(英文 cylindroid)的旧有的中文译名，是从英文字面译来的；实际上曲面本身(如果不考虑应用)与圆柱无关，无论 zylindroid 或圆柱性面都不恰当，易引起误解，姑袭用之。——中译者

② Stetig-Vieldeutigkeit，指沿不同方向的极限值不全一致。——中译者

数 ρ_Θ(下标表示与 Θ 有关),使得只要 $r<\rho_\Theta$,就有

$$|f(x_0+r\cos\Theta,y_0+r\sin\Theta)-f(x_0,y_0)|<\delta。$$

这样,$f(x,y)$ 在 (x_0,y_0) 就一定连续吗?

可以看出,答案不一定是肯定的,即函数沿每个在 (x_0,y_0) 的方向连续,还不一定就意味着它在 (x_0,y_0) 连续。

为了说明这一点,我们先回顾在讨论傅里叶级数的非一致收敛性时的经验(参考前面关于一致连续性的讨论)。

满足狄利克雷条件的函数 $f(x)$ 的傅里叶级数在一个非连续点 x_0 的非一致收敛性,或者说收敛变得无限减慢的情况,可以用一条(梯形)曲线来表现。例如,在 x_0 的一个适当选取的邻域里,例如在 x_0 之左,选定一点 x,接着确定级数的项数 n,使其部分和与函数 $f(x)$ 的近似程度至少达到预先规定的要求,然后取 $\dfrac{1}{n}$ 为纵坐标。这样得到的曲线(图 26.4)将能无限制地接近 x_0,但在 x_0 本身,却有异于零的纵坐标,如图 26.4 所示。尽管在 x 接近 x_0 时,收敛无限制地减慢,但却仍然在一切点收敛。

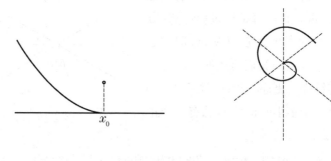

图 26.4　　　　　　　　　　　　　图 26.5

类似情况出现于径向连续。

假定正数 δ 已适当地给定,并且固定不变,对每条经过 (x_0,y_0)

的直线(方向角为Θ),计算ρ_Θ的最小上界,并在该直线上截取等于这个值的一段以得到从(x_0,y_0)出发的矢径。于是得到一条曲线(图26.5),它表现不同Θ值所对应的连续程度。现在,有可能出现这样一种情况:尽管对应于每个Θ值,总有一个异于零的ρ_Θ,但当靠近某个Θ值时,ρ_Θ却减小到任何固定值ρ之下。若曲线靠近某个方向角时,它就任意接近(x_0,y_0),但按径向连续要求,在该直线上应有和(x_0,y_0)距离不等于0的点在曲线上,上述情况就要出现。归纳一下:只假定径向连续还不能排除在靠近某个Θ值时,ρ_Θ无限制地接近0,只是对于该Θ值本身,ρ_Θ才有正值。

在这样的情况下,以(x_0,y_0)为中心显然不能作一个半径为ρ的圆,使得在圆内部的一切点,$f(x,y)-f(x_0,y_0)$的绝对值总小于δ。

按下述方法可以构造一个不连续但径向连续的函数。设Θ为从原点到点(x,y)的方向角。对于一切异于$(0,0)$的(x,y),可以令$\Theta=\mathrm{arc}(x,y)$,考虑按下面条件确定的函数$F(x)$:

当$\Theta\neq0$时,$F(x,y)=(\pi^2-\Theta^2)\sqrt[3]{1\colon\Theta}$;

当$\Theta=0$时,$F(x,y)=0$;

$F(0,0)=0$。

这个函数对于每个(x,y)有唯一的值。再设$r=|\sqrt{x^2+y^2}|$,p是任意正数。则函数

$$z=f(x,y)=r^pF(x,y)$$

在$(0,0)$只是径向连续。

函数z径向连续是可以立刻看出的。因为$F(x,y)$沿一条经过原点的半线是常数,而r^p对一切(x,y)是连续的。现在,以原点为中心作半径为δ的圆,则对于在圆内部的一切点,

$$|f(x,y)-f(0,0)|=|f(x,y)|<|\delta^pF(x,y)|,$$

而且当 (x,y) 趋于圆周时，$|f(x,y)|$ 可以任意接近 $|\delta^\rho F(x,y)|$。现在，无论选定 δ 为多么小的正数，我们仍然可以选取更小的 $\Theta =$ arc(x,y)，使得 $|F(x,y)|$，因而 $|\delta^\rho F(x,y)|$ 要多大就多大。

由此可见，径向连续性和连续性还不是一回事。要从径向连续性达到连续性，必须明确要求，径向一致连续(即对于一切 Θ，能有一个异于零的 δ)。这样就澄清了这个细微的问题。

对于在一个闭区域里连续的函数，有类似一元函数的情况中的一些定理，如最大值和最小值都存在，函数要连续地经过两个函数值间的一切值，等等。这些你们自己都能处理。

26.2　偏导次序颠倒时 $\dfrac{\partial^2 f}{\partial x \partial y} \neq \dfrac{\partial^2 f}{\partial y \partial x}$ 的实例

现在一个问题是：

什么时候连续函数 $f(x,y)$ 是可微的，无限制地可微的，可以按泰勒级数展开的？

首先是关于函数的一阶偏导数

$$\frac{\partial f}{\partial x}=p, \quad \frac{\partial f}{\partial y}=q,$$

它们当然不一定存在；我们还是假定它们存在，然后考察更高阶的偏导数。首先是二阶的

$$\frac{\partial^2 f}{\partial x^2}=r, \quad \frac{\partial^2 f}{\partial x \partial y}, \quad \frac{\partial^2 f}{\partial y \partial x}, \quad \frac{\partial^2 f}{\partial y^2}=t.$$

在这里，我们还需说：

若连续函数 $f(x,y)$ 在某处不但有一阶偏导数，而且有二阶以及更高阶偏导数，则不但要明确地假定它们存在，而且特别要考察偏微导是否与次序有关，即例如是否有 $\dfrac{\partial^2 f}{\partial x \partial y}=\dfrac{\partial^2 f}{\partial y \partial x}$。

下面我考察上述最后那个问题。我们先假定一切偏导数存在，而且微导次序普遍地可以颠倒，并提出如下问题：

这时 $f(x,y)$ 是否就可以按泰勒级数

$$f(x,y)=f(x_0,y_0)+\frac{(x-x_0)p_0+(y-y_0)q_0}{1!}$$

$$+\frac{(x-x_0)^2r_0+2(x-x_0)(y-y_0)s_0+(y-y_0)^2t_0}{2!}$$

$$+\cdots$$

$\left(s=\dfrac{\partial^2 f}{\partial x\partial y}=\dfrac{\partial^2 f}{\partial y\partial x}\right)$ 展开？

根据以前的考察，我们必须如此回答：

偏导数存在以及形式上写下的级数收敛，并不保证泰勒级数展开式就适用，要这个展开式能用，普林斯海姆条件必须满足，即当 n 增大时，余项必须任意地接近 0。只有当这些都满足时，我们才说 $f(x,y)$ 首先在收敛域内，是含变量 (x,y) 的解析函数。

我们还要补充一点：由此可见，还需要作大量的假设，$f(x,y)$ 才能是解析函数。

现在让我们稍微看看应用中的情况。我们试问：在力学和物理学中用到二元或多元函数时，情况是怎样的呢？

在应用中，通常的说法是，人们把每个函数都看作解析的，因而相信可以把级数从一阶、二阶或三阶断开，"因为这给出充分近似的表示"。

我们的观点与此相反。

当然，上述那样的表述方式和我们所阐明的解析函数的严格概念是不相容的。在那里，人们实际上从一开始就是在近似数学领域里活动，并且贸然假定可以用一次、二次或三次多项式来充分近似地表示问题中的函数。因此，那种通常提法的主要依据是：假定在应用

中出现的函数可以充分近似地用一次、二次、三次多项式表示。至于它们是否"真的"把函数作为解析函数来处理,我们无法作出判断,因而我不能对此作出评论。

问题在于:在应用中,是否真的仅仅涉及上述近似表示的存在性;尤其是,在实际中(不管导数在那里的意义如何确定)是否总有 $\dfrac{\partial^2 f}{\partial x \partial y} = \dfrac{\partial^2 f}{\partial y \partial x}$?或者整个假设只是来自流行的习惯而没有深入到事物本质呢?

我必须说:在实践中有充分的事例表明,有时不能假定

$$\frac{\partial^2 f}{\partial x \partial y} = \frac{\partial^2 f}{\partial y \partial x}。$$

为了把问题说清楚,我们先问:

在精确数学里,人们是在什么条件下证明 $\dfrac{\partial^2 f}{\partial x \partial y} = \dfrac{\partial^2 f}{\partial y \partial x}$ 的?下面我们将要通过对曲面图形的观察,举出这些条件不满足的实例。

$\dfrac{\partial^2 f}{\partial y \partial x}$ 的定义是这样的[①]:

首先有

$$\frac{\partial f}{\partial y} = \lim_{k \to 0} \frac{f(x, y+k) - f(x, y)}{k} = q(x, y),$$

和

$$\frac{\partial q}{\partial x} = \frac{\partial^2 f}{\partial y \partial x} = \lim_{h \to 0} \frac{q(x+h, y) - q(x, y)}{h}。$$

合并两等式,则

$$s' = \frac{\partial^2 f}{\partial y \partial x}$$

$$= \lim_{h \to 0} \left(\lim_{k \to 0} \frac{f(x+h, y+k) - f(x+h, y) - f(x, y+k) + f(x, y)}{hk} \right)。$$

---

① 此处对 x 和 y 求偏导的顺序与部分教材的定义相反,但不影响讨论。——编者

因此

$\dfrac{\partial^2 f}{\partial y \partial x}$ 是对右边的商先令 k，后令 h 趋于 0 的结果。

同样，我们有

$$s = \frac{\partial^2 f}{\partial x \partial y}$$

$$= \lim_{k \to 0} \left(\lim_{h \to 0} \frac{f(x+h,y+k) - f(x+h,y) - f(x,y+k) + f(x,y)}{hk} \right).$$

因此，若把取极限的次序颠倒，即先令 h，后令 k 趋于 0，就得到另一个偏导数。

两个二阶偏导数是否相等决定于两个极限过程可否颠倒。我们现在利用中值定理证实，在通常情况下，$s = s'$ 的确成立。

我们有

$$p(x,y) = \lim_{h \to 0} \frac{f(x+h,y) - f(x,y)}{h}.$$

假定 $p(x,y)$ 在 (x,y) 和在 (x,y) 的一个邻域 U 里（有限且唯一）存在，则利用中值定理，在适当选取 h 的情况下，

$$f(x+h,y) - f(x,y) = hp(x+\theta h, y),$$

其中 $0 < \theta < 1$。

现在假定 p 在 U 里对 y 可微。这时可以再次利用中值定理：在适当选取 k 的情况下，

$$p(x+\theta h, y+k) - p(x+\theta h, y) = ks(x+\theta h, y+\eta k),$$

其中 $0 < \eta < 1$。或者，合起来

$$f(x+h,y+k) - f(x,y+k) - f(x+h,y) + f(x,y)$$
$$= hks(x+\theta h, y+\eta k).[1]$$

---

[1] 　偏导换序的这个充分条件，可参阅菲赫金哥尔茨（Г. М. Фихтенгольц）著《微积分学教程》第 1 卷，第 2 分册，第 388—389 页。——中译者

以 k 除等式两边,就得

$$\frac{f(x+h,y+k)-f(x+h,y)}{k}-\frac{f(x,y+k)-f(x,y)}{k}$$

$$=hs(x+\theta h,y+\eta k)。$$

现在假定 q 在(x,y)和 U 中存在,则令 $k\to0$ 时,左边趋于

$$q(x+h,y)-q(x,y)。$$

在右边,若再假设在邻域 U 里,对于常值 x,s 是 y 的连续函数,则

$$\lim_{k\to0}s(x+\theta h,y+\eta k)=s(x+\theta h,y)。$$

因此

$$\frac{q(x+h,y)-q(x,y)}{h}=s(x+\theta h,y)。$$

最后,还假设在(x,y),s 对于 x 连续。这时,令 h 趋于 0,即得

$$\lim_{h\to0}\frac{q(x+h,y)-q(x,y)}{h}=s(x,y)。$$

但左边极限无非就是 $s'(x,y)$,于是 $s'(x,y)$存在而且等于 $s(x,y)$。

在我们的证明里,不但必须假定 p,q,s 在(x,y)以及(x,y)的一个邻域里存在,而且还要求 s 满足一定的连续条件。若略去上面这个或那个条件,就不再能指望 s'——即使存在——等于 s。[①]

我们即将看到,在日常遇到的曲面[②]中,就有 $s\neq s'$ 的例子。

_____

① ［关于上面所论的颠倒偏导次序的问题,H. A. 施瓦茨第一次作了奠基性处理。见他的论文:《关于证明定理 $\frac{\partial}{\partial y}\left(\frac{\partial f(x,y)}{\partial x}\right)=\frac{\partial}{\partial x}\left(\frac{\partial f(x,y)}{\partial y}\right)$ 中的一组完备而且互相独立的假设》("Über ein vollständiges System von einander unabhängiger Voraussetzungen zum Beweise des Satzes: $\frac{\partial}{\partial y}\left(\frac{\partial f(x,y)}{\partial x}\right)=\frac{\partial}{\partial x}\left(\frac{\partial f(x,y)}{\partial y}\right)$"),《数学著作集》[*Ges. math. Abh.*],第 2 卷,1890 年,第 275－284 页)。内德尔(L. Neder)研究了三元和多元函数以及二阶以上的偏导数(*Math. Zeitschr*,第 24 卷,1926 年,第 759－772 页)。]

② 或者代表日常所遇见曲面的理想曲面(因为我们看到的不是精确的曲面)。

设有两个半径相同的圆柱形相交所形成的"交叉拱顶"(图 26.6)。

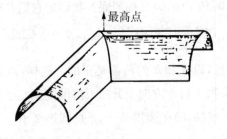

图 26.6

选取两柱面交线的最高点作为坐标原点，z 轴向上，然后计算 s 和 s' 在原点的值。为了得到不被拱顶对称性掩盖的有用结果，设想整个拱顶相对于坐标轴转动 α 角[①]，$0 < \alpha < 45°$，那样，在 x-y 平面上的投影就像图 26.7 所示的那样。

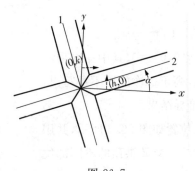

图 26.7

现在计算在拱顶上每个点的 p 和 q，作为差商的极限值。在原点，当然 $p=0$，$q=0$，因为两个圆拱沿最高线的切面是水平面；故

[①]　在这里，无形中假定了两个圆拱的母线互相正交，而且原来是沿 x 轴和 y 轴方向。——中译者

$p(0,0)=q(0,0)=0$。

那么 $s(0,0)$ 和 $s'(0,0)$ 又如何呢? 我们把它们看作下面的极限

$$s=\lim_{k\to 0}\frac{p(0,k)-p(0,0)}{k},s'=\lim_{h\to 0}\frac{q(h,0)-q(0,0)}{h}。$$

为方便起见,设 h 和 k 的值都是正的。这样,点 $(0,k)$ 在圆拱 1 上,而 p 就是圆拱 1 沿 x 方向上升或下降的陡度。于是 $p(0,k)$ 是负的。另一方面,点 $(h,0)$ 在圆拱 2 上;q 是圆拱 2 沿 y 方向上升或下降的陡度。故 $q(h,0)$ 是正的。由这个定性的观察可知:

s 是作为负值差商的极限,s' 是作为正值差商的极限得到的。因此若 s 和 s' 不是都等于 0,它们就不能相等。

我们现在利用公式来计算这两个极限。

当两个圆拱处于原来的位置时,它们的母线平行于 x,y 两坐标轴,其方程是①

圆拱 $2:z=C_0-C_1y^2-\cdots$,

圆拱 $1:z=C_0-C_1x^2-\cdots$。

因为 $p(0,0)=0,q(0,0)=0$,其中一次项不出现;为简洁起见,高于二次的项不再写出,因为它们不影响推导结果。

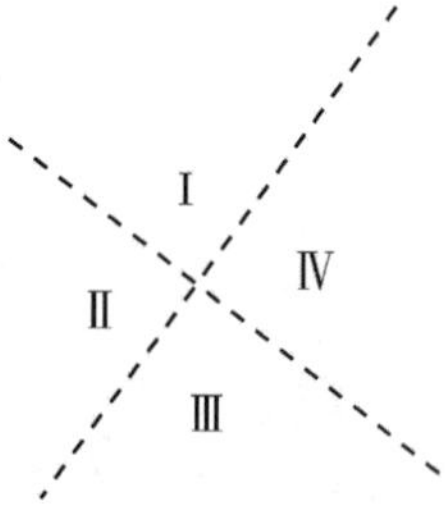

现在,令圆拱位置如图 26.7 所示,并用 Ⅰ,Ⅱ,Ⅲ,Ⅳ 表示整个交叉拱顶的不同部位 (图 26.8),就得:对于 Ⅰ 和 Ⅲ (圆拱 1),

图 26.8

$z=C_0-C_1(x\cos\alpha+y\sin\alpha)^2-\cdots$;

对于 Ⅱ 和 Ⅳ (圆拱 2),

$$z=C_0-C_1(-x\sin\alpha+y\cos\alpha)^2-\cdots。$$

---

① 原文方程中最后是正号,现改成和下面方程一致。——中译者

于是，

对于 I 和 III，

$$p=-2C_1x\cos^2\alpha-2C_1y\sin\alpha\cos\alpha-\cdots,$$

$$q=-2C_1x\sin\alpha\cos\alpha-2C_1y\sin^2\alpha-\cdots;$$

对于 II 和 IV，

$$p=-2C_1x\sin^2\alpha+2C_1y\sin\alpha\cos\alpha-\cdots,$$

$$q=+2C_1x\sin\alpha\cos\alpha-2C_1y\cos^2\alpha-\cdots。$$

根据这些公式，对于交叉拱顶，在原点的确有 $p=0,q=0$。可是沿两个圆拱的交线，p 和 q 都不连续；因两圆拱相遇处有折痕。

现在对原点计算 s。由 I 中的 $p(0,k)$，若略去展开式的高次项，得

$$s=\lim_{k\to0}\frac{-2C_1k\sin\alpha\cos\alpha}{k}=-C_1\sin2\alpha。$$

另一方面，由 IV，略去高次项后，得

$$s'=\lim_{h\to0}\frac{+2C_1h\sin\alpha\cos\alpha}{h}=+C_1\sin2\alpha。$$

因此，一般地 $s\neq s'$，而且只有当坐标轴和两拱面母线平行时，$s=s'$。

若在 II 区和 IV 区计算 $(0,0)$ 邻近的 s 值而在 I 和 III 区计算 $(0,0)$ 邻近的 s' 值，则略去高次项后，得

$$s=+C_1\sin2\alpha,s'=-C_1\sin2\alpha。$$

由此可知 $s(x,y)$ 和 $s'(x,y)$ 在 $(0,0)$ 都不连续。

你们看，这个例子既不抽象，也不难，它们是很平常的。例如它可以推广到雨伞的曲面，只要伞是竖直的，其左右对于 x-z 平面和 y-z 平面不对称，就会在其顶点出现 $s\neq s'$。我们也许可以写出以下结论：

上述例中的那种曲面上所出现的 s 和 s' 不相等的情况是很平常的,我们之所以没有想到,是因为我们很少留心具体事物所提供的情况(而总是不假思索地接受教科书中的结论)。

26.3　用球函数级数近似表示球面上的函数

上面从精确数学角度谈论了二元函数。我现在转到从近似的角度来谈,就像从精确数学角度讨论了函数 $f(x)$ 之后,接着就讨论插值法和近似表示那样。

人们将怎样近似地表示函数 $f(x,y)$ 呢?

最易考虑到的是,用次数递增的,含 x,y 的齐次多项式来逼近 $f(x,y)$

$$z=f_0+f_1+f_2+\cdots,$$

可以指出,这是在力学和物理学中常用的方法。

另一种方法是,试用与三角级数相应的拉普拉斯球函数来逼近函数。

在这里,我略过第一种方法,只对拉普拉斯球函数略加阐述,主要是说明它们的本质及其在表示球面上的函数中的作用。[①]

这里的问题是三角级数的一种推广。为了说明这一点,我们必须把以前三角级数中的辐角 x 换成 ω,于是得 $f(\omega)$ 的三角级数表示

$$f(\omega)=\frac{a_0}{2}+a_1\cos\omega+\cdots+a_n\cos n\omega+\cdots$$

---

① 对下面的思路概述如下:(一元)周期函数实际上是幺圆(半径等于 1 的圆)周上的函数,向高一维推广,是幺球面上的函数。作者对周期函数的三角级数近似表示在形式上加以改变,然后通过拉普拉斯方程这个纽带,从这种新表示形式自然地过渡到用球函数近似地表示幺球面上的函数。——中译者

$$+b_1 \sin \omega + \cdots + b_n \sin n\omega + \cdots 。$$

下面我们将对此在形式上作些改变。

（1）我们设想 ω 是圆心角，z 是一个在半径为 1 的圆周上、周期为 2π 的函数（图 26.9）。

（2）这个函数 $f(\omega)$ 将要通过像 $a_n \cos n\omega + b_n \sin n\omega$ 那样一些成双的项近似地表示，其间的规律，我们引进直角坐标后用另一种形式来表达。

由 $\cos \omega = x, \sin \omega = y$，得

$$\cos \omega + i \sin \omega = x + iy,$$

又根据棣莫弗公式，

$$\cos n\omega + i \sin n\omega = (x + iy)^n,$$
$$\cos n\omega - i \sin n\omega = (x - iy)^n 。$$

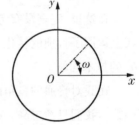

图 26.9

由此（通过很明显的途径）可知：

（3）$\cos n\omega$ 和 $\sin n\omega$ 可用 x, y 的 n 次多项式表示，$a_n \cos n\omega + b_n \sin n\omega$ 也是如此。所有这样的多项式 F 都满足简单的微分方程

$$\Delta F = \frac{\partial^2 F}{\partial x^2} + \frac{\partial^2 F}{\partial y^2} = 0,$$

因为 $(x + iy)^n$ 和 $(x - iy)^n$ 就都满足它。最重要的是，这个微分方程代表着这些多项式的特征。

这句话是指：

（4）一个满足方程 $\Delta F = 0$ 的 n 次齐次多项式总是和某个 $a \cos n\omega + b \sin n\omega$ 联系着。

这可以通过简单计算推知：一个 n 次齐次多项式有 $n+1$ 个系数。其相应的 ΔF 是一个 $(n-2)$ 次齐次多项式，有 $(n-1)$ 个系数，而 ΔF 应等于 0。因此，那 $(n+1)$ 个系数要满足 $(n-1)$ 个条件：有两个系数还可以任意选取（对应于 $a \cos n\omega + b \sin n\omega$ 中的 a 和 b）。

若用 $F_0, F_1, \cdots, F_n$ 依次代表所说的从 0 次到 n 次的多项式,我们就有结论:

函数 $f(\omega)$ 的通常的三角级数表示可以写成升幂的含 x, y 的齐次多项式 F_ν 的级数展开式,其中各多项式 F_ν 都满足特殊的方程 $\dfrac{\partial^2 F_\nu}{\partial x^2} + \dfrac{\partial^2 F_\nu}{\partial y^2} = 0$。得到展开式后,再令

$$x = \cos \omega, \quad y = \sin \omega。$$

在这里,完全没有考虑所处理的级数是否有穷,而仅仅是纯粹形式上运用了各项的转化规律。当然还存在着计算那些待定常数 a_n, b_n 的技术问题。

在我对普通的三角函数如此描述之后,它就容易被推广到多元函数。我们只考虑高一维的情况。

取半径为 1 的球面,设 x, y, z 是它上面点的直角坐标。引进球面坐标 φ, θ,其中 φ 表示经度($0 \leqslant \varphi \leqslant 2\pi$),$\theta$ 表示极纬度[①]($0 \leqslant \theta \leqslant \pi$),就有公式(图 26.10)

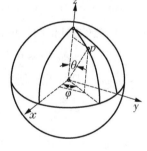

$$x = \sin \theta \cos \varphi,$$
$$y = \sin \theta \sin \varphi,$$
$$z = \cos \theta。$$

图 26.10

现在设已给球面上的一个函数 $f(\theta, \varphi)$,我们要看看,是否类似地可以用含 x, y, z 的 ν 次($\nu = 0, 1, 2, \cdots$)齐次多项式 F_ν 的级数表示,而现在这些多项式则满足方程

$$\Delta F_\nu = \frac{\partial^2 F_\nu}{\partial x^2} + \frac{\partial^2 F_\nu}{\partial y^2} + \frac{\partial^2 F_\nu}{\partial z^2} = 0。$$

---

① 极纬度是由北极 $(0, 0, 1)$ 量起的纬度。——中译者

这样

$$f(\theta,\varphi)=F_0+F_1+\cdots+F_n+\cdots$$

这个级数,如果无穷,是否收敛,那些有穷级数是否能适当近似地表示函数 $f(\theta,\varphi)$,本身都是问题,这些都暂且不谈。

一个(拉普拉斯)球函数首先是满足微分方程 $\Delta F=0$ 的一个含 x,y,z 的 n 次齐次多项式。

稍迟些,一个 n 次齐次球函数将只用来代表把 x,y,z 作为 θ,φ 的函数代入后所得的表达式。

考虑一下,球函数 F_n 中还有几个待定常数。一个任意的 $F_n(x,y,z)$ 有 $\dfrac{(n+1)(n+2)}{2}$ 个常数(利用归纳法,由 F_1 有 3 个,F_2 有 6 个可以推得)。ΔF_n 是 $(n-2)$ 次齐次多项式,有 $\dfrac{(n-1)n}{2}$ 个常数。令 ΔF_n 恒等于零,就得到 $\dfrac{(n-1)n}{2}$ 个条件。因此还剩下

$$\frac{(n+1)(n+2)-(n-1)n}{2}=\frac{4n+2}{2}=2n+1$$

个常数是任意的,于是有定理:

最一般的 n 次球函数含有 $2n+1$ 个未定参数,这些参数满足一个线性方程组,因为由 $\Delta F_n=0$ 得到的只是关于 F_n 的系数的方程。

试考察 $n=2$ 的情况。最一般的二次齐次多项式是

$$F_2=a_{11}x^2+a_{22}y^2+a_{33}z^2+2a_{23}yz+2a_{31}zx+2a_{12}xy。$$

故 $\Delta F_2=0$ 就是

$$2(a_{11}+a_{22}+a_{33})=0。$$

所以 6 个系数满足一个线性条件,因而还有 5 个系数是任意的,和定

理相符。

我们给出从零次到四次的这些多项式。一般作法是这样的:对于 $n=0,1,2,3,4,\cdots$ 各情况,分别给出用球面坐标表示的 $(2n+1)$ 个特殊的球函数(参看本页从零次到四次的球函数表);一般 n 次球函数就是这 $(2n+1)$ 个特殊球函数的线性组合,其系数是任意的。

F_0	1				
F_1	$\cos\theta$	$\left.\begin{array}{l}\sin\theta\cos\varphi\\[2pt]\sin\theta\sin\varphi\end{array}\right\}1$			
F_2	$3\cos^2\theta-1$	$\left.\begin{array}{l}\sin\theta\cos\varphi\\[2pt]\sin\theta\sin\varphi\\[2pt]\cos\theta\end{array}\right\}$	$\left.\begin{array}{l}\sin^2\theta\cos2\varphi\\[2pt]\sin^2\theta\sin2\varphi\end{array}\right\}1$		
F_3	$5\cos^3\theta-3\cos\theta$	$\left.\begin{array}{l}\sin\theta\cos\varphi\\[2pt]\sin\theta\sin\varphi\\[2pt](5\cos^2\theta-1)\end{array}\right\}$	$\left.\begin{array}{l}\sin^2\theta\cos2\varphi\\[2pt]\sin^2\theta\sin2\varphi\end{array}\right\}\cos\theta$	$\left.\begin{array}{l}\sin^3\theta\cos3\varphi\\[2pt]\sin^3\theta\sin3\varphi\end{array}\right\}1$	
F_4	$35\cos^4\theta-30\cos^2\theta+3$	$\left.\begin{array}{l}\sin\theta\cos\varphi\\[2pt]\sin\theta\sin\varphi\\[2pt](7\cos^3\theta-3\cos\theta)\end{array}\right\}$	$\left.\begin{array}{l}\sin^2\theta\cos2\varphi\\[2pt]\sin^2\theta\sin2\varphi\\[2pt](7\cos^2\theta-1)\end{array}\right\}$	$\left.\begin{array}{l}\sin^3\theta\cos3\varphi\\[2pt]\sin^3\theta\sin3\varphi\end{array}\right\}\cos\theta$	$\left.\begin{array}{l}\sin^4\theta\cos4\varphi\\[2pt]\sin^4\theta\sin4\varphi\end{array}\right\}1$

我建议读者把上表中第一列的球函数计算一下。[①] 其余的只需把第一列的诸项对 $\cos\theta$ 求导,去掉系数中某些数值因子,然后乘上表中所列出的相应因子即可得到。[②]

最一般的球函数 F_4 就是表中末行9个特殊球函数 F_4 的线性组合,其系数可以任意。

现在考虑一个课题:已给函数 $f(\theta,\varphi)$,按照最小二乘法的思路,用零次到四次的球函数来近似地表示它。这就是:令

---

① 对已给出的多项式进行验算当然容易。例如回到直角坐标,就可以把 $F_3=5\cos^3\theta-3\cos\theta$ 写成 $F_3=5z^3-3z(x^2+y^2+z^2)$,然后验证 $\Delta F_3=0$。

② 对 $\cos\theta$ 取表中第一列各行的 ν 阶导数(去掉某些数值因子),就得到同行第 $\nu+1$ 列花括号后的因子,$\nu=1,2,3,4$。——中译者

$$f(\theta,\varphi)=F_0+F_1+F_2+F_3+F_4+\text{余项},$$

并要求误差平方在幺球面上的积分

$$\int (f-F_0-F_1-\cdots-F_4)^2 \cdot \mathrm{d}o$$

为极小,其中 $\mathrm{d}o$ 表示幺球面的面积微元。在一些书里,我们看到的多半只是把一个函数按球函数无穷级数展开,只有在实践中才遇到用有穷级数作近似表示的问题。我们的课题是:计算 $F_0+F_1+\cdots+F_4$ 中的 25 个系数,使极小值的要求得到满足。

现在看来问题是要从具有一般结构的 25 个线性方程求 25 个未知数。我们即将看到,事情并不那么坏,因为由每个方程可以解出一个未知数。

为了计算便于进行,我们采用总和记号并且按通常办法用 $P_n(\cos\theta)$ 表示表中第一列的球函数,表中其余球函数可以写作

$$\left.\begin{array}{l}\sin^\nu\theta\cos\nu\varphi\\ \sin^\nu\theta\sin\nu\varphi\end{array}\right\}P_n^{(\nu)}(\cos\theta),$$

其中 $P_n^{(\nu)}(\cos\theta)$ 表示 P_n 对 $\cos\theta$ 的 ν 阶导数(去掉某个数值因子)。于是整个级数是

$$f(\theta,\varphi)$$
$$=\sum_{n=0}^{4}\sum_{\nu=0}^{n}\left[(a_{n,\nu}\sin^\nu\theta\cos\nu\varphi+b_{n,\nu}\sin^\nu\theta\sin\nu\varphi)P_n^{(\nu)}(\cos\theta)\right],$$

我们把它简写成

$$\sum\sum(a_{n,\nu}\Phi_{n,\nu}+b_{n,\nu}\Psi_{n,\nu}).$$

当我们开始考察误差平方积分

$$\int\left[f(\theta,\varphi)-\sum\sum(a_{n,\nu}\Phi_{n,\nu}+b_{n,\nu}\Psi_{n,\nu})\right]^2\mathrm{d}o$$

时,则由于球函数的正交性,含诸 a,b 的二次项大为简化。

所谓正交性是这样的:用 F', F'' 表示 25 个特殊球函数中不同的两个,则 $\int F'F''\mathrm{d}o=0$,或者,特殊地

$$\int \Phi'\Phi''\mathrm{d}o=0, \quad \int \Phi'\Psi''\mathrm{d}o=\int \Phi''\Psi'\mathrm{d}o=0,$$

$$\int \Psi'\Psi''\mathrm{d}o=0_{\circ}{}^{①}$$

因此,函数 Ω(误差平方积分,令它的值为极小将给出所要求的系数 a, b)变得比我们预料的要简单得多,它化为以下形式:

$$\Omega=\int f^2\mathrm{d}o-2\sum\int f\cdot F\cdot \mathrm{d}o+\sum\int F^2\mathrm{d}o,$$

其中总和的范围是所有上面给出的特殊球函数。用 Φ 和 Ψ 表示,Ω 可以写成

$$\Omega=\int f^2\mathrm{d}o-2\sum\sum\left[a_{n,\nu}\int f\Phi_{n,\nu}\mathrm{d}o+b_{n,\nu}\int f\Psi_{n,\nu}\mathrm{d}o\right]$$

$$+\sum\sum\left[a_{n,\nu}^2\int \Phi_{n,\nu}^2\mathrm{d}o+b_{n,\nu}^2\int \Psi_{n,\nu}^2\mathrm{d}o\right].$$

为了使它有极小值,令它对于 $a_{n,\nu}$ 和 $b_{n,\nu}$ 的偏导数等于 0。于是得

$$\frac{1}{2}\frac{\partial\Omega}{\partial a_{n,\nu}}=-\int f\Phi_{n,\nu}\mathrm{d}o+a_{n,\nu}\int \Phi_{n,\nu}^2\mathrm{d}o=0,$$

$$\frac{1}{2}\frac{\partial\Omega}{\partial b_{n,\nu}}=-\int f\Psi_{n,\nu}\mathrm{d}o+b_{n,\nu}\int \Psi_{n,\nu}^2\mathrm{d}o=0.$$

其中积分范围都是整个球面。我们可以看到,所得的 25 个方程每个只含一个未知数。我们立刻得到

$$a_{n,\nu}=\frac{\int f\Phi_{n,\nu}\mathrm{d}o}{\int \Phi_{n,\nu}^2\mathrm{d}o}, \quad b_{n,\nu}=\frac{\int f\Psi_{n,\nu}\mathrm{d}o}{\int \Psi_{n,\nu}^2\mathrm{d}o}_{\circ}$$

---

① [可以和三角级数中类似积分相比较:即 $\mu\neq\nu$ 时的积分 $\int_0^{2\pi}\cos\mu x\cos\nu x\,\mathrm{d}x$, $\int_0^{2\pi}\sin\mu x\sin\nu x\,\mathrm{d}x$,以及 $\mu\neq\nu$ 或 $\mu=\nu$ 时的积分 $\int_0^{2\pi}\sin\mu x\cos\nu x\,\mathrm{d}x_{\circ}$]

由此问题得到解决。我们补充一项一般性结果：

这种解答方法的妙处在于（和傅里叶级数完全类似），令误差平方的积分极小所得到的每个 $a_{n,\nu}$ 和 $b_{n,\nu}$ 的值同用以对 f 作近似表示的别的下标 n,ν 毫不相干。所以无论级数展开如何延伸，一经计算出的 $a_{n,\nu}$ 就保持不变，因此，已算出用零次到四次球函数近似表示中的 25 个系数，当加上五次球函数后，它们仍然适用，只需添上 11 个新系数即可。

26.4　球函数在球面上的值分布

以上都只是纯形式的处理。为了对这些只是形式上界定的球函数的本质有粗略了解，我们再次回到傅里叶级数。

傅里叶级数是用 $\cos n\varphi$，$\sin n\varphi$ 这样的项构成的，这些项在圆周上的情况，特别是它们的零点分布情况，是可以立即看清楚的。零点数是 $2n$，因而随着 n 加大而增加，此外，零点在圆周上是均匀分布的（图 26.11）。

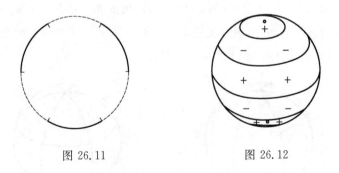

图 26.11　　　　　　　　图 26.12

与此类似，首先考察函数 $P_n(\cos\theta)$，即 $P_n(z)$。

试问函数 $P_n(z)$ 在球面的零点情况如何？我们指出下面的情

况,但不加证明,因为我们对球函数只是要获得一个大致概念。

$P_n(z)$ 在 $z=-1$ 和 $z=+1$ 之间有 n 个实零点,它们的位置对于 $z=0$ 对称;这就是说,在 n 个对于赤道对称的纬线上,$P_n(z)=0$。所以,这个球函数 $P_n(z)$ 把球面划分为 $(n+1)$ 个球面带,在它们上面,$P_n(z)$ 交错地有正值和负值。因此,$P_n(z)$ 叫作"带形球函数",这是英国先行者给予它的名称(图 26.12)。

在 $P_n(\cos\theta)$ 之外,我们还要考虑因子 $\left.\begin{array}{c}\cos\nu\varphi\\\sin\nu\varphi\end{array}\right\}\sin^\nu\theta$ 的作用。首先考虑最高次的情况 $\nu=n$,这时 $P_n^{(n)}(\cos\theta)=1$,对应于球函数

$$\left.\begin{array}{c}\cos n\varphi \cdot \sin^n\theta\\\sin n\varphi \cdot \sin^n\theta\end{array}\right\}1。$$

关于它们的零点,主要涉及第一个因子(第二个因子给出的零点是球面的两极)。我们得

$$球函数 \quad \left.\begin{array}{c}\cos n\varphi\\\sin n\varphi\end{array}\right\}\sin^n\theta。$$

把球面划分为 $2n$ 个以经线为边界的、角度相等的扇形(球面二角形),在它们上面,球函数交错地有正值和负值。这个函数因而叫作"扇形球函数"(图 26.13)。

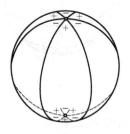

图 26.13

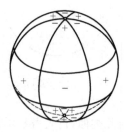

图 26.14

现在考虑中间诸情况：

$$\left.\begin{array}{l} \cos \nu\varphi \, \sin^{\nu}\theta \\ \sin \nu\varphi \, \sin^{\nu}\theta \end{array}\right\} P_n^{(\nu)}(\cos \theta)。$$

当第一个因子等于 0 时，得出 ν 条经线，它们把赤道分为等长的弧。第二个因子 $P_n^{(\nu)}(\cos \theta)$ 等于 0 时（不难看出）给出 $(n-\nu)$ 条对于赤道对称的纬线。这样，球面就划分为"四角形区域"，只有和两极相接的区域例外，这些是三角形。因此，这些函数就叫作"四角形球函数"①（图 26.14）。

因此，正如 $\cos n\varphi, \sin n\varphi$ 可以称为在圆周上的振荡函数那样，我们的球函数对于球面也可用这个名称，叫作"球面振荡函数"，它在球面划分的域上交错有正负值。对此进一步作具体数值考察当然是特别有意义的，特别是可以看看不同球函数的正负值域是怎样相互覆盖的。

26.5　用有穷球函数级数作近似表示的误差估计

这些振荡球函数构成我们所要讨论的级数问题是，它和函数 $f(\theta,\varphi)$ 在各点的值接近到什么程度，即我们能否估计其误差。

对此，我只回答如下：

这项误差，即有穷级数和它所要代表的函数之差，在每一点都可以用一个在球面的积分表达，完全对应于我们所知道的傅里叶级数的情况。

这项估计见于教科书中。不过在那里，重点往往只是证明，当

----

① ［来源于希腊字"四"。］（四角形球函数的德文是 tesserale Kugelfunktion，希腊文的"四"是 tesseres。——中译者）

$f(x,y)$是"合理"函数时,其余项随着 n 的增加而趋于 0,可是在实践中需要对于有限的 n,对余项作出估计[①]。

在具体实践中,要把球函数展开式取多少项才能达到所需的准确度,那不是我们的理论研讨中的课题,需要根据不同情况分别加以判断。

一个著名的例子是 1839 年高斯的工作:《地磁学的一般理论(1838 年磁学协会观察结果)》("Allgemeine Theorie des Erdmagnetismus [Resultate aus den Beobachtungen des magnetischen Vereins im Jahre 1838]",见《全集》,第 5 卷,第 121－193 页)。在那里,他计算了直到四次球函数表示的地磁力的势能 V,其偏导数

$$\frac{\partial V}{\partial x}=X,\frac{\partial V}{\partial y}=Y,\frac{\partial V}{\partial z}=Z$$

给出地磁分力(只涉及 24 个系数,因为对于势能,作为常数项出现的那个系数不起作用)。1839 年以后,随着更好的观测材料出现,这个计算结果得到了改进,其中特别是诺伊迈尔(Neumayer)在汉堡的工作。[②] 在那里,指出了用球函数作近似表示时,到第四次项就可以获得足够好的全貌,用到第五次项也不能对此改善。在这里,和在别处一样,高斯对应用的需要有着高度的敏锐感。其具体推算过程也是富有启发性的。

---

① ［无穷球函数的级数展开在许多方面和无穷傅里叶级数类似。参看 L. 费耶尔的《关于拉普拉斯级数》("Über die Laplacesche Reihe"),《数学年刊》第 67 卷,1909 年,第 76－109 页以及外尔的两篇关于球函数的吉布斯现象的文章,发表在 *Rendiconti del lircolo Matematico di Palermo*,第 24 卷(1910 年),第 308－323 页和第 30 卷(1910 年)第 337－407 页。］

② 其合作者中特别要提到施密特。［较准确的文献见施密特关于地磁学的报告,《数学百科全书》Ⅵ,第 10 卷,第 20 节。］

第八部分　平面曲线的自由几何

我们现在进入讲演的第二部分,我用的标题是"平面曲线的自由几何"。加上"自由"这个词是表示所讨论的定义及其推论与所选的固定直角坐标无关,这和至今为止讨论函数概念时的一般做法是不同的。为了节省篇幅,我们限于论述平面曲线。

这里也有精确数学和近似数学的分野。和以前一样,我们将要讨论的是解析几何的理想构造,它是(在公理的基础上)以实数概念为支柱的。和解析几何相对立的是综合几何,它也以相同的公理为基础,但又和图形自身打交道。我们采用解析的方法,不是由于本质的需要。下面涉及的所有问题都可以用综合几何方法处理,但是若那样做,一方面在联系到数学其他领域时,综合几何的储备还不足,因而会有所遗漏;另一方面,有关研究文献所用方法又几乎完全是解析的。

在这里,解析和几何的关系原则上和第一篇相同:利用解析把几何精确化,通过几何图像使解析更具活力。

第二十七章 从精确理论观点讨论平面几何

27.1 关于点集的若干定理

我们从精确几何观点下的考察开始。我们将以点集论为基础来处理我们的对象,先把今后用到的最简单的定义综合列举如下:

(1) 点的坐标(x, y)是近代实数概念意义上的实数,即它们是用有限或无限十进制数界定的,并具有正号或负号。

(2) 无穷点集本身就是数学深入研究的对象。它们有着值得注意的各种不同特性[①]:

(a) 一个点集可以可数或不可数。当它的元素可以通过任何一种方式和自然数建立一一对应关系时,它就称为可数的。

(b) 一个区间是指一个其边平行于坐标轴的矩形内部点的整体。如果特殊地需要强调矩形的边界点不属于点集,它就称为开区间。相反,如果边界点也都属于点集,它就叫作闭区间。平面上任意被包围着的一块中的一切点,称为闭区域或开区域(=域)[参看第

---

① [对于下文,最重要的文献是:1.已经举出过的《百科全书》(ⅡC9)上 A. 罗森塔尔的论述;2.若尔当:《分析教程》(C. Jordan, *Cours d'analyse*)第三版,第 1 卷,巴黎,1909年;3.豪斯多夫:《集合论基础》(*Grundzüge der Mengenlehre*)第二版,莱比锡,1927 年;4. C. 卡拉西奥多里:《实变函数讲义》第二版,莱比锡与柏林,1927 年;5. H. 哈恩:《实变函数论》第 1 卷,柏林,1921 年。]

107 页[①]]。

(c) 若一个无穷点集(x, y)中一切点的坐标的绝对值都小于一个固定正数,点集就称为有界的。

(d) 已给一个无穷点集和一点 $P(x, y)$。若 x-y 平面上每一个含 P 作为内点的区间(或区域)也含有点集的无穷多点,则 P 称为点集的聚点。下面的定理成立:

每一个有界无穷点集(x, y)至少有一个聚点。

(e) 点集的一个聚点可以属于也可以不属于该点集。若点集含有它的一切聚点,它就称为闭集。

(f) 若点集的每个点都是它的聚点,它就称为自稠密(简称自稠)的。

(g) 自稠密的闭集称为完备集。

(h) 已给 x-y 平面上一个区间(区域)I 里的一个点集,若 I 的每个子区间(子区域)都含有该点集无穷多点,则称点集为在 I 里处处稠密。例如 x-y 平面的有理点的集合在平面上处处稠密。若点集在 I 的任何子区间(子区域)里都不处处稠密,它就称为在 I 里无处稠密。

你们看,这些都是容易理解的概念,但只有在具体事例中运用它们,人们才能领会其本质和意义。

27.2   对两个或多个不相交圆反演所产生的点集

我希望你们从头就确信,点集的研究对象是纯几何的问题。因此,我要举的例子,不是通常遇到的那种例子,那些例子表面上是用

———————

① [关于区域概念的更准确讨论,参看第二十七章 27.4。]

算术方式建立的,因而给人的印象是人为的。我想采用一个点集的几何产生原则,这个原则是从自守函数理论发展起来的。

我们先考虑半径倒数变换或对(于)圆的反演。

设已给定一个半径为 ρ 的圆以及在圆外的一点 p。通过公式 $rr' = \rho^2$ 所表示的定则,由 p 得出圆内一点 p',称为 p 的反演点(图 27.1)。[①] 这种变换有时也叫作"对于圆的反射"。但这只能有保留地[②]来理解,因为它根本与光学上凸镜的反射规律无关,只是当圆退化为直线时,才出现光学意义上的反射。

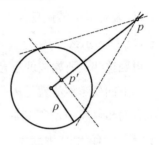

图 27.1

我们假定已经了解这个变换的一些性质:圆总是变成圆,因而两圆交角经过反演不变,但方向改变。在这里,要强调的是,直线也包括在圆的范畴内,只不过是作为半径无穷大的圆。无穷远处表现为一个点,直线是经过无穷远点 ∞ 的圆。p 和 p' 的关系也可界定为:它们是和原来的圆正交的所有圆(它们构成一个圆束)的两个公共点。这个定义的优点是,它只涉及对任何其他反演不变的元素。

在自守函数理论中,将要把任意多个反演相结合。我们举下面的例子。设有 3 个圆 K_1, K_2, K_3,它们每个都位于其他两个之外。设 p 为位于 3 个圆外部的一点。我们作 p 的反演点 p_1, p_2, p_3,再从这 3 个点得到它们对 3 个圆的反演点,如此下去。这样所得到的点,用记号表示为

---

① r, r' 依次表示 p, p' 和圆心的距离,p, p' 与圆心共线,并在圆心同侧,若 p 在圆上,则 $p' = p$。——中译者

② 原书用了拉丁文 cum grano salis,直译是"带着一颗盐",意译是"有保留地"或"略带勉强地"。——中译者

$$(p)S_1^{\alpha_1} \; S_2^{\alpha_2} \; S_3^{\alpha_3} \; S_1^{\beta_1} \; S_2^{\beta_2} \; S_3^{\beta_3} \cdots,$$

其中 S_1, S_2, S_3 依次表示对 K_1, K_2, K_3 的反演变换,$\alpha_\nu, \beta_\nu, \cdots$ 表示整数,代表着运用各该反演的次数。由于每个反演都是对合的,[①]S_1^2,S_2^2, S_3^2 都表示幺变换,$\alpha_\nu, \beta_\nu, \cdots$ 的值可以限于 0 和 1。问题是,我们如何得到这些点所构成的集合的图像? 这个点集有哪些聚点?

下面要考察的就是从一个已给点 p 出发,经过对 3 个圆作任何组合的相继反演所得到的点的集合。所以,我们面对的是整个"变换"群,它有 3 个"生成元"。所得到的点都简称为 p 的等价点。

若有人提出异议,认为这个问题虽然是纯几何性质的,可终究是人为的,那么可以指出,这里所论及的点集早在 1850 年就为汤姆逊和黎曼在静电学问题中考虑过了。当人们考察具平行轴的 3 个回转柱面(它们的正交横截面就是我们的圆)上电荷的平衡状态时,"电像法"就导致我们点集的研究。

我们先从较简单情况着手:设已给两个圆 K_1, K_2,每个都在另一个之外(参见图 27.2),其对应的反演用 S_1, S_2 表示。

首先改变作法,不是由单独一点 p 出发,而是取对两圆来说都属于外部的那个区[②]的一切点。这个区用 1 表示,并对它相继施行反演 S_1 和 S_2。这样得到的区称为和 1(因而彼此)等价。我们将看到。这些区一个接一个,相接处没有间隙,也不交叠,[③]直至覆盖除两个点 a_1 和 a_2 以外的整个平面,这两点就叫作极限点。只要对这

---

① 即每个反演的逆就是它自己,或者说,每个反演的"平方"是幺变换(或称恒等变换)。——中译者

② 按定义,此处应作"域"(不含边界点),但原文作 Bereich(区域或区);而按下文用法,译文以作"区"为宜。——中译者

③ 指没有公共内点。——中译者

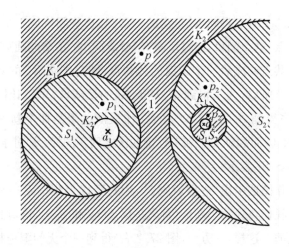

图 27.2

些彼此等价的区有了整体的理解,就会得到对彼此等价点所构成的集合的整体理解。因为在最早的区中每个点 p,在每个等价区里都有自己的一个而且只有一个等价点。

对区 1 施行反演 S_1 和 S_2 所得的最早两个新区也用 S_1 和 S_2 表示。S_1 沿 K_1 无间隙地相连,但在其内部,它还有另一个圆作为边界,在图中用 K_2' 表示,因为它是(通过 S_1 得到的)K_2 的像。同样,S_2 也和 1 连接,它内部也有一个边界圆 K_1'。

现在要作出其他和 1 等价的区,以便得到这种区的全部。为此,我们首先让 S_1 和 S_2 分别对其内部的边界圆(即 S_1 对 K_2',S_2 对 K_1')作反演。我要证明,所得的新区,即 S_1 和 S_2 所提供的,进入它们里面的圆孔的那两个区,可以由 1 通过反演 S_1 和 S_2 的简单结合得到,因而属于所求的等价区之列。

证明如下:考虑对 K_1' 的反演。对于 K_1' 互为反演像的一对点,经过反演 S_2,变为对 K_1 互为反演像的一对点。这是因为,对于 K_1' 互为反演像的一对点是同 K_1' 正交的一切圆(这些圆构成一个圆束)的两个公共点,这个圆束,经过反演 S_2 变成同 K_1 正交的圆束,前一个圆束的公共点变成后一个圆束的公共点,即对于圆 K_1 的互为反演的一对点。所以,为了得到 S_2 对于 K_1' 的反演像,可以让区 1 先对 K_1 作反演得到 S_1,再让 S_1 对 K_2 作反演。于是那个新区可以用 $S_1 S_2$ 表示,因而的确属于和 1 等价的区之列。同样,S_1 对于 K_2' 的反演可以用 $S_2 S_1$ 表示。

上述作图法引出"进展原则"[①],用它可以得到一系列和 1 等价的新区。我们将让每个新区(首先是区 $S_1 S_2$ 和 $S_2 S_1$)再对其内部边界圆作反演。这样,一方面(图 27.2 右)得到一个无间隙地相连接的区序列 $S_2,S_1 S_2,S_2 S_1 S_2,S_1 S_2 S_1 S_2,\cdots$,另一方面(图 27.2 左)得到相应的区序列 $S_1,S_2 S_1,S_1 S_2 S_1,\cdots$,它们分别无限制地缩小到上面指出的两个极限点 a_1 和 a_2。

事情美妙之处在于,按我们的进展原则所获得的区已经包括全部所求的互相等价的区。这是因为,由于 $S_1^2=1,S_2^2=1$,每一个由 S_1 和 S_2 两个反演变换所构成的乘积都可以化为 S_1 和 S_2 交错结合的形式,因而是按进展原则所产生的区之一。若这个系列的反演中最后一个是 S_2,它就出现在图 27.2 右方,否则就出现在图 27.2 左方。

这样,通过我们的进展原则,就得到所有互相等价的区,从而也就得到关于 p 的一切等价点的概貌。我们同时指出,这整个图形不但对于 K_1 和 K_2 是自己的反演像,它对于每两个区的共同边界图,例如对于 K_1' 或 K_2' 也是。试对 K_1' 加以证明如下:我们已经知道,通过对 K_1' 的反演,区 S_2 变成区 $S_1 S_2$。所以,对 K_1' 的反演可以用 $S_2^{-1} S_1 S_2$ 表示,而由于 $S_2^2=1$,即可用 $S_2 S_1 S_2$ 表示。现在,若令这个

---

① Fortsetzungsprinzip, Fortgangsprinzip。——中译者

变换作用于任意一个等价区(它本身就可以用 S_1，S_2 相继结合构成)，只需把 $S_2 S_1 S_2$ 续在后面即可，这样，所得到的反正是另一个等价区。这就完成了证明。证明了这个定理，也同时得到我们进展原则的一种推广。

迄今为止，我们只是用 K_1 作为 S_2 的边界来作反演，以由 S_2 得到那个也以它为边界的区 $S_1 S_2$。显然，我们也可以把早已得到的 3 个一个接一个的区 $S_2,1,S_1$ 同时对 K_1' 作反演，一下子得到 3 个新区，即 $S_1 S_2,S_2 S_1 S_2,S_1 S_2 S_1 S_2$。这样，就一共有 6 个一个接一个的区，这 6 个区又可以对 $S_1 S_2 S_1 S_2$ 的内部边界圆作反演，一下子又得到 6 个新区，如此等等，这个步骤就称为扩大了的进展原则。

上述从一个图形逐步跟踪下去的情况提供一种方法来处理更困难的情况，那就是，已给多于两个圆，把对它们的反演无限制地相继结合起来。我们首先考察最早提出的 3 个互不包含的圆 K_1，K_2,K_3。

我们考虑 K_3 为直线的特殊情况(参看图 27.3)。为了得到以圆 K_1,K_2 和直线 K_3 作为共同边界的区 1，显然 K_1,K_2 必须或者都在 K_3 的左侧，或者都在右侧。我们让区 1 对 K_1,K_2,K_3 作反演以得到区 S_1,S_2,S_3，它们内部各有一个边界圆 K_2',K_3'，如此等等。进展原则要求把每个新区 S_1,S_2,S_3，分别对其内部边界圆再作反演。每次又得到一个区，其内部各有两个边界圆。对这些内部边界圆再次作反演，如此无尽地继续下去。这样，整个平面就被无穷多个彼此等价的区"单一地"覆盖，[1]同时也被无穷多个彼此等价点所构成的那些集合单一地覆盖，只有极限点是例外。这些极限点位于所得到的各圆孔内，这些圆孔又无限制地缩小到极限点，而其数目却又无限制

---

[1]　各边界圆上的点属于两个相邻的区。——中译者

地增加。现在有一个问题:在较少的反演之后,能否对极限点所构成的集合作出合理的预测?

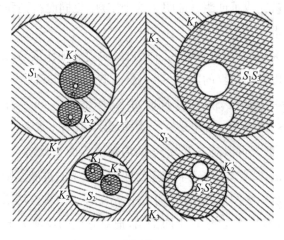

图 27.3

我们先把主要情况综合为 3 点:

(1) 我们不是对单个点 p,而是对整个区 1(基本区)施行变换。

(2) 从最早的区以得到新区的过程,就是把新区以及已得到的全部图形再对新出现的边界图作反演(原来的和扩大了的进展原则)。

(3) 整个平面被最早的区以及它的无穷多个像无间隙地覆盖,只有极限点是例外,它们是在我们的步骤继续进行中出现的。

我们当然可以考虑从 4 个、5 个或更多个圆出发。那时将出现一些复杂情况,下面即将说明。不过,我要强调,3 个圆的图形还有一个简单特点。

我们知道,3 个圆有唯一的共同正交圆。对于反演 S_1,S_2,S_3,这个正交圆变为自己。因此,它也被这些反演的任何结合变为自己。

由此可见，一切由这 3 个最早的圆经过反演所得的无穷多个圆也都和这个不变圆正交，因而由基本区产生的一切区都和不变圆相交，并且经过对不变圆的反演不变。这些区沿不变圆彼此相接地排列。所以一切极限点就都在不变圆的圆周上。这是很令人满意的，因为这样就使我们对极限点位置的判断告一段落。

当开始有 4 个或更多个互不相交的圆，而这些圆构成一个区的共同边界时，在特殊情况下，这些圆也会有一个共同的正交圆，这时极限圆情况就像上面所说的那样。可是一般地，共同正交圆并不存在。这样，就没有一条阿里阿德涅之线[1]来可靠地把我们导出等价区的迷宫，并引到极限点。

27.3　极限点集的性质

可是我们仍愿意对一般情况中的极限点集作出些结论。首先我重复一下，在圆数 $n=3$ 的情况，已无法确定这个点集的具体几何状况，更不用说 $n>3$ 的情况了；我们的想象力在最早几次反演中就显出了局限性。[2] 而且在这里，关于无穷，席勒（Schiller）的诗句（《世界的伟大》）也适用：

收敛起遐想的翅膀，

勇敢的航海者

就此失望地抛下锚吧。

---

　① 希腊神话载：米诺斯王的女儿阿里阿德涅把一根线给了忒修斯，使他找到走出迷宫的途径。——中译者

　② 这是一个特别美妙的例子，用来说明我的论断：精确数学的事物中蕴含着超出我们想象力的东西。

　　但是令人赞赏的是,利用点集的概念性定义,人们还的确能得出某些结论。这样做之所以可能,应归功于康托尔,是他的特殊贡献第一次使无穷成为数学研究的对象。

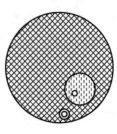

图 27.4

　　设画在页旁的圆(图 27.4)是我们映射中一个边界圆,对它反演,就把在它的外部的一切细节都映射到其内部。显然,它的内部不会被极限点填满。相反,那里首先有着不含极限点的区,又有新的边界圆。由此可见,不存在一个有穷区域或一段曲线,其中(或其上)极限点会处处稠密。于是有第一个结论:

　　(1) 由我们的进展原则可知,极限点集无处稠密。

图 27.5

　　现在取一个极限点,以及包围着它的一个小边界圆(图 27.5)。由于外部整个图形要经过反演变到这个边界圆内,其中也包括无穷多个极限点,可见这些极限点可以任意地靠近原先所取的那个极限点。换句话说,我们图中每个极限点本身是无穷多个极限点的聚点。

　　因此,极限点集是自稠的。

　　我们还要考察,这个点集是否完备,即它是否含有它的一切聚点。设 p 为极限点的一个聚点,则 p 的每个无论多小的邻域都含有无穷多个极限点。如果假定 p 本身不是极限点,我们将立即发现矛盾。这是因为,若 p 不是极限点,它就或者是某个等价区 B 的一个内点,或者是某个等价区 B 的内边界圆上一点。在前一种情况下,p 就有一个只含 B 内点的邻域,那里面不会有极限点,同假设矛盾。在后一种情况下,我们把 B 对其内边界圆作反演,这时由 p 和 B 的反演像可知,p 有一个邻域,其中只有 B 的内点和 B 的边界点,因而没有极限点，这仍然同假设矛盾。于是得到定理：

（2）极限点集是完备的。

按照我们根据有穷概念所形成的习惯，定理（1）和定理（2）显得不协调。而在这里，涉及无穷点集时，它们却是可以相容的。

可以进一步问，极限点的势是什么？每个极限点完全确定于一个由数字 1,2,3 所构成的无穷序列，不过在这个序列中，两个相连数字不相同。

现在的问题是，这样的无穷序列有多少？

由 3 个数字这样构成的序列的势，和二进制分数（即按 $\frac{1}{2}$ 的幂展开的分数）的势一般大。对这个事实，我不作进一步阐明。于是我们所得到的是连续统的势。

你们看，与很简单的自守图形相联系，得到了点集论中最美妙的性质。

自守函数理论引出许多比上述更复杂的图形（参看罗伯特·弗里克与菲利克斯·克莱因的《自守函数理论讲义》[*Theorie der automorphen Funktionen*]，第 1 卷，莱比锡，1892 年，第 428 页等中的大量图形）。一般地，在几何中只要把一种作图步骤按一定规律接连进行无穷多次，就必然要遇到无穷多个点或无穷多个域的集合。这表明，点集论不仅对于自守函数理论的几何图形有着根本意义，它对几何的其他部分也同样是如此。

其次，这一切当然是精确数学。在近似数学中这里所说的完全失去其意义。

再次，我愿意表达一种希望：点集论固然对几何提供助力，它也应从几何获得新的动力。点集论专家们所推出的例子往往显得带有人为成分，可是，像我们所看到的，当我们从几何出发时，却自然地会引出纯粹属于点集论的问题。在这里,几何有着最令人惊异的推动能力!①

27.4 二维连续统概念、一般曲线概念

    紧接着的下一个问题也是在函数论的土壤上生长出来的,它最

---

① [近来点集论对于几何分支中的拓扑学,在奠定其基础及推动其发展中,都起了
决定性作用。此外,它在可展曲面、小积曲面、有尽连续群理论的研究中,以及在矢场和凸
图形的研究中都有应用。与此有关的文献可看已多次举出的、罗森塔尔在《百科全书》
里的文章中的第 1013 页。

要对第 145—159 页所介绍的关于维数精确概念的发现作补充,似乎是不可能的,那
里介绍的概念是点集拓扑学中最新成就。维数的新定义比原有的定义远为广泛,却又结
合着朴素的直观。它是最近由维也纳的卡尔·门格尔(Karl Menger)和莫斯科的 P. 乌雷
松(Paul Urysohn, 1898—1924)独立且几乎同时发现的。不过 H. 庞加莱在其短文《为什
么有三维空间》("Pourquoi l'espace a trois dimensions",[*Revue de Métaphysique et de Mo-
rale*,第 20 卷,1912 年],第 484 页,在《最后的沉思》[*Dernières Pensées*]中重印)中已经指
出了解答这个 2000 年老问题的方法。至于这个老问题,在欧几里得《几何原本》中一开始
就出现了。新的维数概念发展成一个广泛的理论,但不久前它的主要结果才第一次部分
地有详细的阐述,那里 P. 乌雷松有篇伟大的《关于康托尔的众多工作的报告》("Mémoire
sur les Multiplicités Cantoriennes",*Fundamenta Mathematicae*,第 7 卷,1925 年和第 8 卷,
1926 年;续篇在 *Verhandelingen der Amsterdamer Akademie*,1927 年),还有 K. 门格尔的
好几篇在 *Wiener Monatsheften für Mathematik und Physik* 以及 *Amsterdamer Proceed-
ings* 上发表的文章。进一步的介绍可参考 *Jahresberichtes der Deutschen Mathematikerv-
ereinigung*,第 36 卷的脚注(斜页码第 9 页起)所列有关报告的粗略说明。此外,关于已展
开的思想内涵的简短概述,可以看门格尔本人所著《关于维数理论的报告》(*Bericht über
die Dimensionstheorie*,*Jahresbericht der Deutschen Mathematikervereinigung*,第 35 卷,
1926 年,第 113—150 页)以及下列两篇著作:亚历山德罗夫(P. Alexandroff)的《关于乌雷
松维数理论基本概念的阐述》(*Darstellung der Grundzüge der Urysohnschen Dimensions-
theorie*,《数学年刊》第 98 卷,1927 年,第 31—63 页)和赫尔维茨的《门格尔维数理论概要》
(W. Hurewicz,*Grundriß der Mengerschen Dimensionstheorie*,同上,第 98 卷,1927 年),第
64—88 页。上面所提到的定义的基础是邻域概念(参考 F. 豪斯多夫:《集合论基础》第二
版,第 288 页),它是下述直观上确凿事实的逻辑抽象:当我们取一点连同它的一个小邻域
时,我们由三维体分离出二维曲面,由二维曲面分离出一维曲线,由一维曲线分离出由两
点构成的零维点集。维数新定义当然是这样的:经典意义上的 n 维图形(例如 n 维欧氏空
间的 n 维立方体或 n 维空间本身)按新定义也是 n 维的。证明见门格尔和乌雷松的
文章。]

早为魏尔斯特拉斯在他的讲义中给出了必要的答案。问题是：

什么时候我们把一个二维点集(即平面上的一个点集)称为连续统(或区域)？

在平面点集中，我们称为连续统的最简单的例子是一个圆(或长方形)内部的一切点的集合；在这里，我们约定，边界点不包括在内。

在平面连续统点集的一般定义中，我取出以下两个性质[①]：

(1) 首先要求集合是"连通的"，即集里任意两点总可以用一条有限多个边构成的折线相连，折线的点都属于集。

(2) 其次，以集里每点为中心，可作一圆，圆内部的点也都属于点集。

现在，关于这样一个点集的边界问题，按照我们已有的知识，已经可以举出各种各样的例子。

(1) 在平面上，除去一点，所有其他点都可以属于点集。

(2) 回顾前文所论的自守函数的例子，我们看到，一个连续统的边界可以构成一个无处稠密的无穷集。

(3) 边界还可以构成一条普通意义上的曲线(圆、长方形等)。

(4) 但还有别的边界。下面是 W. F. 奥斯古德(Osgood)所考虑过的。[②]

例如，只考虑正半平面(x 轴上方的一切点)；并且在 x 轴上某些处作垂直于它的直割线(图 27.6)，[③]和半平面上别的点不同，不把这些割线上的点看作区域的点。现在设想，让这些割线不断增加，若它们和 x 轴任意一段上的交点都不处处稠密，则割线之间总有区域的

---

① ［根据新近拓扑学中康托尔的定义，连续统是含不止一点的连通闭集。书中界定的"平面连续统"概念等价于欧氏平面的一个连通域。］

② 例如参看 *Transactions of the Amer. Math. Soc.* 第 1 卷，1900 年，第 310—311 页。

③ 这些割线的长是有穷的。——中译者

带伸到 x 轴。x 轴上这样的无处稠
密、完备、具有连续统的点集存在,前
面已看到了(回顾一下 3 个圆的情况
的自守圆形中的正交圆上的极限
点)。由此可见,一个连续统可以有
无穷多条割线,其排列位置就像直线
上一个无处稠密、无穷而完备的点集。

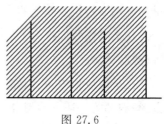

图 27.6

这 4 个例子表明,一个区域可以有多么多样化的边界(人们往往
不假思索地以为它是一条曲线),因此,有必要谈谈在当前数学中关
于这个问题的观点。①

一个连续统的边界可能有各种各样的不同情况,因而贸然地把
曲线界定为一个区域的边界是不恰当的。当然,这是对精确数学领
域说的。而精确数学是理想化地建立在现代实数概念的基础上的,
特殊地,理想化图形又是从空间概念引出来的。那么,一条曲线的定
义应当是怎样的呢? 我们作如下说明:

令一个变量 t 取一个闭区间 $a \leqslant t \leqslant b$ 中的一切值,并令一点的
坐标等于这个参数 t 的单值连续函数 $x = \varphi(t)$,$y = \psi(t)$,这样界定的
点就构成一条曲线。用纯语言表达,曲线的定义是:

一条平面曲线是平面上一个点集,它是直线上一个闭区间的单
值连续映像。

通过参数 t,人们不自觉地把曲线这个定义和力学观点混同。
人们可以把 t 看作时间(这也是习惯上用字母 t 的根源),并说,当参
数 t 从时刻 a 到时刻 b 时,点 $x = \varphi(t)$,$y = \psi(t)$ 描绘曲线。换句话

① ［在这里和下文可参看 A. 罗森塔尔:《关于曲线概念》("Über den Begriff der
Kurve"),*Unterrichtsblätter für Mathematik u. Naturwissenschaften*,第 30 卷,1924 年,第
75—79 页。还可参阅第 156 页脚注①。］

说,曲线是在一段时间里一个点连续运动的轨迹。这一切都是很容易懂的。较困难的问题是,这样界定的一条曲线可能有什么样的表现?

27.5　覆盖整个正方形的皮亚诺曲线

在这里,我必须提请注意 G. 皮亚诺的一项发现,它发表在 1890 年,[①]于 1891 年由希尔伯特在几何上加以阐明。[②] 它指出,用单值连续函数 $x=\varphi(t)$,$y=\psi(t)$ 界定的一条曲线可以完全覆盖一块平面区域。这样的一条曲线叫作皮亚诺曲线,不难给出这种曲线的实例。

我先要说明,这样一条曲线,不是指像下面所说的那种曲线。因为有人听到皮亚诺的成果时,可能会认为它是和外摆线有关的一桩旧事物。

设在一个半径为 R 的圆的外侧,有一个半径为 r 的圆在滚动,而比例 $\dfrac{r}{R}$ 是无理数。在滚动的圆上任意选定一点,它就描画出一条不封闭的外摆线,因而它所在的环形区域,包括边界在内,被处处稠密地覆盖了(图 27.7)。但这并非表明,环形域的每一点都在外摆线上,而只是说,给定环形域的任意一点,只要沿着外摆线不断地

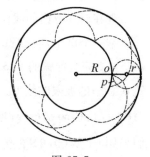

图 27.7

---

① 《数学年刊》第 36 卷,1890 年,第 157－160 页。

② 《数学年刊》第 38 卷,1891 年,第 459－460 页。

向前走,就能走到离该点任意近的地方。在区域边界上和内部,都不难给出曲线达不到的点。

假定在滚动开始时,产生曲线的点就是固定圆和动圆的切点,在图中我们用 o 表示。设想在固定圆上取一点 p,它和 o 之间的弧长是 $\frac{m}{n}2\pi R$,其中 m 和 n 是整数。由于 $\frac{R}{r}$ 是无理数,长度 $\frac{m}{n}2\pi R$ 和动圆的周长 $2\pi r$ 是无公度的,因而这样的点 p 都不在外摆线上。再取这样一个和固定圆同心的圆 k,它被外摆线两个相继的弧截出长度为 b 的弧,则 b 和圆 k 的周长 u 必无公度。否则,容易看出,外摆线将是封闭的。现在设 a 是外摆线在 k 上的一点,而 q 是 k 上另一点,它和 a 之间的弧长是 $\frac{m}{n}u$,其中 m 和 n 仍是整数。从 a 出发无论多少次在 k 上截出弧长为 b 的一段,永远达不到 q。因此,点 q 不在外摆线上。

所以,不管这条外摆线多么有趣,绝不是皮亚诺定理中所讨论的曲线,那里所说的曲线要对于一定的 t 达到某块区域里的每一点。

现在对皮亚诺曲线作几何说明。

举一个例子,我们选取把 x-y 平面上的正方闭区间 $0 \leqslant x \leqslant 1$,$0 \leqslant y \leqslant 1$ 完全覆盖的一条曲线。我们界定这条曲线为曲线序列 C_1,C_2,C_3,$\cdots$ 的极限曲线 C_∞。在这里,设 C_1 是正方形从坐标原点(0,0)到点(1,1)的对角线(图 27.8)。我们采用 C_1 从(0,0)量起的"弧长"除以 $\sqrt{2}$,作为参数 t。这样,函数 $\varphi_1(t)$ 和 $\psi_1(t)$ 就是 $x=t$,$y=t$,其中 $0 \leqslant t \leqslant 1$(图 27.9)。

现在到了决定性的一步,要按这一步作出 C_2,C_2 的端点依然是原来正方形

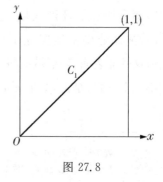

图 27.8

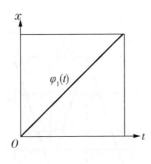 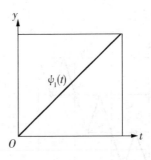

图 27.9

对角线的始点和终点。但我们把该正方形分为较小的 9 个[①],并把这 9 个小正方形中的对角线像图 27.10 那样连接起来,以代替大正方形的对角线,从而得到 C_2。这个图指出了 C_2 从一个小正方形到另一个的转折点,使 C_2 各部分的顺序较易了解。我们看到,大正方形内部有两个点,C_2 经过它们各两

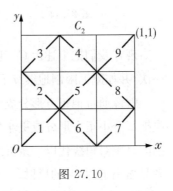

图 27.10

次,即小正方形 1,2,5,6 的公共点和 4,5,8,9 的公共点。新曲线 C_2 的长显然为 C_1 的 3 倍,即 $3\sqrt{2}$。取 C_2 的弧长除以 $3\sqrt{2}$,作为它的参数 t,就得到代表 C_2 的函数 $x=\varphi_3(t)$,$y=\psi_2(t)$,这两个函数的图就是图 27.11 和图 27.12 中的折线($0\leqslant t\leqslant 1$)。由此可见,φ_2 的曲线可以如此得到:把 ψ_2 的曲线按比例 1:3 缩小,再把所得 3 条折线沿对角线 φ_1 接起来。曲线 ψ_2 本身则可以如此得到:把原正方形的曲线 φ_1 横向按比例 1:3 压缩,然后把所得线段及其对纵线的反射像交错

① 可以用大于 3 的其他奇数的平方代替 9,没有本质改变。

地接起来。

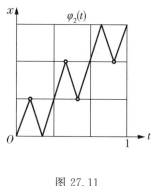

图 27.11   图 27.12

现在我们把上述由 C_1 到 C_2 的步骤在 9 个小正方形里分别重复一次,并如此无限制地继续下去。

就像通过把正方形分成 9 个来从 C_1 得到 C_2 那样,我们通过再次把每个小正方形分成更小的 9 个来从 C_2 得到 C_3,这时要把已得到的每条对角线代以一条折线,这折线或者与缩小了的 C_2 相同,或者是缩小了的 C_2 的反射。

类似地,我们作出 C_4,等等。

要画出 $y = \psi_3(t)$,我们把区间 $0 \leqslant t \leqslant 1$ 分成 9 段,同时把区间 $0 \leqslant y \leqslant 1$ 分成 9 段,以得到曲线 $\psi_3(t)$,它含有 27 条线段,每一条由 3 小段(项)合并而成,故共有 81 项,对应于曲线 C_3 的 81 条小对角线[图 27.13[①]]。

若把 ψ_3 和 φ_2 比较,就可以看出,由 ψ_2 得到 ψ_3,就像由 φ_1 得到 ψ_2 那样。

现在又可以从曲线 ψ_3,作出 φ_3 如下:把已经画出的 ψ_3 按 1:3 的

---

① [在图 27.14,设想所画出的 9 个正方形都像图 27.13 那样再分。]

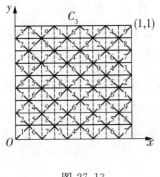

图 27.13

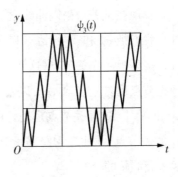

图 27.14

比例缩小,然后把这样所得的图沿 φ_1 的对角线相接。

　　但我们还可以由 φ_2 得到 φ_3,由 ψ_2 得到 ψ_3。一般地,有:

　　为了由 φ_n 得到 φ_{n+1}(或者,$n \neq 1$ 时,由 ψ_n 得到 ψ_{n+1}),我们先把 φ_n(或 ψ_n)的每个直边分成等长的 3 项,然后把每项代以一个(含 3 小段)的锯形钩,钩的始点和终点都和直线项相同(图 27.15)。

图 27.15

　　曲线 φ_n 和 ψ_n 的这种前进规律,使我们想起魏尔斯特拉斯曲线的部分曲线,不过这里所遇到的不是正弦状的振荡而是直齿的锯形振荡。n 越大,锯齿的高度越下降,但其宽度则不成比例地急剧减少,因而越来越陡。①

―――――――――

　　①　[函数 φ_∞ 和 ψ_∞ 的连续性将在后面证明。它们虽然连续,却不可微,因而是“魏尔斯特拉斯函数”。参看比贝尔巴赫:《微分学》(L. Bieberbach, *Differentialrechnung*,第二版,莱比锡,1922 年,第 107—111 页)。]

我现在试着对极限曲线 φ_∞, ψ_∞, C_∞ 作进一步考察。

我们把 φ_n 和 ψ_n 的始点和终点,以及这两条曲线上两不同直线段相接处都叫作关节点(这样,ψ_3 和 φ_3 各有 82 个关节点),于是,这些关节点也是 φ_{n+1} 和 ψ_{n+1} 以及以后的一切曲线的关节点。在曲线 φ_∞ 和 ψ_∞ 上,这种关节点是处处稠密的。设想对每个 n 作曲线 φ_n 和 ψ_n 的关节点,并注意它们都属于曲线,则当 n 增大时,就得到连续曲线 φ_∞ 和 ψ_∞ 的全貌。

现在回到曲线 C_n,则除始点和终点外,φ_n 和 ψ_n 的关节点对应于 C_n 的转折点,在转折点处,两条对角线垂直地相接,而且构成 C_n 的多重点(如果只考虑原正方形内部的转折点的话),它们也是 C_∞ 的多重点。一条 C_{n_0} 的转折点,对于后面的 $C_n(n>n_0)$ 仍然是转折点,不过在两个转折点之间还不断添上新的转折点。

我们现在证明曲线 C_∞ 完全覆盖正方形 $0 \leqslant x \leqslant 1$, $0 \leqslant y \leqslant 1$。作 C_2 的图时,又把每个小正方形等分为 9 个更小的正方形,如此等等。每个或大或小的正方形对应于线段 $0 \leqslant t \leqslant 1$ 上一个子区间。现在,在原正方形边上或内部的任意点 Q 可以看作一个无尽序列的、一个套一个的正方形的极限点,这些正方形的对角线 J_n 随着 n 的增大而无限制地缩减到 0。由图可以看出,这套正方形对应于 t 轴上线段的区间套,它确定区间 $0 \leqslant t \leqslant 1$ 上一点 P。因此,由点 Q 至少可以得出一个参数值 t_0,因而 Q 必在 C_∞ 上。根据我们的图,不难证明,对应于每个 t 值,必有皮亚诺曲线上唯一的一点,因而由线段 $0 \leqslant t \leqslant 1$ 到正方形 $0 \leqslant x \leqslant 1$, $0 \leqslant y \leqslant 1$ 的映像是单值的。为了证明这个命题,我们引进下面对子区间的计数方法。

(1) 线段 $\overline{01}(0 \leqslant t \leqslant 1)$ 上子区间的计数法。

第一次细分 T_1 所得子区间,从左到右依次用

$$\delta_1, \delta_2, \cdots, \delta_9$$

表示。在第二次细分 T_2 中,每个 δ_i 分为 9 等份,所得新子区间,仍从左到右计数。这样,在 δ_1 里得子区间

$$\delta_{11}, \delta_{12}, \cdots, \delta_{19},$$

在 δ_2 里,得子区间

$$\delta_{21}, \delta_{22}, \cdots, \delta_{29},$$

$$\cdots\cdots$$

在 δ_9 里,得子区间

$$\delta_{91}, \delta_{92}, \cdots, \delta_{99}。$$

我们设想,细分和计数都无限制地持续下去。

若线段 $\overline{01}$ 上一点 P 不是任何细分中子区间的端点,就有唯一的一个区间套确定 P。但若 P 是某个子区间的端点,则(除 0 和 1 两点外)有两个区间套都可以确定 P。其中一个区间套的各子区间都以 P 为左端点,因而从某个细分起,其下标止于 1;另一个区间套中的子区间,则以 P 为右端点,因而从某个细分起,其下标止于 9,例如 δ_{12} 的右端点,则由区间套

$$\delta_1, \delta_{12}, \delta_{129}, \delta_{1299}, \cdots$$

和

$$\delta_1, \delta_{13}, \delta_{131}, \delta_{1311}, \cdots$$

确定。

(2) 正方形 $\overline{01}$($0 \leqslant x \leqslant 1, 0 \leqslant y \leqslant 1$)上子区间计数法。

由第一次细分所得 9 个小正方形按图 27.10 那样标上号码 1 至 9,记作

$$\eta_1, \eta_2, \cdots, \eta_9。$$

由第二次细分,从 η_i 所得小正方形记以

$$\eta_{\nu 1}, \eta_{\nu 2}, \cdots, \eta_{\nu 9} \, (\nu = 1, 2, 3, \cdots, 9)。$$

在这 81 个小正方形的计数中,注意以下两点:

a) 没有一个正方形重复了或跳跃过去,先 η_1 后 η_2,以及以后的都加下标 1 到 9。

b) 由 η_1 到 η_2,一般地,由 η_ν 到 $\eta_{\nu+1}$ 也没有跳跃,因此 η_ν 中编号 9 的小正方形和 $\eta_{\nu+1}$ 中编号 1 的小正方形有一条公共边(图 27.13)。

设想细分和计数都无限制地继续下去。

我们看到,每个一维区间 $\delta_{\alpha_1}, \delta_{\alpha_2}, \cdots, \delta_{\alpha_\nu}$ 对应于唯一的二维区间 $\eta_{\alpha_1}, \eta_{\alpha_2}, \cdots, \eta_{\alpha_\nu}$,因而每一个区间套 (δ) 对应于唯一的区间套 (η)。因此,若在 $\overline{01}$ 上的点 P 不是某个子区间的端点,它就对应于原正方形的一个内点 Q。当 P 位于 0 或 1 时,这当然也是对的。另一方面,若 P 是某个子区间的端点,而 (δ) 和 (δ') 是确定它的两个区间套,则根据计数步骤 b),其对应的二维区间套 (η) 和 (η') 仍然确定唯一的 Q。于是已经证明了,每个参数值 t 只对应于皮亚诺曲线上唯一的一点。

最后,我们来证明函数 $x = \varphi_\infty(t)$ 和 $y = \psi_\infty(t)$ 的连续性,也就是皮亚诺曲线本身的连续性。设 P 和 P' 是区间 $\overline{01}$ 上两点,对应于参数值 t 和 t',(δ) 和 (δ') 是确定它们的区间套。若 t(或 t')是一个子区间的端点,则总令 (δ)[或 (δ')]为以 t(或 t')为右端点的区间套;我们预先排除 t 或 t' 在 0 时的情况。假定区间套 (δ) 和 (δ') 有 n 个公共子区间。现在,若 Q 和 Q' 为 t 和 t' 在皮亚诺曲线上的像,(η) 和 (η') 是确定 Q, Q' 的二维区间套,则 (η) 和 (η') 也有 n 个公共二维子区间。令 t' 无限制地靠近 t,则 n 无限制地增加,同时 (δ) 和 (δ') 的公共子区间的最小长度无限制地靠近零。由于当 n 增加时,二维子区间的对角线无限制地缩短,就得

$$P' \to P \text{ 时}, \overline{QQ'} \to 0。$$

这样就证明了 3 条曲线 $\varphi_\infty(t), \psi_\infty(t), C_\infty$ 在区间 $\overline{01}$ 的一切点连续。

（当 p 在 0 点时的处理是简明的。）

27.6　较狭义的曲线概念:若尔当曲线

我们现在提出下面自然要有的问题:

皮亚诺曲线并不像生活中所遇到的曲线。如何对曲线 $x=\varphi(t),y=\psi(t)$ 的定义加以限制,或者,如何要求这样界定的曲线的主要性质,使所得曲线和经验中的曲线更加类似? C. 若尔当在他的分析教程中作了解答。

我们的皮亚诺曲线有无穷多个转折点,因而有无穷多个多重点(进一步考察表明,它甚至有无穷多个三重点和四重点);对应于多重点的 t 值在区间 $0\leqslant t\leqslant 1$ 上处处稠密。C. 若尔当要求的是,$x=\varphi(t),y=\psi(t)$ 所界定的曲线在定义区间内部没有多重点,即不存在两个或更多的 t 值 $t_1,t_2,\cdots(a<t_1<b,a<t_2<b,\cdots)$,使

$$\varphi(t_1)=\varphi(t_2),\psi(t_1)=\psi(t_2),\cdots$$

对于区间的端点 a 和 b 没有规定这个条件。若端点也满足这个条件,则 $x=\varphi(t),y=\psi(t)$ 代表的图像称为开若尔当曲线。若 $\varphi(a)=\varphi(b),\psi(a)=\psi(b)$,则曲线始点和终点相合,曲线称为闭若尔当曲线。因此,开若尔当曲线是一条线段的双向单值连续像,而闭若尔当曲线是一个圆的双向单值连续像。

有以下对于分析的基本定理:

每条闭若尔当曲线把平面分成两个以它为边界的连通域。

为了说明这个定理并非自明的,我指出,皮亚诺曲线之所以有异常表现,问题不在于事物本身,而在于名词的运用:因为在那里,我们使用“曲线”这个名词时,其范畴比从经验曲线所获得的类似观念要宽广得多。为了把若尔当曲线所引出的问题尽可能讲清楚,我们先

不谈若尔当曲线而谈若尔当点集,然后指出,涉及连通和分隔等问题时,若尔当点集和经验几何中的普通曲线是一致的。事实上,如果我们直截了当地说,每一条用 $x=\varphi(t),y=\psi(t)$ 界定的闭曲线,若满足若尔当条件,就把平面分隔成一个内域和一个外域,听起来是浅显的。这里的根本问题在于,人们使用曲线这个词时无意中有着两种不同的含义。也许人们本应更详细地这样讲,由经验领域出发,认为每一条闭曲线把平面分隔为一个外域和一个内域,是简单明了的,但还必须问:在理想领域,对一个点集应如何进一步界定,类似的定理才能成立?[①] 答案是:为此,它必须满足若尔当条件。这时,那样的点集才能叫作曲线!这样,定理本身的含义就说明了,至于证明,我只能介绍其主要观点,欲了解细节最好还是阅读若尔当的分析教程。

设想已给满足若尔当条件的点集 $x=\varphi(t),y=\psi(t)$。C. 若尔当开始其证明如下:作一个无穷序列的闭多边形 $P_1,P_2,P_3,\cdots$其中每

---

　　① ［第 145 页提到的维数概念对解决这个问题也提供了一个合理的曲线定义:一条曲线是一个紧致的一维连续统。在这里,若一个连续统 K 的每个无穷子集都有一个属于 K 的聚点,K 就叫作紧致;由于连续统是闭集,聚点当然都属于 K。由朴素的直观,若对非紧致一维连续统添上 ∞ 点,所得也可以叫作曲线(如抛物线)。

　　这个曲线定义和直观一致,它不包括像皮亚诺曲线那样的点集。它是所谓康托尔曲线概念的推广。所谓康托尔曲线是欧氏平面上一个不含内点的有界连续统。关于曲线理论的文献可以举出:K. 门格尔:《曲线的一个理论的基础》("Grundzüge einer Theorie der Kurven")《数学年刊》第 95 卷(1925 年),第 277－306 页,以及在 *Amsterdamer Proceedings* 和 *Fundamenta Mathematicae* 上发表的论文。乌雷松与此有关的研究在以下著作的第二部分可以找到:《关于康托尔的众多工作的报告》("Mémoire sur les Multiplicités Cantoriennes",发表于 *Verhandelingen der Amsterdamer Akademie*,1927)最后还可参考亚历山德罗夫:《关于一般曲线的组合性质》(*Über kombinatorische Eigenschaften allgemeiner Kurven*)。《数学年刊》第 96 卷(1926 年),第 512－554 页。

　　在至少二维的欧氏空间里,每条曲线是一个域的边界,这个域就是该曲线的全集,但简单例子表明,其逆命题不成立。还可指出,在欧氏平面上,可以这样界定闭曲线:它构成有界连续统,把平面划分成以它为共同边界的至少两个域。这个定义和推广了的旧定义不同;闭曲线的旧定义(熊夫利的)是:在一般闭曲线中,把平面划为刚好两个域的,称为"正则的"。(参看上面亚历山德罗夫的文章。)]

一个把前一个包围在内,但都不含点集的点在其内部;再作另一个无穷序列的闭多边形 $P_1', P_2', P_3', \cdots$ 其中每一个把后一个包围在内,但在它们外部,都没有点集的点(图 27.16)。若尔当根据初等几何已经知道平面上每个闭多边形总把平面划分为两个域,但这后来才有证明(多边形定理)[①]。

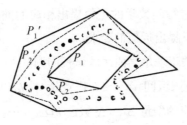

图 27.16

在这个思路下,再证明,每个不属于点集的点都或者在诸多边形 P 中某一个的内部或者在诸多边形 P' 中某一个的外部[②],最后,所给点集本身就成了两个多边形序列 P_ν 和 P_ν' 的聚点。

对经验曲线的直观构成这个证明的指路牌。但每个具体论断逻辑上都扎根在公理中,而公理的核心则是现代实数概念。其结果可以归纳为:适用于诸多边形(周边)的东西也适用于诸多边形(周边)的极限图像。

可以把若尔当定理和前面指出的连续函数的一项性质相提并论,即连续函数要经过已指定的两个函数值之间的一切值。与此类

[①] ［参看 B. v. 凯雷克亚尔托:《拓扑学讲义》,第 1 卷,柏林,1923 年。关于若尔当曲线定理的较新证明,可参看法伊格尔:《关于简单连续曲线的性质》(G. Feigl, *Über einige Eigenschaften der einfachen stetigen Kurven*)第一部分。*Math. Zschr.* 第 27 卷,1927 年,第 161 页。］

[②] 原文是每个不属于点集的点都在诸多边形 P 或 P' 中一个的内部。——中译者

似,闭若尔当曲线构成它的内部和外部的无间隙的界线。

由上面的讨论可以看出,在连通和分割方面,我们的若尔当点集是可以获得曲线这个称号的,但它是否具有和普通曲线的其他性质相类似的性质呢?[①] 换句话说,对若尔当曲线是否可以谈论弧长、切线、曲率半径等,或者对 φ, ψ 还要加上什么限制,才能谈论这些?(当然,我们必须对精确数学的点集提出相应的准确定义,而不是像在经验领域那样只提出近似的要求。)

我们先考虑关于若尔当曲线的弧长问题。

我们把 t 的有限区间 $a \leqslant t \leqslant b$ 任意地分成子区间 $\Delta_1 t, \Delta_2 t, \cdots$,并得到 x, y 的相应的增量 $\Delta_1 x, \Delta_1 y; \Delta_2 x, \Delta_2 y; \cdots$。把若尔当点集上的对应点用直线段按次序连起来,则这些线段的长是

$$\sqrt{\Delta_1 x^2 + \Delta_1 y^2}, \sqrt{\Delta_2 x^2 + \Delta_2 y^2}, \cdots 。$$

现在,设我们以任意方式把区间 $a \leqslant t \leqslant b$ 分成越来越多的子区间,同时各子区间越来越小,而这样作出的多边形的长

$$\sum_{\nu} \sqrt{\Delta_\nu x^2 + \Delta_\nu y^2}$$

总有唯一的极限值,这时我们就把这个极限值作为点集的弧长。

从皮亚诺曲线的例子可以看出,这样的极限不总是存在的。对于该曲线,在引进参数 t 后,曲线弧长就不受其多重点影响,但 C_1 的长是 $\sqrt{2}$,C_2 的长是 $3\sqrt{2}$,C_3 的长是 $9\sqrt{2}$,$\cdots$,C_n 的是长 $3^{n-1}\sqrt{2}$,$\cdots$,故

---

① ［上面没有提到近代拓扑学对处理曲线概念所起的卓越作用,诸如"可达性""无阻隔性""局部连通""不可约连续统"等。关于它们的研究,请参阅罗森塔尔在百科全书中的报告以及凯雷克亚尔托的书。］("无阻隔性"是 Unbewalltheit 的暂译。设 P 为平面域 G 边界上一点。若 P 的任意邻域 U 里,总有 P 的邻域 V,使得在 V 内的每两个边界点都可以用一条既在 G 内又在 U 内的若尔当曲线相连,则 G 称为在 P 无阻隔。——中译者)

接连我们点集的关节点的多边形 C_n,其长度随着边数增长不会有有限的极限值,它将超越一切极限。

在若尔当点集的情况,也必须对函数 φ 和 ψ 加上一些限制,才能得到弧长。我在这里不给出证明,只指出其关键所在。

为此,我必须引进现代函数论用得很多的一个概念,即有界变差函数。已给在区间 $a \leqslant x \leqslant b$ 上的函数 $f(x)$,若对于区间的任意细分 $a = x_0 < x_1 < x_2 < \cdots < x_{n-1} < x_n = b$,总和

$$|f(x_1) - f(x_0)| + |f(x_2) - f(x_1)| + \cdots$$
$$+ |f(x_n) - f(x_{n-1})|$$

总保持在一定的有限值 A 之下,则在该区间内,$f(x)$ 就称为有界变差函数。

我们还要问,有没有非有界变差函数的例子?请回想讨论皮亚诺曲线所遇到的函数 φ 和 ψ,它们都是直锯齿形曲线的极限。几何上显示:对它们,当 n 增大时,$\sum_1^n |f(x_\nu) - f(x_{\nu-1})|$ 要超越一切界限。[①]

关于若尔当曲线的弧长,C. 若尔当证明了,按照我们的定义,若尔当曲线有弧长的充要条件是 φ 和 ψ 都是有界变差函数。

27.7　更狭义的曲线概念:正则曲线

若进一步问,什么时候若尔当曲线有切线或密切圆,则我们至少

---

① ［现在,经过 N. 维纳(N. Wiener)对理论物理的研究(白光研究),非有界变差函数有着重要作用。参看 N. 维纳:《推广了的三角展开式》(*Verallgemeinerte trigonometrische Entwicklungen*)。*Nachr. der Ges. der Wiss. zu Göttingen aus dem Jahre*,1925(柏林,1926年,第 151—158 页)。］

可以给出一个充分条件。我们的曲线在一个已给区间的每点有切线和曲率半径的充分条件是,φ 和 ψ 在该区间内可微两次。[①]

若我们的点集满足所有如下已举出的条件:

(1) φ 和 ψ 在区间里连续;

(2) 没有多重点;

(3) φ 和 ψ 是有界变差函数;

(4) 有尽多的 ν 次($\nu \geqslant 2$)可微。

则对照经验曲线的类似性质,该点集就直截了当地称为曲线,若要强调它和诸如皮亚诺曲线的区别,我们就称之为正则曲线。或者更准确地,我们把这样界定的点集首先称为正则曲线段,这样,一条正则曲线就由有限多个正则曲线段连接而成,因而可能有(有限多个)二重点。

我还补充一点:有时候我们把以前称为"光滑"的曲线也叫作正则曲线,那样的曲线在它每点有切线,而且当一点沿曲线连续移动时,切线也连续转动(图 27.17),这比曲率半径的要求要少些。我们宁愿给正则曲线的定义留点弹性,使得对 φ

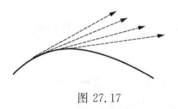

图 27.17

和 ψ 的一阶和高阶导数的要求可以适应不同的具体情况而有差别。此外,我还要回顾一下,在这个讲演的第一篇里,和这里讨论的不同的只是,在那里,我们限于用 $y = f(x)$ 表示的点集。这里采用正则曲线这样的术语,在那里则用"合理"函数。

———————————

① 〔这不是必要条件。因为在 φ 和 ψ 对参数 t 两次可微的情况下,我们还可以把 t 代以另一个函数 $t_1 = f(t)$,使得 φ 和 ψ 对 t_1 并非两次可微。我们只需用一个单调连续而不可微的函数作为 $f(t)$,结果就成这样。〕

27.8　用正则理想曲线近似表示直观曲线

我们还要问:这里在精确数学中所界定的图像和经验领域中直接称为"曲线"的图像之间,关系如何? 由于在两个领域里都用了曲线这个词,为了避免用词上的不确切性,也为了我可以说得简短些,以下在精确数学中,我们将用理想曲线这个词。有时也用"正则曲线";在经验领域中,则用经验曲线。

我指出:对于每条经验曲线,总可以设想有一条理想曲线(用 $y = f(x)$ 的形式表示)具有前者的主要性质。这里的意思是,在经验许可的准确度范围内,尽可能地有相同的性质。

我采用以下方法来证实我的论断。设想所给经验曲线可以分成有限多段,每段可以在某个适当的坐标系下用公式 $y = f(x)$ 充分近似地表示——包括方向,有时还有曲率(参看第 63—67 页的论述)。于是有有限多个坐标系

$$x_1 y_1, x_2 y_2, \cdots, x_n y_n,$$

在这些坐标系里面分别有理想曲线中正则的一段

$$y_1 = f_1(x_1), y_2 = f_2(x_2), \cdots, y_n = f_n(x_n)。$$

这些曲线段(通过坐标系的相互关系)首尾相接以构成一个连通的整体。现在,我们引进一个单一的坐标系 XY 和一个参数 t,这个参数的值就分布在有关区间的 n 个子区间里。当 t 在第一个子区间里时,就把它用 t_1 表示,在第二个子区间里时,用 t_2 表示,等等。于是 n 个公式

$$y_1 = f_1(x_1), y_2 = f_2(x_2), \cdots, y_n = f_n(x_n)$$

就可以合为单一的一对公式

$$x = \varphi(t), y = \psi(t);$$

当 $t = t_1$, $t = t_2$, ⋯ 时,这对公式依次代表 $y_1 = f_1(x_1)$, $y_2 = f_2(x_2)$, ⋯。同时,在这些子区间里,φ, ψ 对 t 可微次数和 f_1 对 x_1, f_2 对 x_2, ⋯可微次数相同。为此,最简单的方法是令

$$t_1 = \alpha_1 x_1 + \beta_1, t_2 = \alpha_2 x_2 + \beta_2, \cdots。$$

再确定这里的常数 α, β, 使 t_1 的终点值(对应于 x_1 的右端点或左端点值)等于 t_2 的起点值(对应于 x_2 的左端点或右端点值),同样,也使 t_2 的终点值等于 t_3 的起点值,等等。

这样扼要说明的步骤,其结果还存在一种可能性,即所得到的不同的理想曲线段 $y_1 = f_1(x_1)$, $y_2 = f_2(x_2)$, ⋯在它们相接处会有不同方向或曲率。与此相应,所给经验曲线就会有有限多处,在那些地方,它的经验的方向或曲率有跳跃式的变动。所得理想曲线 $x = \varphi(t)$, $y = \psi(t)$ 自然也就有相应的奇异性。

27.9 理想曲线的可感知性

我们还要对上面所讨论的问题的逆问题作些补充。我们要问:在经验领域中要考虑的是正则的理想曲线 $x = \varphi(t)$, $y = \psi(t)$ 的哪些性质?

显然,要考虑的是:当 φ 和 ψ 在一定范围(这范围取决于具体情况)内任意变动时保持不变的那些性质,或者说,它们是近似数学所讨论的性质。这种说法可以直观地表述如下:设想在曲线 $x = \varphi(t)$, $y = \psi(t)$ 上每一点作一个具有已经给定的半径为 ρ 的小圆。这样所作的圆盘的整体覆盖平面上某一个带,而在经验领域里,要考虑的是这样确定的带所呈现的性质而不是理想曲线自身的性质。

在上面已获得认识的基础上,现在又回到我们讲演开始所涉及的问题,即我们对空间感觉的准确性问题。

假定在一个坐标系 xy 下,一方面已给定一个圆,另一方面已经通过公式 $x=\varphi(t),y=\psi(t)$ 给定一条皮亚诺曲线。凭我们的空间感觉,我们有能力从原则上区别这两种情况吗?我认为不能。在这两种情况中的每一种情况,我们都可以设想,集中注意力于一个具体 t 值在图像上所确定的一个具体位置,但总是在有限度的准确度之内。我们还可以类似地设想,有确定的邻近点,并在有限度的准确度内感觉到这两点连线的方向;可是,在这两种情况中,我们的感觉能力都达不到理想图像本身。我们驾驭理想图形的数学思考能力来自于空间感觉,并受到它的引导,但这种思考最终还要在公理的基础上,以公式 $x=\varphi(t),y=\psi(t)$ 所确定的规律为依据(而公理也是来自直接感觉能力)。

这就是 1873 年我的论点。[①] 我希望生理学和心理学能澄清这个问题,只是有一个前提:必须通晓精确数学的现代发展(例如像本讲演所阐述的那样)并且吃透了它,如果不是深入考虑了像魏尔斯特拉斯曲线和皮亚诺曲线那样不可微的理想曲线的具体例子,就不可能对这类理想曲线和普通可微理想曲线的区别进行哲学上的讨论。

27.10 特殊理想曲线:解析曲线与代数曲线;代数曲线的格拉斯曼几何产生法

现在转而略微谈谈精确数学里优先讨论的主要类型的理想曲线。

---

① 参看前言所引文献。

(1) 什么时候我们把一条正则理想曲线叫作解析曲线,即在正则理想曲线的定义中,要加上什么样的限制条件,才能把它称为解析曲线? 一条正则解析理想曲线将简称为解析曲线。

我们要说:当 x 和 y 可以用 t 的收敛幂级数表示时,正则理想曲线就称为解析曲线。[①]

可是,我们既然早就知道,解析曲线远远不能包括一切曲线,为什么数学家总还是集中力量于解析曲线的研究?[②]

原因在于解析曲线所具有的那种美妙的性质:首先是它可以推广到复领域 $t=u+iv$,这样就涉及整个(复变)函数论(其幂级数在 $u\text{-}v$ 平面上一个区域里收敛)。特别是存在着"解析延拓"到新的定义域的可能性,因而只要该区域含有实轴的一段,原来一段曲线就可能延伸以得到新的一段曲线。总之,可以说,一条解析曲线连同其解析延拓,构成一个合乎规律的整体;它用某个幂级数 $x(t)$,$y(t)$ 表示,而这两个级数只需在一个任意小的区域内收敛,曲线整体就完全确定了。这里所说的规律性——最小一段决定整体——就是数学家们如此喜爱解析曲线的根由。为了说得确切些,我还要补充如下:

一条解析曲线还可以具有各种不同的奇点;若假定在 φ 和 ψ 的级数展开

$$x=\varphi(t)=a_0+a_1t+a_2t^2+\cdots$$
$$y=\psi(t)=b_0+b_1t+b_2t^2+\cdots$$

中,所有从零到 $n-1$ 次($n\geqslant2$)项都不出现,然后我们考虑 $t=0$ 处的情况,就得到这种奇点。

---

① [已经知道,这个定义和前面关于解析函数的定义等价。]
② [现在,这个问题已不像讲演发表时那样突出。]

（2）现在我们把曲线概念进一步限制，从解析曲线进入代数曲线。

用文字表达：若解析函数 $x=\varphi(t)$，$y=\psi(t)$ 恒等地满足一个代数恒等方程 $F(\varphi,\psi)=0$，则解析曲线称为代数曲线。

逆定理也是成立的：已给一个代数方程 $F(x,y)=0$，则在每点 x_0,y_0[①] 的邻近可以引进一个辅助变量 t，使 $x=\varphi(t)$，$y=\psi(t)$，其中 φ 和 ψ 都是 t 的收敛幂级数（单值化）。对此，我不作证明，只是作些引申而不涉及其细节，因为我在这里只是要对事物作一般的概括。

现在进一步的问题是：对代数曲线，除了这个形式上的定义之外，能否给出一个更具体的定义，即直观上可以掌握的定义？实际上，这从函数论的角度和几何角度都是办得到的。

首先是从函数论角度。假定消去 t 以得到函数 $y=f(x)$。问题是：对于具体的 x 值，其幂级数是否有什么特性，可以把代数函数区别于其他解析函数。在这里，x 自然要作为复变量，因为那样才能通过函数论的语言来按其自然法则求得其表达式。

实际上，从函数论的观点，在 y 作为 x 的代数函数的定义中，我们要求：

（a）对于具体的 x 值，只有有限多的 p 个 y 值；

（b）在每处 x_0 的邻近，y 可以展成 $(x-x_0)^{\frac{n}{p}}$ 的幂级数，其中负幂只能有有限多个（这样就排除了所谓的本性奇点）。具体的论证当然属于函数论的课程。

比函数论角度更有趣味又更易懂的是和几何相联系的说明方式。关于代数曲线的几何特征，早在 1850 年，H. 格拉斯曼就给出了

---

① 假定 $F(x_0,y_0)=0$。——中译者

决定性的答案,[1]可惜他的论述至今未在教材内出现。我下面采用名词"直尺机械"来叙述格拉斯曼定理:

若一条曲线可以通过直尺机械产生,它就是代数曲线。

首先,什么是直尺机械?

一个直尺机械是由部分固定、部分作运动的直线和点构成的,其中作运动的直线必须经过其中某些(不一定是固定的)点,而作运动的点必须在其中某些(不一定是固定的)直线上。

为了具体地阐明这个问题,设想已给定一定数目的直线和点。格拉斯曼直尺作图法的思路是,从已给固定的和作运动的直线和点,只利用直尺以得到新的点和直线。若规定作图时要由最初的元素出发,则直尺作图的机制就构成直尺机械。

我现在举例说明如何通过一种直尺机械来作圆锥曲线[2]。

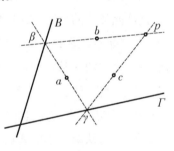

图 27.18

设在平面上给定 3 个点 a, b, c 和两条直线 B, Γ(图 27.18)。若规定平面上一个动点 p 受到下述条件制约,则点 p 描绘一条圆锥曲线:直线 $\overline{bp}$ 和 $\overline{cp}$ 依次和直线 B, Γ 交在 β 和 γ,a 同 β, γ 共线(麦克劳林产生法)。

设想用刚体的线,最好是用缝衣针,制成一件装置,使它按照所述的方式运转,则点 p 就沿一条圆锥曲线运动。这就是一个直尺机械。一般地,每一个这样的机械都有如下性质:由点 p 通过直尺作图得到的 3 点在一条直线上,或者由点 p 通过直尺作图得到 3 条直

① [参看《格拉斯曼全集》(H. Grassmanns Gesammelte Werke,第 1 卷 1,第 245—248 页,莱比锡,1894 年,和第 2 卷 1,论文 2—7,14,18,1904 年)。]
② 即二次曲线。——中译者

线经过一点。不过，直尺机械只有理论意义，因为制作过程是不精确的，即使能制成，它还总是晃动的。

格拉斯曼利用这个思路来给出代数曲线的几何定义。

在圆锥曲线，即二次代数曲线的产生中，点 p 用了两次。格拉斯曼发现，若把机械组织好，使 p 点用到 n 次，就得到 n 次代数曲线。①

他并没有就此停下来，他还证明了逆理：每一条 n 次代数曲线 $F(x,y)=0$ 都可以通过（也许很复杂的）直尺机械得到，其中作图时，点 (x,y) 将用到 n 次。他证明时，把方程 $F(x,y)=0$ 的要求直接转化成对那个机械的构造规范。

有了这个定理之后，就立刻有了上面提到过的关于代数曲线的格拉斯曼定义：一条 n 次代数曲线是可以通过一个 n 次直尺机械产生的曲线。

我们再一次问，代数曲线使人感兴趣的是什么？

当然（像一般解析曲线那样）它的整体被任意小的一段所确定。此外，它还有其他关于其整体的简单性质。我们只举出其中最重要的：

它有有限多个分支，而且对于它，贝祖定理成立，即一条 n 次代数曲线与一条直线交于 n 个点，而且两条不同的代数曲线 C_m 和 C_n 相交于 mn 个点（条件是我们采取了正确的计数方法，即我们也考虑了虚交点，无穷远点；对于多重点，按其相重数计算；还要考虑到两条曲线可能有共同的分支）。

在这一般性定理的基础上，特别是对于从一次到四次的曲线，产

---

① ［n 次代数曲线可以通过直尺机械产生这个特性不能理解为，似乎每条 n 次代数曲线都必须是这样的曲线，它们单纯借助于直尺就能产生。按照直尺机械的关联条件，只通过直尺来确定一个点 p 一般来说是不可能的。］

生了非常美丽的结果,使人们探讨它们时得到了真正的乐趣和审美上的满足。

因此,对代数曲线的研究有些时候曾成为数学学习中的爱好对象。但若像许多教材那样,光讨论代数曲线,则只应当认为,那是片面的。人们会由此获得一种印象,似乎只有这样的曲线了;可是正弦曲线和螺旋线出现得更加频繁,而且至少同样美妙。

比代数曲线更为特殊的是有理曲线。这时人们仍然由参数方程 $x=\varphi(t)$, $y=\psi(t)$ 着手,但这里的 φ 和 ψ 是 t 的有理函数。对有理函数,人们探讨得也不少。

27.11   用理想图形表现经验图形:佩里观点

对精确数学领域里曲线中的特殊类型进行阐述之后,我们认真地提出那个一般性的问题:

诸多理想曲线对于应用起什么作用?

一种成见认为,在应用中遇到的都是解析曲线。我们已反复强调与此相反的观念:在应用中所遇到的根本不是理想曲线而是和它们近似的东西(就是带)。但是,为了描述一条经验曲线或者理想化的现象,人们也用到理想曲线,而且总是用正则曲线(即 φ 和 ψ 常常是有限多次可微,而且其中最后一个导数也许还是逐段单调的)。如果相反地认为必须采用解析曲线,那是形而上学。我把那种不从直接经验出发的做法称为形而上学,因为人们一厢情愿地只使用解析曲线。

不过,尽管我们认为在应用中,解析曲线、代数曲线、有理曲线等都不会出现,但好在情况却是,最简单的正则曲线的确是解析的。

例如,当我们已经得到

$$x = a_0 + a_1 t + a_2 t^2,$$
$$y = b_0 + b_1 t + b_2 t^2$$

时（在经验领域中，为了表现一段具体曲线，人们往往简单地使用这样的公式），我们就遇到一条有理曲线。在应用领域中，我们也不能避免用到 $y = \sin x, y = e^x, \cdots$，尽管我们需要作出修正，而修正后曲线的解析性已变了样。因此，我们可以对上面的论点作如下的补充：

在经验领域里，解析曲线、代数曲线、有理曲线只是在这样的意义下有用：它们是人们所了解的最简单的正则曲线，而在近似地表现经验所取得数据时，也会经常用到它们。

在这里，我想对 J. 佩里（Perry）的书《工程师用的微积分》（*The calculus for engineers*）[①] 说几句话。在这本书中，我上面所谈的观点得到有特色的发挥。

这本书的特点是，作者为应用科学工作者写书，因而完全站在他们的立场上。他不谈一般的曲线概念等，而开始就只讨论应用中的 3 种基本函数（$y = x^n, y = e^x, y = \sin x$）。他指出，只要运用由这 3 个函数经过有限多次四则运算所获得的函数，例如

$$y = \frac{a + bx + cx^2}{d + ex + fx^2}$$

等，就足以准确地解决一切普通的应用课题。

佩里的这种做法被反复指责为不科学的。但在其所涉及的领域里，根本不是如此，我现在所进行的讲演，目的正是要采取包括理想领域和经验领域在内的观点。而这个构思中包含了佩里的观点。

---

① 伦敦，1897 年，被弗里克和聚希廷（F. Süchting）译成德文，莱比锡，1902 年，第四版，1923 年。

第二十八章　继续从精确理论观点讨论平面几何

28.1　对两个相切圆的相继反演

现在我们捡起前面提到过的一种思路(因而我再次转入完全理想的领域)。我们已把整个论证和解析几何的思想结构相联系,因而把一切放在现代实数概念的最终基础之上。如果要想把目前为止所谈论的内容从这种论述方式中解脱出来,把它放在纯几何的基础上,就必须把相当于引进现代实数概念的一个公理放在首位。这个公理可以叙述为:若有一个无穷序列的闭区间(线段、曲线段、平面区域、空间部分),其中每个含在前一个之内,而且它们无限制地缩小,就有唯一的一点属于所有的区间。这个点就被那个区间序列唯一地确定。这个以前利用过的公理,叫作区间套公理。[①]

可以选这个公理作为下面所论内容的理论基础,我们以前已看到,在自守函数理论中,曾利用它来界定与讨论一些具有集合论中所涉及的令人瞩目性质的点集。

现在我要对导致非解析曲线的几何产生原则略加修改。在这

---

① ［容易看出,为什么上面的公理要求各区间是闭的。若 n 是自然数序列,则对于无限制地缩小的开区间序列 $0 < x < \dfrac{1}{n}$,没有任何点会属于所有的区间。0 点不属于序列中任何的区间。］

里,产生过程是纯几何性的,这样,就同时避免给人一种印象,似乎讨论非解析曲线是人为地强加到几何中的。

　　前面我们曾经从平面上 3 个或更多个圆出发,其中每个都在其他几个之外,并把以它们为边界的区,通过对它们的反演,以不断得到和该区等价的新区(图 28.1)。那样,我们得到等价区构成的网,这个网覆盖除一个无穷集合的极限点以外的整个平面,然后提出这样的问题:对于这个极限点集,我们能说些什么? 我们发现,它是无处稠密的,却又是完备的,并有着连续统的势。

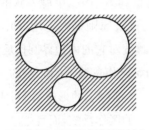

图 28.1　　　　　　　　图 28.2

　　在这里,我们改变一下,假定这些圆构成循环相切的序列。但和以前一样的是,每两个圆都不交叉。这样,初始区就分成两个以圆弧为边的 n 边形,一个是内区,一个是外区,而两个 n 边形的角全都是零。可以参考图 28.2,其中一区延伸到无穷远处,但这并不重要,因为经过一次反演,它就变成一个有界区。现在,我们让两个具有零角的圆弧多边形对其边界圆相继地作无穷多次反演,并考察如此得到的极限点集。我们将发现,由极限点及其聚点构成的集合,是一条闭若尔当曲线,它一般不是解析的,这里所提到的附加词"一般",将在讨论中加以说明。这条若尔当曲线就把从初始的外多边形及其像所构成的网和内多边形及其像所构成的网分隔开来。

　　在这里,我也要再次强调,对若干个循环相切的初始圆把初始区及其等价区不断作反演,这种构想来源于物理。当人们在静电学里讨论若干个圆柱上的电荷的平衡分布时,就恰好要考虑上述那样的无穷多次的反演。因此,只要人们的实践探究进行得充分深入,就不能避免非解析曲线。

先设有两个互相外切的圆 K_1 和 K_2,这时当然谈不上循环相切,我们只有一个初始区,它是一个圆弧二边形,有两个零角,在图 28.3 中,这个区也像以前那样,用 1 表示。若把 1 对 K_1 反演,就得到以 K_1 为部分边的一个镰刀状的区,这样所得到的区和对 K_1 的反演都用 S_1 表示;同样,对 K_2 反演,就得到 K_2 内一个镰刀状的区 S_2(图 28.4)。在这里,我们以前所说的进展原则仍然适用,即除了开始的反演外,我们把已得到的每个区继续对它的内边界圆作反演,以前证明过,这个原则已经包括了对初始区作反演 S_1 和 S_2 的一切组合在内。我们对这个原则还给出了一个推广了的形式,即对于每一个新得到的边界圆,不但把以它为边界的区作反演,而且把已经得出的一切区作反演。在我们所讨论的情况中,假如已得到 3 个区 1,S_1,S_2(图 28.4),立刻可以对 K_2 作反演以得到 3 个新区,等等。现在,无论按这个还是那个方式持续进行下去,都能得到定理:对于我们的等价区有一个唯一的极限点,它和两个初始圆的切点重合。

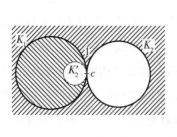

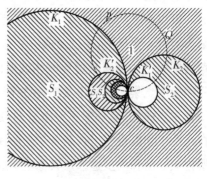

图 28.3　　　　　　　　　　　　图 28.4

一个有意义的问题是,已给域 1 里任意点 p,考察一下,p 的无穷多个等价点是怎样趋近极限点的? 取经过 p,而同两个初始圆正交的圆 Q,我们知道,对于我们的一切映射 $S_1,S_2,\cdots,Q$ 变为自己。事实上,它经过圆 K_1,K_2 的切点 c,c 以及 Q 在 c 的切线对于一切 $S_1,S_2,\cdots$ 都不变;此外,Q 和 K_1 的交点对于 S_1,Q 和 K_2 的交点对于 S_2 都不变。结果是,经过反演,由 p 得到的一切等价点都在正交圆 Q 上。我们可以把 Q 看成是 p 跳跃地趋于极限点 c 的"轨线"。

特别有趣的是,把极限点和平面上任意点用直线相连时,因为当对 p 运用我们的进展原则中的反演时,p 在 Q 上趋于 c,p 和 c 的连线必然要趋于一个极限位置,即两个圆的"中心线"[1](图 28.5)。

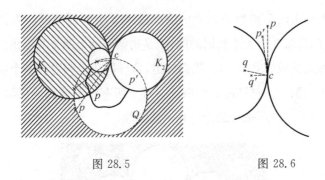

图 28.5　　　　　　图 28.6

现在考虑按下述方法作成的闭曲线:在初始区 1 里,由 K_1 到 K_2 作任意一条不含点 c 的曲线段(可以是非解析的)[2],然后接上由它通过我们的反演所得到的一切曲线段[3],最后加上点 c。我们将证

①　即连接相切圆 K_1,K_2 的中心的直线,它也是 Q 在点 c 的切线。——中译者

②　[这当然是指用方程 $x=\varphi(t),y=\psi(t)$ 确定的一条曲线段。按照所说方法,证明的确出现一条闭曲线(一个圆的拓扑像)是不难的。]

③　根据前面所说,只需把初始区里所取曲线段分别对 K_1 和 K_2 反演,再取这两个反演像分别对 S_1 和 S_2 的内边界圆作反演,这样不断继续下去,就得到那段曲线段的一切等价曲线段。——中译者

明,这样得到的闭曲线在点 c 有确定的切线,即中心线。

这个定理是上面所述引理的一个简单结论。为了证实这一点,在曲线上(图 28.6)选取趋于 c 的任意点序列 $q,q',\cdots$。一切点 q, $q',\cdots$(它们逐步趋近于 c)在初始区中,都有一个等价点。我们可以把 $q,q',\cdots$ 挤进 p(和 p',参看图 28.5)的等价点 p_v(和 p'_v)之间[1]。因此直线 $cq,cq',\cdots$ 的极限位置和 cp_v(和 cp'_v)的极限位置相同,于是根据上述引理,$cq,cq',\cdots$ 的极限位置就是中心线。

28.2　对 3 个循环相切圆的相继反演("模图形")

现在由两个初始圆的简单情况进入 3 个圆的情况。为方便起见,我们选取 3 个大小相同的圆,于是初始区就由两个具零角的圆弧三边形所构成(图 28.7)。我们知道,这样的 3 个圆总有一个唯一的共同正交圆 Q。它经过 3 个切点。对于所有将要遇到的反演,它都不变,因而可以用来帮助探讨我们的图像。

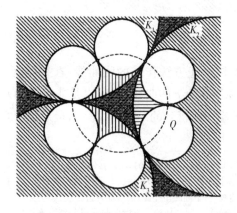

图 28.7

① 图 28.5 中用 p 和 p' 依次表示这条曲线段在 K_1 和 K_2 上的端点。——中译者

为了得到两个初始区的一切等价区,我们只需作出在正交圆 Q 内部的等价区,然后把这样得到的全部等价区对 Q 作反演。可以这样做的根据是早先指出过的定理:若对于另一个圆 Q,圆 K 的反演像是 K',则对 K 互为反演像的两个图形,经过对 Q 的反演,变成对于 K' 互为反演像的图形。因此,可以把我们的作图限于在 Q 的内部。[①] 由于有 3 个旁三边形和初始区相接,这 4 个三边形在一起构成一个圆弧六边形,它的尖角和 Q 正交。根据我们的进展原则,可以把 3 个旁三边形分别对它们的内边作反演,或者把整个六边形对它的 6 个边分别作反演以得到一个三十边形。你们可以看到,继续下去,结果将会怎样:由初始区所得到的区把 Q 的内部覆盖得越来越满,所得区的尖角越来越多,并且都和 Q 正交。当这个步骤进一步进行下去时,初始区的等价区越来越密切接近 Q,而 Q 的每点成为尖角的聚点。对此,我们将作进一步的阐明。

这里所描述的图形,研究椭圆模函数的人是熟知的;在一定意义上,这是几何从函数论接受的礼物。因为尽管这个无限继续下去的步骤完全可以从纯几何观点出发得到,但从历史发展过程来看,是由于椭圆模函数理论的需求,人们才开始考察这样的图形的。不过,这图形先已出现在冯·施陶特(von Staut)的工作中(当他对于二次曲线上 3 个点,不断求其第四调和点时),但施陶特没有从直观角度加以揭示。

我对 3 个相切圆的图作较深入的考察,以便突出其中的一些细节,使对 4 个相切圆的图形的研究变得容易些。

为了得到对称图形,我选取半径相等的相切圆,使它们的切点成

---

① 对 3 个初始圆中的每一个作其他两个的反演像,就得到 6 个小圆,它们都和 Q 正交。而且每个初始圆内部都有这 6 个中的两个,它们和初始圆相切,也彼此相切(图 28.7)。——中译者

为正交圆 Q 的内接等边三边形的尖角。我们或者先把由内区通过持续反演所得的部分图形对 Q 作反演以得到整个图形,或者先把由外区通过持续反演所得部分图形对 Q 作反演。

现在我们考察,这样所得的圆弧三角形的切点在正交圆上是如何积聚起来的。我们本来有 3 个切点,然后有 6 个,12 个,等等,所以可以说:当作图步骤继续时,整个正交圆越来越密地被新出现的圆的切点所布满。

这里就提出下一个问题:对于切点所构成的集能有什么结论?容易看出,在切点集合中,每个切点是其他切点的聚点,即这个点集在正交圆上是自稠密的。

为了证明这个定理,考察任意两个在我们的步骤中所得的相切圆"1"和圆"2",令它们在 Q 上的切点为 c。设想按我们通常的方法,把这个图形(图 28.8)不断地作反演,首先对圆"1"和圆"2"作反演,然后把整个所得图形对新的边界圆作反演,等等。这样,在第一次反演之前本来是两个圆的切点就成为无穷多个圆的公切点。随着反演步骤的进行,这些无穷多个圆也无限制地变小,而且它们每一个和正交圆又有另一个交点,而且还是一个新的切点。图 28.8 表明这些新切点是如何属于相连接的圆弧三角形的。图 28.9 说明正交圆退化为直线时的特殊情况。

由此可知点 c 的每一个无论多小的圆形邻域里总有无穷多个切点;因此 c 是聚点,于是切点的集合是自稠密的。

作为这个点集的另一个性质,我要指出,在正交圆圆周上,点集是处处稠密的,即在圆周上任意小的一部分总含有切点。证明如下:我们的初始图形是 3 个圆构成的闭链(图 28.7),它们沿着正交圆排定。把这个链对这些圆作反演,就得到 6 个圆,它们也沿正交圆排列成一个闭链。一般地,对每一个这样的链中所有的圆作反演,就得到

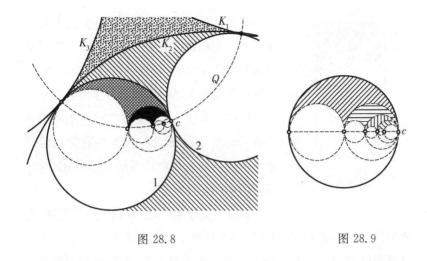

图 28.8　　　　　　　　　　　　　图 28.9

一个新链，其中的圆越来越多，也越来越小。现在我们在正交圆的圆周上取一段弧，它的弦长是 δ，我们把反演步骤继续下去，直到所得的圆链中的圆的直径都小于 δ。这时，无论 δ 多么小，所取圆弧上肯定有切点，因而当反演步骤无限制地进行下去时，这个圆弧上就有无穷多个切点。这同时也表明，正交圆上的一切非切点——我们将说明这样非切点存在——也都是切点的聚点。

在正交圆 Q 上，处处稠密的切点和 Q 的其余点之间的关系完全像数轴上有理点和无理点的关系。在数轴上"有理点"也是处处稠密的，而且是可数的，而"无理"点则显示为有理点的聚点。如果我们想到，按戴德金的做法，一个无理数可以通过具有某种性质的对有理数的分割来界定，则目前的对比就更清楚了：正交圆上每一个非切点确定切点集合的一个分割，因而也被这个分割所界定。

我的阐述不是很确切，因为我只是联系着图形来谈，没有涉及数量关系。但把图形改变一下，使它可以用算术来处理，这倒是不难。

由于所要考察的是那些经过对整个图形的反演不变的性质，可

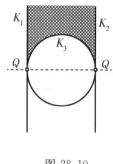

图 28.10

以令初始区具有简单的形状,不会失去普遍性。我们把初始区对中心位于一个三边形某个尖角的圆作反演,这样就得到一个三边形,它的边界是两条平行直线和一个同它们相切的半圆(图 28.10)。正交圆变成一条经过两个有穷切点的直线 QQ,这就是通常在函数论里所给出的表现所涉及的关系的图(这样还便于运用坐标系)。

取直线 QQ 为 x 轴,选取原点和长度,使两个有穷尖角在 $x=0$ 和 $x=1$,于是整个图形就容易作出了。我们只要把最初图形在左右两方无限制地重复下去,再把这样得到的无穷多个三边形反演到所出现的半圆内(图 28.11)。这样,切点就都在 x 轴上,而且原先只是通过直接几何感觉所阐明的结论现在可以很容易地用算术来准确地计算。由所建立的公式可以证实,各切点的横坐标都是有理数,而且 x 轴上横坐标为有理数的点都是切点。因此,切点的集合和有理数集合不只是类似的,而且是同一的、特殊的,这表明切点构成可数集。

这是对三个圆的情况的补充。

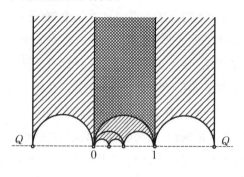

图 28.11

28.3　4 个循环相切圆的标准情况

我现在将讨论中的问题转入 4 个循环相切圆的情况。这里从整体看和上面的情况类似。

先假定这 4 个圆有一个共同正交圆(图 28.12)。这样,作为初始区,可以先使用所出现的两个圆弧四边形中外面或里面的一个。[①] 我们选取里面的一个,并进行反演。按我们的进展原则,先有一个由内四边形以及同它相连接的 4 个四边形所构成的 12 边形,然后有一个 36 边形,等等。在这个完全对称的步骤中,正交圆上的切点数依次是 $4, 12, 36, 108, \cdots$。我们就要问:在正交圆的圆周上,切点的分布如何? 我们可以指出:

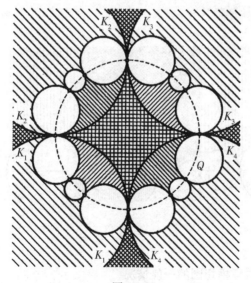

图 28.12

---

① 外面的 1 个是含有无穷远点的那个。

（1）切点集合是可数的。

（2）切点集合在正交圆上处处稠密。

现在,为了使我们的图形具有特殊的形式,借助于一个适当的反演,把一个切点变到无穷远处,所得到的是图 28.13,它可以用算术方法处理。

正交圆退化为一条直线,我们取它为 x 轴,4 个圆中有两个仍化为平行直线,其余两个则化为夹在它们之间而与 x 轴正交的圆。相继对那两条直线不断向左和向右作反射(即反演),并对那两个圆作反演,就得到整个图形。仍令外边两个切点在 $x=0$ 和 $x=1$,并用 σ 表示第三个切点的横坐标($0<\sigma<1$)。在 x 轴上,所得切点集合不再和有理数重合,但这些切点的横坐标是 σ 的有理函数,考察这些有理函数的性质是有意义的。

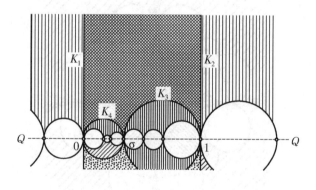

图 28.13

28.4　4 个循环相切圆的一般情况

上面是 4 个初始圆有一个公共正交圆的特殊情况。现在考虑一般情况,它当然复杂得多。但这时利用以前的定理,仍然可以获得某种概略结论。设已给 4 个循环相切的圆。这时候,值得注意的是,那 4 个切点仍然在一个圆上,但这个圆一般不是正交圆(图 28.14)。

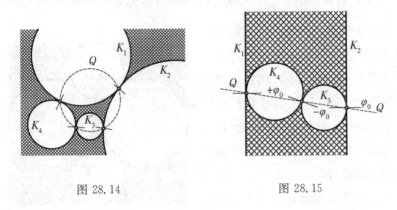

图 28.14　　　　　　　　图 28.15

为了证明这个引理,我们运用已用过的技巧,通过对于以切点之一为圆心的一个圆的反演,把图形简化。这时,在这个反演中心相切的两个圆就化为两条平行直线 K_1 和 K_2,夹在它们中间的是另外两个圆 K_3 和 K_4,像图 28.15 所表示的那样。

为了证实原来图形中 4 个切点在一个圆上,就要证明图 28.15 中的 3 个切点在一条直线上。但根据初等几何,这是立刻看得出的,于是引理就证明了。这条直线叫作截线 Q。一般地,经过圆弧四边形 4 个顶点的圆就叫作截圆 Q。

与此同时,若在图 28.15 中的各切点作圆的法线(它们构成两对,分别交于 K_3 和 K_4 的中心),则我们的这些截线和法线或中心线(在这里,我们把法线也称为中心线,更能显示其特点)显然交于绝对值相等而异于 0 的角 $\pm\varphi_0$,其中的符号如图 28.15 所示。若 $\varphi_0=0$ 就得到以前所论的情况。此外,容易看出,φ_0 总是小于 $\frac{\pi}{4}$。把这些结果搬回到原来的图形上,我们就可以说:4 个切点在一个截圆 Q

上,它和切点处的中心线交于 $\pm\varphi_0$ 角,而由于 Q 不再是正交圆,φ_0 不等于 0,但总小于 $\dfrac{\pi}{4}$。利用这个定理,可以把原来的图形换成以后

处理更为便利的形式。我们知道,若把一个复杂的图形代以一个有对称构造的,就容易理解得多。所以,下面我们画原始图形时,就从截圆 Q 画起,再选取它的一个内接长方形的顶点为切点(图 28.16)。

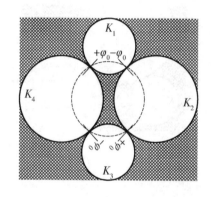

图 28.16

假定适当地选定异于 0 的 $\pm\varphi_0\left(\varphi_0<\dfrac{\pi}{4}\right)$ 角,按此画出中心线的方向,很容易倒转来作

出 4 个"初始圆"。这样就得到两个圆弧四边形,一内一外;对于截圆 Q,它们并不互为反演像,但它们位置之间的关系却仍然像反演中那样。现在先把 Q 对 K_1 作反演以得到一个新的圆 Q'。由于 K_1 和 Q 的交点以及角 $+\varphi$ 和 $-\varphi$ 的绝对值不变,作出 Q' 变得容易了,但需注意要改变角的符号。其结果是,我们所着重考虑的,在 K_1 内部的一段弧 q',相对于内圆弧四边形,其凹的一侧翻转了。同样,也容易作出 Q 对于 K_2,K_3,K_4 的反演像。这样,就得到圆 Q'',Q''',Q^{IV};设它们在 K_2,K_3,K_4 内部的弧为 q'',q''',q^{IV},像 q' 那样,圆弧 q''' 凹的一侧翻转了,而 q'' 和 q^{IV} 却是凸的一侧翻转了。于是,作了 4 次反演之后,截圆 Q 化为 4 个圆弧所构成的截曲线,这 4 个圆弧在它们的切点和中心线作 $\pm\varphi_0$ 角;容易看出,它们的相接处不是折点[①](图 28.17)。

---

① 即两段圆弧在相接处有相同的切线。——中译者

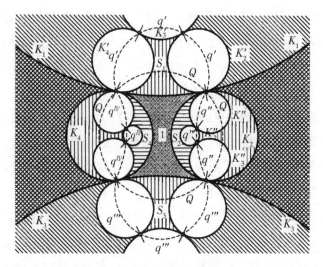

图 28.17

画出这条新的截曲线之后，我们把 K_2,K_3,K_4 对 K_1 作反演，所得的新切点既在 q' 上，又分别在圆 K_1 的中心和原来切点的连线上。在正确地画出新切点的中心线后，K_2,K_3,K_4 的反演像 K'_2,K'_3,K'_4，就可以很快作出了。K'_2,K'_3,K'_4 和 K_1 一起构成两个初始四边形的第一次反演像的边界，与此类似，可以作 K_1,K_3,K_4 对 K_2，K_1,K_2，K_4 对 K_3，以及 K_1,K_2,K_3 对 K_4 的反演。在利用截圆 Q 和圆弧 q'，q''，q'''，q^{IV} 作出以上容易理解的最简单的结果后，我们可以把所得图形用下面文字描述：

开始有一个截圆 Q 和它上面的 4 个切点以及过诸切点的中心线。由圆 Q 得到的 4 个圆弧构成一条截曲线，上面有 12 个切点，附有 12 条中心线，沿着截曲线上的 12 段有 12 个圆 $K^{\text{I}},K^{\text{II}},\cdots$，$K^{\text{IV}},\cdots$，这些把平面分割为一个内部，一个外部。

如何继续作图是明显的，取 12 个新圆中的一个，例如 K'_2。有两个圆弧四边形以 K'_2 的弧作为其 4 边之一。把它们对 K'_2 作反演，就得 3 个位于 K'_2 内的 3 个新圆[①]。它们之间的切点都位于 q' 对 K'_2 的反演像在 K'_2 内部的那一段(q')上(图 28.18)。上面用到的那两个四边形,除一边在 K'_2 上外,还有一边在 K'_3 上,一边在 K'_4 上。把那两个四边形分别对 K'_3,K'_4 反演,则在这两圆内部分别得到 3 个圆以及这 3 个圆的切点所在的一个圆弧。于是圆 Q' 的弧 q' 经过 3 个反演后被由 3 个圆弧构成的曲线所代替。这些圆弧相接处也不是折点,它和有关的中心线相错地作交角 $\pm\varphi_0$,现在,考虑在 K'_2 内部出现的两个圆弧四边形。把它们连同圆弧(q')对 K'_2 内的 3 个圆分别作反演,则在这 3 个圆内部又各得 3 个圆、两个四边形以及一个经过切点的圆弧。总之,圆弧(q')又被 3 个新圆弧构成的链所形成的曲线代替,它——和相切圆的中心线相继地交于 $+\varphi_0$ 和 $-\varphi_0$ 角——也没有折点。图 28.18 表示出这个链。

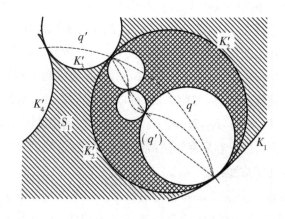

图 28.18

---

① 这 3 个新圆和 K'_2 一道,形成原先所取的两个圆弧四边形对 K'_2 的反演像。——中译者

这里用 3 个圆弧代替截圆的一个弧的步骤,使我们想起在论述皮亚诺曲线时,由参数曲线 $\varphi_n(t)$ 和 $\psi_n(t)$ 分别作成 $\varphi_{n+1}(t)$ 和 $\psi_{n+1}(t)$ 的情景(图 28.19)。现在回到把两个初始四边形对 K_1,K_2,K_3,K_4 反演所得的整个图像。我

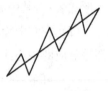

图 28.19

们得到 $4\times3=12$ 个新圆,4 个原有切点和 8 个新切点,这一共 12 个新旧切点都在一条由圆弧 $q',q'',q''',q^{\text{IV}}$ 所构成的闭的截曲线上,把这样的反演施于每组 3 个新圆,就得到 4×3^2 条新的圆弧。它们相继接成一个由边界圆构成的闭链,同时在已有的 12 个切点上,又添上两倍那么多的切点。这时所有已得的 36 个切点都在一条闭曲线上,它由 4×3 段圆弧接成,这些圆弧相接处没有折点,而且它和接点处的中心线交错地作 $\pm\varphi_0$ 角。因此,把反演接连进行 n 次,其结果是:

(1) 由第 n 次到第 $n+1$ 次反演得到 $4\times3^{n+1}$ 个新的边界圆,穿过它们有一条新的截曲线;

(2) 共有 $4\times3^{n+1}$ 个切点;

(3) 4×3^n 段圆弧,它们构成新截曲线。

你们可以理解,由此将得到什么。若令截曲线为 C_0,C_1,C_2 等,则问题是:这个截曲线序列的极限图形 C_∞ 是什么样的? 所有切点以及它们的聚点的轨迹 C_∞ 是否就是把内四边形和外四边形所产生的两个区网分隔开来的点集?

28.5　所得非解析曲线的性质

要把 C_∞ 叫作一条曲线,我们还必须证明某些事实。但无论如何,这个称谓是正确的。我们即将证明下面几个定理:

(1) C_∞ 是一条若尔当曲线,即 C_∞ 可以用 $x=\varphi(t),y=\psi(t)$ 这样

的形式表示,其中 φ,ψ 具有以前所规定的性质;

(2) 在它上面,切点处处稠密,而在这无穷多个切点,它的切线都是对应的中心线;

(3) 可是,只要像我们明确假定了的,φ_0 不等于 0,这条曲线就是非解析的。

有这些定理,我们先证明第二个。

为了证明定理,我结合以前曾经讨论过的一个论点,但在这里,联系着我们的特殊问题,我把它在较广泛的意义上复述一下。

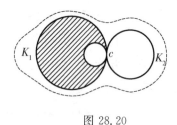

图 28.20

设 c 为要考虑的点,我选两个在点 c 相切的圆,它们把平面分割成一个外部和一个内部(图 28.20)。

现在,我们设想如此作出整个点集 C_∞:设想它落在两个相切圆外部那部分已经画出(我们还不知道按我们定义的约定,这个点集是不是一条曲线,这个问题和所要论述的无关),然后通过多次反演,把所得图形表现在 K_1 和 K_2 的内部,使 c 成为极限点。问题是:我们能谈论该点集在点 c 的切线吗?

在下面情况下,就可以说,切线是存在的:设 q 是该点集的任意点,若令 q 无限制地靠近 c,不管它靠近方式如何,弦 $\overline{qc}$ 总靠近一个极限位置。

现在我们要说的是:无论怎样选取 q,在外面那个区的某处,总有 C_∞ 上一点 p,这个点 p 通过对 K_1 的反演 S_1,或通过对 K_2 的反演 S_2,或通过一系列这些反演的结合,要变成 q,即 p 可以看作 q 的等价点。因此,对应于弦 $\overline{qc}$ 就有弦 $\overline{pc}$。由此可见,若作出一切的弦 $\overline{pc}$,并令 p 接连对 K_1 和 K_2 作反演,就得到弦 $\overline{qc}$。我们先不谈论当 q——它总是属于点集 C_∞——无限制地靠近 c 时,弦 $\overline{qc}$ 的极限位置,而谈论：当反演 S_1 和 S_2 无限制地作用于 p 时，弦 $\overline{pc}$ 中的任意一条的极限位置。

这样就回到本章前面讨论过的问题。在那里，我们看到，正是上面所说的极限步骤，使弦 $\overline{pc}$ 以中心线为极限，这适用于每条弦 $\overline{pc}$；一切弦 $\overline{pc}$ 都以中心线为极限。现在我们可以指出，对于 C_∞ 中每一个趋于 c 的序列 q_n，弦 $\overline{q_n c}$ 的极限位置总是中心线。[①] 这样，中心线就可以看作是点集 C_∞ 的切线。

当我们考虑曲线序列 C_1，C_2，…时，这个结果的意义很大，因为这些曲线和在点 c 的中心线交错作 $\pm\varphi_0$ 角，而我们知道，其极限曲线 C_∞ 却和中心线相切。

为了使这种情况让人感到可以接受，我们举一个与此类似的例子。经过点 c 作一个序列的正弦曲线，如图 28.21 所示，它们的振幅是 $\dfrac{1}{2^n}$，波长是 $\dfrac{\lambda}{2^n}$，在 c 的位相是 $n\pi(n=0,1,2,\cdots)$。

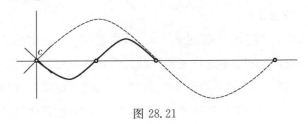

图 28.21

---

①　[对于序列 q_n 的每一点，有一个和 K_1，K_2 都正交的圆，这个点和它的所有等价点都在正交圆上。现在，经过 c，和 K_1，K_2 正交，而含有 C_∞ 的点的圆中，有两个属于最外面的。其中一个 H_1 经过 K_1 和 K_4 的切点，另一个 H_2 经过 K_2 和 K_3 的切点。理由如下：考虑由 K_1，K_2，K_3，K_4 所围成的四边形（参看图 28.14）。若对这个四边形的顶点无限制地施行变换 S_1，S_2，S_3，S_4，就得到在 C_∞ 上这些圆内部的所有切点，但这样，一个顶点在 K_1（或 K_2）内的像只能在 H_1 上和 H_2 上或在它们之间。切点的聚点也必然如此。因此，在 K_1 和 K_2 内部，曲线 C_∞ 只能夹在 H_1 和 H_2 之间，所以任意弦序列 $\overline{q_n c}$（$q_n \to c$）可以放在两个弦序列 $\overline{p_n c}$ 和 $\overline{p'_n c}$ 之间，其中 p_n 和 p'_n 依次是 H_1 上和 H_2 上 q_n 的等价点]。

这些波形相似的正弦曲线 $C_1, C_2, \cdots$ 在点 c 的切线和 x 轴交错地作交角 $\pm\varphi_0$。问题是,其极限曲线的切线是什么? 对这个问题我们显然要仔细考虑曲线序列的极限。各个单个的辅助曲线 C_1, $C_2, \cdots$ 的切线并不趋于一个极限位置(它们总是上下跳跃着),可是这些曲线本身却有一条极限曲线,即 x 轴,它在 c 有确定的切线,而这切线当然是 x 轴本身。

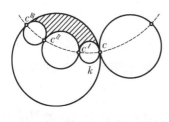

图 28.22

现在对于切点 c 及其聚点所构成的集合 C_∞,我们知道,在每点 c 都有确定的切线。但 C_∞ 绝不是一条解析曲线。说明如下:在我们图里的一系列圆中,仍取两个在点 c 相切的圆。在其中一个的内部,作两个圆弧四边形(图 28.22)。令这里出现的切点为 $c, c^{\mathrm{I}}, c^{\mathrm{II}}, c^{\mathrm{III}}$。

我们知道,它们在一个截圆上,而且截圆在 c 和中心线作 φ_0 角,假定这个角是正的。

略去点 c^{III} 就有一个经过 $c, c^{\mathrm{I}}, c^{\mathrm{II}}$ 的圆,它和 c 处的中心线作 $+\varphi_0$ 角。现在把两个四边形连同它们的截圆弧对图中用 k 标明的那个圆作反演。这样,在 k 里又得到 3 个新的圆,还有它们和 k 一起围成的四边形以及一段截圆弧。对经过 c 的那个新圆,把新的四边形及其截圆弧再作反演,并设想如此无限制地进行下去。这样,$c^{\mathrm{I}}, c^{\mathrm{II}}$ 就无限制地向 c 靠近。我们得到点 $c^{\mathrm{I}}, c^{\mathrm{II}}$ 所构成的序列,它们和 c 都属于点集 C_∞。每组 3 点 $c, c^{\mathrm{I}}, c^{\mathrm{II}}$ 都在一个圆上,而这个圆则和 c 处的中心线作固定角 φ_0,φ_0 的符号则正负交替。于是得到点集 C_∞ 的一项性质,但我们即将证明,这个性质是解析曲线所不能有的,这个性质是:

和一点 c 无论多靠近处,有无穷多对点 $c^{\mathrm{I}}, c^{\mathrm{II}}$ 经过它们和 c 的圆同 C_∞ 在 c 的切线作 $\pm\varphi_0$ 角。

对一条解析曲线,这的确是不能出现的。因为,若经过解析曲线上 3 点 $c, c^{\mathrm{I}}, c^{\mathrm{II}}$ 作圆,并令 $c^{\mathrm{I}}, c^{\mathrm{II}}$ 无限制地靠近 c,则这个圆就有确定的极限,即和曲线切线在 c 相切的密切圆。对于解析曲线,我们的圆绝不可能来回地和切线作有限角 $\pm \varphi_0$。因此,曲线 C_∞,假如它是曲线的话,在任何点都没有密切圆。

还需要证明我们的点集 C_∞ 是一条若尔当曲线。

根据前面的说明,若一个点集 C_∞ 可以一对一而且双向连续地映射到一个圆周上,它就叫作一条闭若尔当曲线。

对我们的点集 C_∞,只需把图 28.12 和图 28.17 相对照,就不难得到这样一个双向映射。

其法如下:令一个图中的初始四边形的顶点按循环次序和另一个图中的初始四边形的顶点相对应,与此相联系,再令两图中的旁四边形的顶点也如此相对应。根据已阐明的规律,一个图的切点显然和另一个图的切点也是一对一而且双连续地相对应。由于切点的集在各自有关的整体图形(即图 28.12 中的正交圆和 C_∞)上处处稠密,上述对应关系可以推广到有关的整体图形上:图 28.12 的正交圆上每一个非切点 α 可以看作一个切点序列 α_n 的极限点,令 α 同 α_n 在 C_∞ 上的对应序列的极限点相对应。这样,图 28.17 的点集 C_∞ 就成为图 28.12 中的正交圆的一对一而双向连续的映像,证明于是完成。据此,点集 C_∞ 的确是一条若尔当曲线。[①]

---

①　[H. 庞加莱首先研究了这种非解析曲线(*Acta Mathematica* 第 3 卷,1883 年,第 77-80 页,见《全集》第 2 卷,第 285-287 页),克莱因在信中曾向庞加莱指出这种曲线存在。克莱因致庞加莱的这封信印在克莱因的数学著作集第 3 卷第 590-593 页上。可以参考该卷第 582 页上克莱因关于自守函数的史前史的叙述。

弗里克较深入地研究了,在上面所讨论的无正交圆的零角圆弧四边形的情况中,通过反演以得到非解析的极限图形(《数学年刊》,第 44 卷,1894 年,第 565-599 页);还可参考弗里克与克莱因《自守函数理论讲义》,第 1 卷,第 415-428 页)。]

在结束关于自守图形的讨论时,在一定意义上,我已达到本讲演中关于精确几何部分的一个高峰,因此,看来可以在此对已获得的结果加以概括了。

和自守函数相联系,我排除算术步骤,用一种纯几何方法作出一个确定的无处稠密而又完备的点集,然后把其中初始图形加以特殊化,①以获得一条非解析曲线。这就表明,这些现代概念也能通过纯几何途径出现,因而并非只是分析家们的虚构。我把我的信念表达如下:

只要人们把精确数学的课题充分深入下去,集合论中的现代问题就会到处呈现出来。人们不得不对它们进行探究。

对于几何(以及一切涉及空间观念的数学科目),存在着下面两方面的做法,然而,人们往往进行得片面,或者搞不清楚其结构:

(1) 对近似数学按其本来面目来理解和对待;

(2) 另一方面,毫不躲避任何(在精确数学意义下)的理想化。

我要说:"人们应当实行第一条而不放弃第二条。"

我要说明这个论点是如何适用于理论力学的,这是除几何外利用空间观点最多的科学。

这里,我们有以下问题:

在理论力学里,什么是近似数学?什么是精确数学?在力学里,这两方面在多大程度上相互推动,在多大程度上混淆不清?

力学一分为二:

(a) 第一种叙述力学的方式是和观察相结合,不越出经验领域。它所处理的不是质点而是小的个体之类。在自然科学中,这种只是描述直接观察到的事物而不去建立在现象后面的理论的倾向,人们

---

① 我们假定初始各圆循环相切。

一般称之为现象学。当我使用这个词时，显然是把现象力学①看作一种近似数学。具体细节从以前的解释可以推知（把现象限于用线性项表述这种做法不在此列，因为那样对现象的说明已是足够准确地近似了，如此等等）。

（b）与此并列的有理想力学，这是我对它的称谓。这是以感知为基础建立数学概念，研究以合理的方法能由此引出什么。在这里，我们确实有质点以及这些质点相互作用中的严格规律，确实有导数，等等。这种理想力学属于精确数学。由于人们对理想化毫不畏缩，就能讨论最广泛类型的点集如非解析曲线之类。

在上面提到的分野之外，对力学还有另一种流行的数学处理方式，那是（a）和（b）的混合物。它之所以流行，是因为在 18 世纪的时候，近似数学和精确数学的区别还没有显露出来，这种区别只是在 19 世纪才逐渐弄清楚的。因此，一切函数被看作本该是解析的，一切极限过程的次序都是可交换的（"那像在极乐世界那样"——P. 杜布瓦-雷蒙）。

我的意见一贯是，对于初学者讲课总要采取这种一定程度上非逻辑的观点；但另一方面又要强调，当听讲者已获得较成熟的理解能力时，不能回避要划分精确数学和近似数学的已知界限。在力学教学中，也是如此。与此有关，我谈一谈《数学百科全书》中关于力学的论述。在那里，目前所说的现代观点（代表我个人的）只能附带提到。因为我的同事需要列出已有的文献，却不能把各科观点都写进去；而《数学百科全书》的目的只是收集资料，使以后的探索者不至于像经常看到的那样，因为不了解已有的成果而受到限制。

---

① phänomenologische Mechanik。——中译者

28.6　这整个论述的前提,韦罗内塞的进一步理想化

与此相联系,我必须指出,有些数学家要把理想化比我们所理解的再推进一步。在这里,我回到精确数学,并提出一本书,其出现曾经引起很大轰动:

韦罗内塞:《几何学基础》(*Fondamenti di geometria*),帕多瓦,1891 年。由阿道夫·舍普(A. Schepp)译成德文,莱比锡,1894 年。

关于韦罗内塞的基本观点,我可以作如下介绍。[①] 我们一贯认为,精确几何的一切论点都建立在现代实数观念以及直线上的点与实数的一一对应关系的基础之上。人们是否采取这个基本态度,那本身不是数学问题而是是否适宜的问题。数学(狭义地)是从这个(或者别的)公理出发的。韦罗内塞不是这样。

他设想有记号 $\eta_1, \eta_2, \cdots$ 代表着实在的、阶数递升的无穷小量,对它们可以按一定方式施行运算。他还设想构造如下的式子:

$$x = a + a_1 \eta_1 + a_2 \eta_2 + \cdots,$$

其中 $a, a_1, \cdots$ 是普通实数,然后把它界定为数轴上的点。因此,对他来说,在数轴上,我们的"有理点"和"无理点"是不够的,还要用无穷小量 $\eta_1, \eta_2, \cdots$ 界定的点插进去。

这里要提出的第一个问题是:人们能否对这种式子作运算,而不出现矛盾? 实际上这是可能的,因而从抽象数学的观点,不能反对韦罗内塞的做法。但人们可以进一步问:承认在数学上可以允许,是否也就意味着宜于采用?

这样就涉及一个一般性问题:在数学中,究竟什么样的问题才是适宜的?

---

① 参考第一卷第 266－268 页和第二卷第 259－263 页关于非阿基米德数的论述。

　　理论上,我当然可以提出任何问题,没人能禁止我去研究它。但只有下面的问题才是适宜的:这些问题联系着人们反正必须研究而且由于事物本质,也已经着手研究的其他问题。可以指出,在这个提法所划定的领域中,已有足够多需要完成的数学问题,要求用我们实际上非常有限的能力的一大部分去探索,把一些仍然不清楚的新问题整理好。也许我还可以这样说:当人们在研究一个新课题①中有必要深化理论认识时,进行探索是应当肯定的;若仅仅是为了求新而扩大研究,那是不值得的。

　　我还想指出,G.康托尔说过:"科学的本质在于它的自由。"换句话说,当数学从其前提总能推得正确结论时,就可以自由自在地做下去。我理论上承认康托尔的说法,但同时我觉得非常重要的是,在实践中要补充一种制约:那就是,凡是倡议自由的人,都要承担一种责任。因此,在建立数学概念时,我不同意绝对的随意性,要对它用数学科学整体的观点来加以鉴别。

　　我就此结束离开本题的简短讨论,并转入近似数学领域。

----

　　① ［为了避免误解,可以明确强调指出,非阿基米德数就是这样的课题(参看第一卷和第二卷的讨论)。］

第二十九章　转入应用几何: A. 测量学

29.1　一切实际度量的不准确性,斯涅尔问题的实践

上面那一部分,我们专门讨论精确几何。现在进入另一方面,转到应用几何,即确实用到几何操作的几何。

我们把应用操作分为两类:度量和作图(包括模型制造),与此相应,就把应用几何分为两类:

(A)　测量学(有关度量的研究);

(B)　作图几何(最广义的画法几何)。

我们的主要问题是:在这两个领域里,近似数学和精确数学是如何划分的?

对此,我回答如下:

测量学是几何学的一部分。在其中,近似数学的思路发挥得最清楚而且最彻底。在那里,人们不断地探究观测的准确性以及由观测所推得的结论的准确性。

另一方面,对于作图几何,还缺乏在近似数学意义上的合理发展。人们习惯地认为,不准确性是当然要渗进来的,把不准确性减小到最低限度是不能回避的课题。于是有如下规律:

"尽可能画得准确,但尽可能少地信赖其结果"(芬斯特瓦尔德[Finsterwalder])。

我先谈测量学，而且从初级测量学谈起，即从三角形和多边形的度量谈起。我们要考虑度量的理论处理在近似数学思想中起什么作用。

一切度量分为两类，即长度和角度的度量，它们总带着不准确性。这有一系列的根源，略举如下。

首先是所使用的工具的有限准确性，因为它的刻度只准确到一定限度，即（长度）1 米或（角度）1 分的某个小数位。其次，这些刻度也受到外界的种种干扰（温度的变化，由于负荷所产生的弯曲，合金的化学变化等）。第三，还有观察者主观方面的干扰，即所谓的"个人方程"（人差）。最后，度量的对象也不是精确地给定的，因为经过大气的折射，光线线路并不是直线。

由于有这类讨厌的情况，度量是不准确的。至于度量的误差究竟有多大，就要根据情况作具体分析。我们首先要问，由（有限度准确性的）数据能作怎样的计算以得到别的数值？特别是，所计算出的数值将有多大的准确度？

对此，纯理论探讨也能起作用。作为典型的例子，可以讨论斯涅尔（Snellius）四边形问题[①]。

我可以简短地把它说明如下：设已经给定 3 点 A,B,C（例如海边 3 个航行标志），问题是要确定另一点 P（海上的船只）的位置，方法是通过从 P 对 A,B,C 的观测，即测量 $\varphi = \angle APB$ 和 $\psi = \angle BPC$（图 29.1）。在理论上，问题是：若假定两个角的测量不准确度相等，由它们确定的

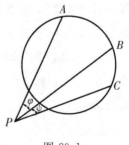

图 29.1

---

① ［往往被错误地称为波西诺特（Pothenot）问题。］

P 的准确度如何?

这里有一种重要情况,它产生在点 P 位于由 A,B,C 3 点所确定的圆上的时候。这时,无论点 P 在圆上哪个位置,φ,ψ 两角的值都是常数。

在这种情况下,φ 和 ψ 两个角根本不能确定 P 的位置,它可以在那个圆上任意处。我们说,对于斯涅尔问题,有一个危险的圆,即经过 A,B,C 3 点的圆。

如果你们考虑到有这样一个产生不确定性的圆,你们就会了解,对于靠近这圆的点 P,测量两个角 φ,ψ 中的微小误差可能产生极为严重的后果。对于靠近该圆的点,φ,ψ 两角和对于圆上的点差别很小。因而测量它们产生的微小误差,对于点 P 的确定,可能有十分严重的影响。所以,我们有如下结论:在危险圆的邻近的点,微小的测量误差通常会对点的理论位置产生异常大的影响。

当点 P 在危险圆邻近时,确定其位置的准确性通常是很糟的;当它远离那个圆时,结果就会有本质的改善。

实际上,我们可以用“同等准确度曲线”把平面覆盖起来:在这样一条曲线上的两点 P 和 P' 通过测到的 φ,ψ 值计算出来的位置有相等的准确度。根据 W. 若尔当(W. Jordan)的研究,这些等准确度曲线的形状就像图 29.2 那样。由这个图可以看出,在危险圆邻近,准确度的确很小,但在 3 个顶点邻近,有些地方准确度却很大。[①]

当然,斯涅尔问题中的上述问题在测量学的每个课题中都会出现。在这里,φ 和 ψ 两个角的测量能准确到什么程度,还都是未确定的因素。

---

① 参看 W. 若尔当:《测量法手册》(*Handbuch der Vermessungskunde*),第三版,第 1 卷,第五章。斯图加特,1888 年。[图 29.2 采自若尔当的论文:《关于简单测量中的准确度》("Über die Genauigkeit einfacher geodätischer Operationen", *Zeitschr. f. Math. u. Physik* 第 16 卷,1871 年),第 397—425。]

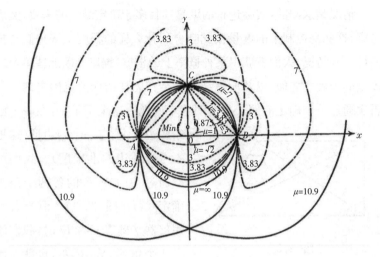

图 29.2　观测计算中的等准确度曲线。图中 ABC 是一个等腰三角形。设 r 是危险圆的半径，M 是通过观测数据计算出来的点 P 位置的误差①中值，δ 是测量 φ,ψ 两角时的误差中值，则 $M=\mu r\delta$，其中 μ 满足方程。

$$r^4\mu^2=\frac{r^2+x^2+y^2}{(r^2-x^2-y^2)^2}(r^2+x^2+y^2-2ry)$$
$$\cdot\left[(r^2+x^2+y^2)^2-4r^2x^2\right],$$

令 $\mu=$ 常数，则这个方程确定一条等准确度曲线，在它上面的点，其 M 值相同。

29.2　通过多余的度量来确定准确度，最小二乘法的原则阐述

现在，如何从这样的准确度作出判断呢？这是另一个重要问题。我的答案是：

为了判断我们度量的不准确度，采用的法宝是平差法②，像最小二乘法所教导的那样。

---

① 〔若对于点 P，P^* 是计算出的不准确位置，则距离 P^*P 就是这里所指的误差。〕

② Ausgleichungsrechnung。——中译者

情况是这样的:实际进行的度量项目多于确定结论的需要,然后考察,这些受控制下的度量彼此吻合到什么样的程度。从它们合拍的性质和情况,人们就获得某种概率上的根据,据以判断那些单个的度量的准确度如何,以及所得结果应当在怎样的误差范围之内。我再次通过一个确定的例子来阐明这个问题。这个例子是:在一个已给底边上,确定一个四边形(这里不考虑底边的准确度)。我们可以通过在 A 和 B 的各两个角来确定 C,D(图 29.3)。但当着手用仪器来确定 C 和 D 时,我们添上 4 个角 $\gamma_1,\gamma_2,\delta_1,\delta_2$,也就是用 8 个角来代替必需的 4 个。我们

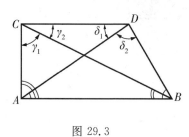

图 29.3

首先要问,这 8 个角之间必须满足几个几何条件? 当然,必须有 4 个条件。但是,当我们把所测得的数据代入时,这些条件只是在带着某些误差的前提下得到满足。我们说,8 个角度的度量含有 8 项"误差",而且通常采取的步骤是,把 8 个测量数据加以修正。第一,使理论上的条件得到准确的满足;第二,使测量数据的改变量的平方和最小。

属于概率论的这个最小二乘法的根据是什么,已超出了我们讨论的范围;我们来直接谈它的应用。假定运用上述方法已经确定了 C 和 D 两点的位置。这些是它们的真正位置吗? 如果是,那所用的就将是一种奇妙的方法,能从不好的观察,推得正确的结果。不能这样来理解最小二乘法。事实是这样的:在已经得到 C 和 D "最可能"的位置后,还必须用最小二乘法来考察这些位置的准确度(在这里,准确度的定义当然还有一定的随意性,人们谈到了误差中值、概率误差等)。其结果是有分别含 C,D 两点在内的两个椭圆域,它们的大小同真实点在域内的概率有关。所以,还有对运用最小二乘法所得

结果作出估计的技术问题。你们看,这涉及的就是某个近似数学课题的一个系统解答。问题根本不是要准确地确定 C,D 两点,而是要确定它们的大致位置以及这种不确定性存在于什么区域。最小二乘法对这个属于近似数学的课题作了确切的处理。

29.3　近似计算,用关于球面小三角形的勒让德定理来说明

在处理这类近似问题时,要用到数值计算,作为又一个要点,我对数值计算的性质作些说明。当人们度量 1 米长度只需要准确到 $\frac{1}{100}$ 毫米时,就没有理由去给出 7 位小数的准确数字结果。因此,我提出的第一个要求是:在进行运算时,应当总是采用简约算法,即所用数值的位数只限于对有关问题有意义的范围内。

关于有时遇到的计算的简化,有球面三角里的一个有趣的例子,即“勒让德(Legendre)定理”。

它涉及一个“小”球面三角形和平面上与之对应的、具有相等的边长 a,b,c 的三角形之间的关系(图 29.4)。若球面三角形的角是 α,β,γ,而平面三角形的角是 α',β',γ',勒让德定理指出,这两个三角形对应角之差是球面角盈 ε 的三分之一:

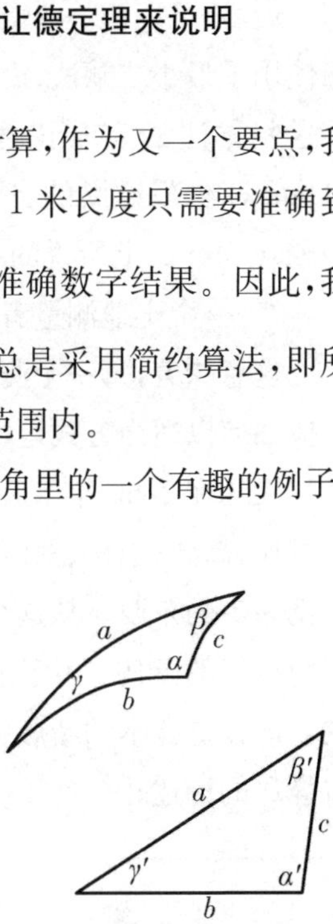

图 29.4

$$\alpha'=\alpha-\frac{\varepsilon}{3},\ \beta'=\beta-\frac{\varepsilon}{3},\ \gamma'=\gamma-\frac{\varepsilon}{3},$$

其中 $\varepsilon=\alpha+\beta+\gamma-180°$。

证明方法是利用级数展开,只保留其中次数最低的项。对此,我

们不谈了,也不谈其误差估计。[①] 无论如何,你们可以看出,这个定理提供多大的便利。运用平面三角公式比球面三角公式要容易得多。[②] 我归结如下:

勒让德定理使数值计算容易得多;我把它作为一个典型而优美的例子,以说明什么是近似数学。

最后,可以谈一些历史过程:在测量学中,大体在 20 世纪初就普遍使用了最小二乘法、简约计算和勒让德定理等。尤其是,高斯给出了这些方法的完整论述。我在这里不愿错过引用 1899 年豪克(Hauck)在慕尼黑的自然科学家大会(Münchener Naturforscherversammlung)上所说的一句话:

"每一个土地测量者都涂上了高斯的一滴油。"

这意味着,每一个测量学家都要思考一下,什么是近似数学,他又应如何以适当方式运用数学来驾驭经验材料。

大约在 1860 年以后,纯粹数学就把高斯那滴油丢失了。那时,雅可比、高斯、泊松、柯西都已去世。此后,纯粹数学回避了那些似乎是低一等的东西。从这个角度来看,上述勒让德定理的历史提供了一个极好的事例。勒让德最初是在他的几何课本中给出他的定理的。但在这课本的新版中,它却被删掉了,尽管对球面三角法还是有着详尽的论述。[③]

---

　　① ［其证明可参阅哈默:《球面三角法》(*Sphärische Trigonometrie*,第四版,第 542—548 页,斯图加特,1916 年)。在那本书的第 687—688 页上记述了关于这个定理历史的有趣说明。］

　　② ［高斯在他的《关于曲面上曲线的一般论述》(*Disquisitiones generales circa super ficies curvas*,哥廷根,1827 年)中的第 24—28 节,见《全集》(*Ges. Werke*)第 4 卷,第 251—258 页里把勒让德定理推广到任意曲面上的短程三角形。］

　　③ 在 19 世纪纯粹数学家们那里,近似数学的意义消失的另一个典型事例是,分析学的现代课本对早先受人们高度评价的差分方程几乎根本不再提了。只是最近在这里才开始出现转变(参看第一卷第九章 9.3,第 289—290 页)。

29.4　地球参考椭面上最短线在测量学中的意义（附关于微分方程论的假设）

关于粗浅的测量学就谈这些。我现在转到高级测量学。

在这里，地球表面是作为椭面①看待的。首先要考虑的是椭面上的短程线。我们要问，地球表面在多大程度上对应于一个椭面？而且，尽管地球表面有着无穷尽的不规则性（山、谷、树林、草地），在它上面，椭面上的短程线思想是如何能够保持的？

我这样说，好像是毫无必要的，因为每个人都认为这是理所当然的，而实际工作者也都是不自觉地这样看的。但仍有必要把事情搞得很明确，免得人们有时使用精确数学的论点，而对于应用数学，这是不够的。

首先，理想曲面上的短程线 $x(t)$，$y(t)$，$z(t)$ 的精确定义是什么？我们知道有两种定义：

一种方式是考虑曲面上连接两点的曲线弧长

$$\int \sqrt{\left(\frac{\mathrm{d}x}{\mathrm{d}t}\right)^2 + \left(\frac{\mathrm{d}y}{\mathrm{d}t}\right)^2 + \left(\frac{\mathrm{d}z}{\mathrm{d}t}\right)^2}\,\mathrm{d}t$$

并要求它有极小值。另一方式是考虑曲线的密切面，要求在曲线每点，密切面和曲面切面垂直②。两种方式都用到微积分，而我们知道，微积分是建立在严格的极限概念基础上的。

在短程线的精确定义中，必须有精确界定的理想曲面，而 $\dfrac{\mathrm{d}x}{\mathrm{d}t}$，$\dfrac{\mathrm{d}y}{\mathrm{d}t}$，$\dfrac{\mathrm{d}z}{\mathrm{d}t}$ 则表示差商的极限值。

---

① 即地球参考椭面（简称参考椭面）。——中译者

② ［参看布拉施克：《微分几何学》第 1 卷（W. Blaschke, *Differentialgeometrie Bd.* I，第二版 1924 年，56）。］

　　在回顾了这些之后,我们把地球表面和一个椭面相比较。

　　像测量学家已经做的那样,人们当然可以在宏观上把地球表面和一个椭面相比较。我们可以参考伯尔施(A. Börsch)[①]的关于垂线偏差测定的报告,其中讨论了被认为测量得最好的欧洲中部和一个椭圆盘的对比。但是,"微观上"它们根本没有一致性。例如,要在地球表面作一个切面,按照精密数学精神,就需要考虑到表面上任意小的变化,但是,那里根本不存在光滑的曲面,它的外表是极度不规则的。我们从看得见的微小变化(山与谷的差别、地面的不规则性、植被的变化等),就已经看出事情是办不到的。当我们根据严格定义的要求,再深一步考虑到有机物的细胞构成以及物质的分子结构时,就更是如此。那里根本谈不上一般规律,谈不上一个严格的曲面,而只有一个具有多层次的空间,其复杂性和其宏观表现构成鲜明对比。我们必须说:当我们把地球和一个椭面对比时,根本谈不上地球表面的"细微处",谈不上小的差分和差商,更不要说给出微商(导数)了。

　　为了谈得略微生动些,我再迈进一步:

　　在实践中,什么是地球表面,并没有精确定义,因为并没有确切指出,要把哪一部分作为测量对象。不过,当我们在小范围内取差商时,差商的值总极度地来回摆动。你们看,在椭面上总不会近似地这样。在很小的局部,两者并不一致。但是,我要指出,当我们规定微商中出现的差分属于一定数量级时,它们却近似地一致。

　　设想有一块平坦地域(山地的讨论要困难些),在那里,我们可以确切地看到大约 10 千米远的地平线。平行于水平线的视线所构成的平面可以和椭面切面对比。更一般地,我们说:为了在大范围内考

---

　　① 《关于垂线偏差测定的报告》(*Berichte über die Lotabweichungsbestimmungen*),国际大地测量会议。斯图加特,1898 年,1903 年)。

察地形(在这个范围内可以联系到椭面上的短程线的确定),并引进 $\Delta x, \Delta y, \Delta z$,以及比值 $\dfrac{\Delta y}{\Delta x}, \dfrac{\Delta z}{\Delta x}$ 时,我们设想 $\Delta x, \Delta y, \Delta z$(或者更恰当地 $\sqrt{\Delta x^2 + \Delta y^2 + \Delta z^2}$)的长度大约是 10 千米。这样所得的差商可以看作近似于椭面上的差商,就像利用观察到的水平线所得平面可以看作近似于椭面切面那样。对于一块山岭地带,我们当然要假定先把山和谷作一番平整工作,才能得出类似的关系。这种设想,和我早先关于已经画好的曲线所说的是合拍的:在那里,当谈到那样的曲线的切线时,我们说,不能简单地通过微商(或者说根本不能通过微商,因为它根本不存在)来确定,而只能通过差商,其中的差分还是要属于一定数量级的。

对这些已经有了共同的认识后,我们要问,椭面上的短程线对实际测量起什么作用? 显然不能把对前者所知的细节全部搬过来,并据此把椭面上的短程线和地球表面的最短线对比。下面我倒是要向你们说明测量家们实际采用的方法。

除了使用"短程线"这个名词之外,我要使用"短程多边形"这个词。一个已给曲面的短程多边形的边是具已给数量级长度的直线段,线段的端点在曲面上;此外,多边形还是"短程的"。这里所谓"短程"是指:或者在两个端点之间,它是这类多边形中最短的一条,或者在多边形的顶点,它的密切面①和曲面切面分别垂直(图 29.5)。我们首先设想,在代表地球的参考椭面上有这样一个短程多边形。这时我们选取其边长为 10 千米。这样就得到完全确定的一个多边形,它属于纯粹数学领域,因为它的定义是以完全确定的假定为基础的。

---

① 多边形的边都是直线段,而经过直线的每个平面都可以看作直线的密切面。——中译者

另一方面,在实际地球表面可以毫无困难地作一条短程多边形,各边之长为 10 千米,其准确度则当然要按情况而定。我们只需从一个顶点向另一个瞄准,但要注意,从同一点出发的两条瞄准线所确定的平面①总垂直于通过地平面界定的切面。

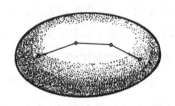

图 29.5

现在,在测量家们看来,这样实际作出的多边形和椭面上的理论多边形是近似地一致的,而这无疑是正确的。对此,我们始终留给测量家们去作出判断。他们无形中假定了纯粹数学中的一个定理,即理想椭面上的多边形是可以看作近似于曲面上的短程线的。这是近似数学的一个定理,它在我们所讨论的领域里得到检验。因此,我要说:尽管纯粹数学已为测量家们准备好了他们所需的知识,但只是通过现代微积分的极限方法来界定代表地球表面的理想椭面上的短程线是不够的。人们还要估计一下,在它上面从 A 到 B 的短程线,同它上面连接这两点,边长为 10 千米的短程多边形之间的差异有多大。于是就提出了这样的问题:在文献中,这些是否讨论了? 在这方面,理论成就和应用需要之间是否也有令人感到遗憾的鸿沟? 对此,可以这样回答,问题是讨论了的,但不是按我们感兴趣的观点来处理的。这问题应当按这里的精神加以阐述。

———————————

① 对于理想曲面,当多边形的边数无限制地增加,而边长都趋于 0 时,多边形的极限是曲面上一条曲线,这个平面的极限位置就是曲线的密切面。——中译者

我把问题提得更一般化些,我们专门考虑通过微分方程界定的曲线。为了表述方便,我限于考虑含两个变量的一阶微分方程 $y' = \varphi(x, y)$。按照柯西的思路,这个微分方程解的存在性可以如下推得:取满足该方程的一系列元素 x, y, y',使它们构成多边形,然后令多边形边数增加,边长缩小,以得到微分方程的一条积分曲线。下面我试行在另一个意义上,而且不那么明显地,运用柯西的思路来说明问题。

柯西把曲线和多边形作比较,求出它们之间的差异的估计,以推证积分曲线存在。我们则利用这个估计来确认我们(在上述的特殊情况中的)作法的合理性:把实际操作中所得到的地球表面上的短程多边形,不是用参考椭面上的理论短程多边形来近似地表示,而是用它上面的短程线! 一般地,我要说:关于这个特殊情况所说的话原则上也适用于运用(以精确的极限概念为基础的)微积分来处理经验世界中事物的一切情况。或者,从另一种角度来说:上述这类讨论对于保持现代形式的纯粹数学(其中微积分是以极限概念为基础的)和应用的联系是必要的。其间的纽带是近几年被忽略的、作为近似数学一部分的、关于差分学的一个合理的论述。

29.5　关于水准面及其实际测定

我顺便谈谈所谓的水准曲面(简称水准面)。

水准面是以牛顿引力理论为根据所引申出的地球重力场的等势曲面。

我们有势能

$$V = \int \frac{\rho \mathrm{d}k}{r} + \frac{\omega^2}{2}(x^2 + y^2),$$

其中积分范围是地球的一切质量元 ρdk。第二项来自地球绕其轴(假定与 x 轴重合)自转的角速度 ω(＝离心力势能),V＝常数,它确定表观重力①(即离心力和实际重力之和)的等势面。令

$$X=\frac{\partial V}{\partial x},Y=\frac{\partial V}{\partial y},Z=\frac{\partial V}{\partial z},$$

就得表观重力的分力。等势曲面 V＝常数,就称为"大地水准面"(Geoidflächen,这个名词来源于希腊文的地球,同源的还有 Geometrie[几何],Geographie[地理],等等)。显然,对应于不同的常数值,有一组水准面,其中经过某个选定点的称为主水准面。对于德国,选的定点在柏林天文台上某个固定点下 37 米处,和北海、东海水平面相差几个厘米。问题是:水准面是什么样的? 人们怎样得到它们? 对它们有哪些了解?

在这里,我要介绍关于测量的一些新结果,它使以前的假设有了修改。

从前假定了地球内部物质是均匀分布的。据此,计算了可见的陆地质量,并加上海洋中水的质量,这样,在大陆和山岭上的地域,所得的水准曲面非常向上突出。计算结果抬升了 200－400 米的高度。后来对重力强度的测量表明,所根据的假设是完全错误的,大陆和山岭下面质量一般有欠缺,因而抵消了外部突出部分的质量。人们当然不会设想下面会有空洞,而是设想下面有质量较轻的岩石,像是在可见地面下有着处于静力平衡状态的液态下层。

在多种多样具体修正中,这是普遍的结果。无论如何,在新探究中发现,水准面比原先所期待的要平整得多。不过,有时和理论椭面相差许多米,可是这些恰恰是在人们比较没有预测到的地区。自然,

————————

① 表观重力,原文 scheinbare Schwere。——中译者

对很大部分的地球表面还缺乏决定性的测量。①

下面我谈谈人们所掌握的确定水准面的实际方法。我特别要介绍：

（a）天文定位法。它给出经过每点的等势面或水准面的法方向，从而给出其切面。

（b）利用摆确定重力法。重力自然确定于它的分量 X, Y, Z。要得到水准面法方向的总力，就需要求 $P=\dfrac{\partial V}{\partial n}$，其中 n 是在有关点的法方向。在测量重力时，我们就是要测得 P 值，目的在于找出，在所考察的地方，等势曲面 $V=vc(v=0,1,\cdots)$ 有多密。在重力值小的地方，水准面就较密（P 和 $\mathrm{d}n$ 成反比）。

（c）第三是直接测量法，即在不同点作水平方向和垂直方向的测量。这个方法（在理论上）确定在各地所测得的水准面的不同点，以得到曲面的位置。

假定观测已经完备，我们就不但能得到水准面的点的相对位置，还得到它在各点的切面和势能沿法方向的导数。这里的数学问题是，在做了尽可能准确的一切测定之后，尽可能准确地确定水准面。我所说的前提是，一切测定尽可能准确；可这个前提，除了个别地域外，当然还并未得到满足。因此，所需的经验材料只是在地球表面一小部分是齐备的。我根本无法进一步谈论各种具体的观测，那是属

---

① ［为了解这里所论的内容及文献，除了黑尔默特：《高级测量学的数学理论与物理理论》两卷（F. R. Helmert, *Die mathematischen und physikalischen Theorien der höheren Geodäsie*，莱比锡，1880 年和 1884 年）以外，皮泽蒂（P. Pizzetti）在《百科全书》Ⅵ 1,3 上的《高级测量学》（*Höhere Geodäsie*，1906 年结束），黑尔默特在《百科全书》Ⅵ 1,7 的《重力与地球质量分布》（*Die Schwerkraft und die Massenverteilung der Erde*，1910 年结束）是有帮助的。R. 安布龙（R. Ambronn）的《应用地球物理方法》（*Methoden der angewandten Geophysik*，德累斯顿与莱比锡，1926 年）上面也列有许多文献。］

于地球物理学所要阐述的事,我只强调一项突出的成果,那就是南森(F. Nansen)在(1893—1896 年)极地考察中所进行的重力观测,他发现法向重力和预期的一致。

但我现在要按照这个讲演的精神作出抽象数学的评论,我们问:

从根本上来说,水准面是精确地界定了的吗?

你们不会对我下面的论点感到惊奇,因为人们不能把水准面在大范围内看成确切的,更不要说是解析的曲面。这个论点我将加以阐明:

大地水准面的定义显然在理论上也是不完备的,像一切实际事物那样,它只是近似的。

对此我不作过于琐碎的分析,只作下面的论述:

首先,势能 V 是作为对于地球一切质量元的积分出现的。于是我们可以问:应不应该把大气也包括在内,等等。这些都只能按习惯加以规定,例如,我们可以把从地面上 10 千米内固定的、呈流体及气体状态的空气的质量算在地球质量之内。这样就把更高处的空气质量排除在外了。因为空气实际上延伸得很远,尽管很稀薄以至逐渐消失,但这些对于积分还是有影响的。此外,有些物质(水的环流、气压变化等)又是处于运动状态,因而势能 V 是时间的函数。当然,时间变化的影响不大,在实际工作中可以忽略,在理论考虑上却必须注意。

在这里,我特别要从我的观点谈论 H. 布龙斯(Bruns)的一本书《地球的图像》(*Die Figur der Erde*,柏林,1878 年)。这本书的特点是论述的数学严密性。我愿意问:他的论述在多大程度上和我在这里反复强调的精神一致?

布龙斯设想,地球是由某些不同的层构成的,如岩石、水,等等,像图 29.6 中所显示的那样。他假设这些物质互相连接,各层的密度

分别是常数 $S_1, S_2, S_3, \cdots$。关于这
个假设，如我们曾经谈论过的，最
好还是采用平均值为好。布龙斯
还假设相邻层的交接曲面都是"解
析曲面"。这和我所持的、在自然
界中根本不存在"解析曲面"的观
点又是抵触的，因而只能有保留地
去理解。所以，假设地球是不同的

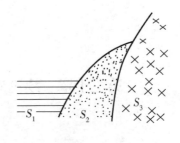

图 29.6

均匀部分所构成，而且各部分又以解析曲面为界，这绝不是客观实际
的准确描述，它只能是近似的。

　　在上述假设的前提下，布龙斯推得了他理想的势能理论中的公
式和定理，并提出问题：根据这个精确的势能理论，水准面的面貌如
何？他得到的结论是，对于同一种物质的每个水准面，都表现为解析
曲面片，而在两种物质相接处，两片解析曲面就无折点地相接，但在
相接处曲率半径却不连续；这是因为，在理想势能理论中，由一种介
质到另一种介质时，一阶导数是连续的，二阶导数则不连续。

　　我们要问：布龙斯的成果，或者任何类似的对实际度量的理论推
断，其作用何在？因为严格地说，那些假设与实际不符。或者说，只
能是实际情况的理想描述。联系到短程线对大地测量所起的作用，
我要断言：研究布龙斯成果的意义，类似于上面所讨论的，研究椭面
上的短程线的实际意义。

　　谈论其中细节将使我们深入到势能理论中去，因而只能就此打
住，这样就结束了关于测量学的讨论。回顾我们的讨论，可以说：

　　测量学是一个光辉事例，它说明数学能对应用起什么作用以及
如何起作用。当然，一切所得到的都只是近似的，而在探讨进行到最
后时，总还要确定结果的近似程度。

第三十章 续论应用几何：B. 作图几何

30.1 关于作图几何中一种误差理论的假设，用帕斯卡定理的作图说明

在应用几何的第二个分支，即作图几何那里，事情远远不那么好。

作图几何的目的，可以是通过作图来表现空间关系（画法几何），也可以是在图纸上作图来代替数值运算（图解算法）。在两种情况下，以前所考虑的问题仍然适用：其准确度如何？所涉及的课题解决到什么程度？还有哪些东西尚待处理？

首先我要指出：

除了我将要谈到的个别开端性工作外，在作图几何里，至今还没有建立像测量学那样合理的误差理论。

所谓一个误差理论合理，是说，它是以使用概率的方法为基础的；为了判断一项作图方法的准确度，人们对同一个课题重复作图，然后用最小二乘法或其他办法把所得结果加以调整。

这种合理误差理论的建设性解答的一次初始尝试，可以从法国数学家勒穆瓦纳（Lemoine）开始的工作中找到，他称之为几何图解法。对于一项作图课题，例如阿波罗尼奥斯问题（用圆规和直尺作 8 个圆与 3 个固定圆相切），可以有不同方法，勒穆瓦纳把各种方法所

使用圆规和直尺的次数作为衡量该作图法简单或复杂的尺度。你们会看到这和我们要考虑的问题有什么联系。这个数目越大，即圆规和直尺用得越多，一般来说，作图结果就越不准确。因此，我们乐意把勒穆瓦纳意义上的最简单作法看作最准确的作法。可是，作为衡量"简单度"的数字只是个很表面的尺度，因而这种认定只能是初始性的。原因是，那里把不可比的东西看作可比的了。例如非常靠近的两点的连线比相距较远的两点的连线要作得较不准确。[①]

我用一个有代表性的例子来说明。设通过作图来重现帕斯卡六角形或有关的帕斯卡定理。

这定理是：设在一条二次曲线上有 $1,2,3,4,5,6$ 共 6 个点，作三对连线 $\overline{12}\ \overline{23}\ \overline{34}$，$\overline{45}\ \overline{56}\ \overline{61}$，则每对交点 a,b,c 在一条直线上（图 30.1）。

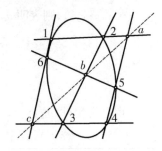

图 30.1

这个定理可以在通常公理的基础上严格证明。与此平行，现在我要提出一个广义的帕斯卡定理。[②] 它暂时可以叙述为："设有大致在一条二次曲线上的 6 点，作大致的连线并取其交点 a,b,c，则这 3 点大致在一条直线上。"当然，主要问题是，把"大致"用准确而适当给定的区间来代替。

---

　　① 参看维廷：《几何作图，尤其是在有限平面内》《关于神圣十字架的中学计划》（A. Witting：*Geometrische Konstruktionen*, *insbesondere in begrenzter Ebene. Programm des Gymnasiums zum heiligen Kreuz*），德累斯顿，1899 年，维廷给出了辅助作图以避免不准确的步骤，如避免用直线连接两个靠近的点。此外，再参考齐尔克：《在有限平面内作图法》（*Konstruktionen in begrenzter Ebene*，莱比锡，1913 年）。

　　② 我简短地说这定理是"近似的"，因为它涉及的是近似问题。若限制它的幅度，它本身就是准确的（就像近似数学中每个完备的，即确定了误差幅度的定理那样）。

显然这个定理(而不是"理想的"帕斯卡定理)是作图时的真正理论基础。

证明这个定理可以完全采用解析方法,我们早已说明,这是最方便的方法。我们先采用解析方法来表达帕斯卡定理本身,即我们设想,通过解析方法进行如下:

设二次曲线上的 6 个点 $1, 2, \cdots, 6$ 有坐标 (x_1, y_1);(x_2, y_2);$\cdots$;(x_6, y_6),而由它们导出的 3 个点 a, b, c 有坐标 (x_a, y_a);$\cdots$;(x_c, y_c),则表明 a, b, c 在一条直线上的关系是

$$\begin{vmatrix} x_a & y_a & 1 \\ x_b & y_b & 1 \\ x_c & y_c & 1 \end{vmatrix} = 0 。$$

现在把坐标 (x_1, y_1);$\cdots$;(x_6, y_6) 改为 $(x_1 + \delta x_1, y_1 + \delta y_1)$;$\cdots$;$(x_6 + \delta x_6, y_6 + \delta y_6)$,其中 $\delta x_v, \delta y_v$ 相对于图中的其余数量是小的。为了不使事情弄得过分复杂,我们假定,此外不再出现不准确性,即假定连线是准确地画成的,交点也是准确地得出的。于是交点 a, b, c 的坐标的变化显然只与 $\delta x_1, \delta y_1$;$\cdots$有关。我们对于变化了的坐标计算行列式

$$\begin{vmatrix} x_a + \delta x_a & y_a + \delta y_a & 1 \\ x_b + \delta x_b & y_b + \delta y_b & 1 \\ x_c + \delta x_c & y_c + \delta y_c & 1 \end{vmatrix} = \Delta,$$

它的几何意义是三角形面积的两倍。这个 Δ 当然不再等于 0;要考察的是,在适当地选取 $\delta x_v, \delta y_v$ 的情况下,它是否保持有小值。

在测量学和度量天文学中,这种步骤是通常采用的。在那里,这种公式称为微分公式,于是在这里,我们的要求就可以说成:我们不但要有帕斯卡定理公式,还要有相应的微分公式。这样帕斯卡定理的作图验证才有了充分理论基础(或者说得更好些,才有对作图验证

的数学理解[①])。

———————————

① ［和勒穆瓦纳的几何图解有着不同基础的一种关于几何作图准确性理论,可以参考戈伊尔:《几何作图的准确性》(F. Geuer, *Die Genauigkeit geometrischer Zeichnungen*, Jahresbericht 1902 des Progymnasiums in Durlach in Baden). 伯默尔:《关于几何近似》(P. Böhmer, *Über geometrische Approximationen*, 博士论文, 哥廷根, 1904). 尼茨:《平面上的误差理论对圆规直尺作图的应用》(K. Nitz, *Anwendungen der Theorie der Fehler in der Ebene auf Konstruktionen mit Zirkel und Lineal*, 博士论文, 柯尼斯堡, 1905)和《关于几何作图的一种误差理论的报告》("Beiträge zu einer Fehlertheorie der geometrischen Konstruktionen", *Zschr. f. Math. u. Phys.* 第 53 卷, 1906 年, 第 1−37 页)。此外, 关于误差的讨论还值得参考施韦尔特:《列线图解教程》(H. Schwerdt, *Lehrbuch der Nomographie*, 柏林, 1924 年)。最后, 还可以参阅第 11 页所提到的瓦伦的书中"几何图解与误差理论"一章, 第 121−129 页。

戈伊尔工作的基本思路是运用高斯的调整方法。每个求作的点或每条求作的直线都作多次,然后加以修整,使作图时误差平方成为最小。在修整中的修改量就作为评价作图准确度的依据。伯默尔采取的方法是书中所推荐的微分公式的办法。例如在他的论文里,人们看到已给三边求作三角形的问题。他用有关的微分公式来判断先作哪一边,再作哪一边,以达到尽可能高的准确度;对于帕斯卡定理,他也用了与此相应的方法,即用了微分公式,但不就此结束,他的论文是从解答一个修整课题导出的。那课题是,已给大致在一个二次曲线上的 6 点,求"最近"的二次曲线,他所谓"最近"是指满足彭塞列一切比雪夫修整要求的二次曲线,即要求所给点到二次曲线的最大距离为最小。但下面他要讨论相应的高斯修整要求。

尼茨论文的主要成果利用了测量家所建立的平面上的误差理论,他的思路可以概括如下。用笔画出的直线总是有宽度的。若画两条相交直线,则其相交处实际是在一个平行四边形里。若这两个笔画宽度相等,则平行四边形是菱形,假定高斯法则适用,则当我们用圆规尖端来寻求两线交点时,具有相同概率的点在一个椭圆上,椭圆中心在平行四边形对角线交点,而平行四边形的边的方向对于椭圆为共轭方向,令概率从 0 到 1 之间变化,就得到一族共轴而相似的椭圆。其中一个,称为"平均误差椭圆",就取作"把圆规尖放在两线交点上"的操作准确度的表征。若用图纸上两个小圆来代替两点,而用直尺作连线,则人们发现,具有相同概率的连线包络一个双曲线。若令概率从 0 到 1 变化,就得到一族共轴而相似的双曲线,其中有一个"平均误差双曲线"。它用来衡量"依靠两点作连线"的操作的准确度。

一切圆规直尺作图都可以由 5 种基本操作构成。除了已指出的两种外,还有以下 3 种:(a)把圆规尖放在一条直线和一个圆的交点上;(b)把圆规尖放在两个圆的交点上;(c)以已给点为中心,作出已给半径的圆。在讨论这类作图的误差时,就要考虑另外 3 条平均误差曲线。现在,对于任意一项圆规直尺作图,若要确定其平均误差,就首先要利用其中"点"的直径和"直笔"的宽度的平均误差来确定所用到的每项基本操作的误差曲线。在此基础上,再应用误差综合理论,从基本操作中的平均误差计算整个作图的平均误差。

尼茨通过这个方式研究了一些简单作图,如线段的中垂线、直角、平行线等,并获得了很有趣的结果。］

我还要对"微分公式"①这个词略微阐述,以免使用它时有所疑虑。

之所以会有疑虑,是由于一方面它涉及以严格的极限概念为基础的微分运算;另一方面,在使用微分公式时,又涉及小的差分。这个矛盾可解决如下。

试取最简单的情况:一元函数 $y=f(x)$。实际工作者是这样做的:为了得到 $f(x+\delta x)$,把它按泰勒定理展开,并截取其第一项,得

$$f(x+\delta x)=f(x)+\varphi(x)\delta x。$$

再令 $\varphi(x)=\dfrac{\mathrm{d}f}{\mathrm{d}x}$。我们当然要更仔细些,我们要说:$\varphi(x)\delta x$ 根本不是泰勒级数的第一项,它是余项,其中还必须加上一些已作为 0 处理的项;要把公式写得确切,$\varphi(x)$ 不能等于 $\dfrac{\mathrm{d}f(x)}{\mathrm{d}x}$,而必须等于 $\dfrac{\mathrm{d}f(x+\theta\delta x)}{\mathrm{d}x}(0<\theta<1)$,即 $\varphi(x)$ 不是 $f(x)$ 在 x 处的导数而是在一个中间地方 $x+\theta\delta x$ 的导数。因此,这里用到 $\dfrac{\mathrm{d}f(x)}{\mathrm{d}x}$ 的一个中值。我们称公式

$$f(x+\delta x)=f(x)+\delta x \cdot f'(x+\theta\delta x)$$

为中值定理,于是可以说:

当我们在简化运算中,用 $f(x)+\varphi(x)\delta x$ 代替 $f(x+\delta x)$ 时,$\varphi(x)$ 不是由泰勒级数确定,而是按中值定理确定的。

对于复杂的情况,微分公式的情况也和这个简单情况一样。在

---

① ［关于这个问题,瓦尔特在 1926 年的哥廷根假期课程中作了报告,其经过大为补充的讲稿即将印行。］

应用中,人们往往把泰勒定理中增量里的高阶项略去。更准确地说,微分公式应当看作按中值定理规定的余项公式。当导数 $f'(x)$ 在 δx 里变化很小时,而且只有在这时,在应用中,前者和后者才没有实质的差别。

30.2　由经验图形推导理想曲线性质的可能性

现在我想提出另一个,也是特别有趣的问题。

在第二十七章 27.7 及后面几节中,我们看到,每一条画出的曲线可以用一条理想曲线代替,使得不但经验曲线的纵坐标,而且还有方向和曲率——只要它们能定量地确定——都为理想曲线的纵坐标、方向和曲率所满意地接近。现在问题是可否由我所看到的经验曲线显示出的关系推得关于理想曲线的相应的性质?

回答这个问题所采取的途径显然决定于上述的关系,即理想曲线是超越感官直觉,只根据定义而存在的。因此,我不能单纯依靠直观。相反,始终要考虑的是,由经验所作出的图像,呈现于我们眼中的概略事物能不能,或者为什么能,移植到理想图像上来,而移植时必须以有关定义为基础,并且用的是精确方法。

我们举一个例子。在图 30.2 里有一条处处是凸的闭曲线和一条与它相交的直线。我们注意到这里有两个而且只有两个交点。能把这作为定理移植到与之对应的理想图像吗?

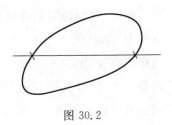

图 30.2

我们设想用一条理想直线代替图中的直线,至于图中所画的曲线,我们首先用任意一条近似的若尔当曲线(它不一定有切线,更不用说有曲率圆)来代替。按照直观,要求理想直线既经过若尔当曲线的外部,也经过它的内部。因此,根据若尔当定理,在经验曲线和经验直线相交处附近,理想图像也确实有交点。但这个结论的依据是我们对若尔当曲线所下的定义。如果只为了达到和经验曲线近似的目的,我们可以不用若尔当曲线来代替经验曲线,而用一个处处稠密但不是闭的点集(即不包括其一切聚点的点集,如数轴上一切有理点所构成的集)。这时候,我们所说的交点就未必存在。

按上面所说,首先只是确定了交点的存在而没有确定交点的数目。还很可能,在经验图形只有一个交点处的邻近,理想图形却有 3 个或 5 个交点(这个数目必是奇数,因为在那里,理想直线要从若尔当曲线外部进入内部)。这的确是不能排除的,因为还没有在定义上对那条若尔当曲线施加别的限制;我们只要想一想魏尔斯特拉斯曲线或皮亚诺曲线的状况就可知了。现在,我们选取的限制是,按照经验曲线的原型,理想曲线在每点应有确定的方向和曲率。此外,像经验曲线那样,它还应当是处处凸的,因而没有拐点。据此,我们就确实能证明,在经验曲线呈现出一个交点处,理想曲线也只有一个交点。

证明如下:假定有 3 个或更多交点,我们选取那条理想直线为 x 轴(图 30.3)。设曲线在这些交点间的一段的方

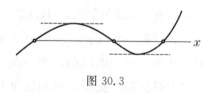

图 30.3

程是 $y=f(x)$,其中函数 $f(x)$ 有连续的一阶和二阶导数。由于 $f(x)$ 在这段 x 轴有 3 个或更多零点,根据罗尔定理,$f''(x)$ 在该区间中至少改变符号一次。这样,我们的理想曲线就将有拐点,这就和我们对它的假设矛盾。

于是,证明就完成了。经验图形为这证明提供了大方向,它对细

节考虑也有启发作用，但最后还必须回到精确几何的概念和公设来证明。

在文献中，对这个问题的讨论有详有略，要看其作者兴趣是比较倾向于具体定理的严密基础还是新结果的发现。两者各有道理，关于对具体问题有详细阐述的作品，例如

克内泽尔：《关于具最简单形状的平面曲线的若干一般定理》（A. Kneser：“Einige allgemeine Sätze über die einfachsten Gestalten ebener Kurven”)，《数学年刊》，第 41 卷，1893 年，第 349—376 页。

另一方面，关于许多新定理的陈述有：

尤尔：《图像曲线理论导引》（丹麦文，“Einleitung in die Lehre von den graphischen Kurven”)，*Mém. Acad. sc.* 哥本哈根，第 6 辑，第 10 卷，1899 年，第 1—90 页。[①]

30.3 对代数曲线的应用，将要用到的关于代数的知识

我本人愿意回到关于平面代数曲线实拐点的研究，若干年前，我

---

① ［与此有关，可以举出尤尔在自然研讨大会（斯图加特，1906 年）所作的很有意义的报告。它印在 *Jahresberichte der Deutschen Mathematikervereinigung* 第 16 卷（1907年），第 196—204 页上。还可以参看尤尔：《平面三次和四次初等曲线导论》（“Einleitung in die Theorie der ebenen Elementarkurven dritter und vierter Ordnung”，*Mém. Acad. sc.* 哥本哈根，第 7 辑，第 9 卷，1914 年)和《数学年刊》第 76 卷，1915 年，第 343—353 页的论文，以及叶尔姆斯列夫（除第 18 页已列出的那篇《现实的几何》外)的《单调序列理论引论》（“Introduction à la théorie des suites monotones”)(*Bull. Acad sc.* 哥本哈根，1914 年，第 1—74 页)和蒂默丁主编的《应用数学手册》（*Handbuchs der angewandten Mathematik*）1914 年，第二部分的“画法几何”(Darstellende Geometrie)第 135 页起。最后，关于卵形线理论，参见布鲁恩：《关于卵形线与卵形面》(H. Brunn：“Über Ovale und Eiflächen”)，博士论文，慕尼黑，1887 和《卵形线一个理论的严格基础》("Exakte Grundlagen für eine Theorie der Ovale”)，*Sitzungsber. der math. -phys. Kl. der Kgl. bayr. Akademie der Wissenschaften*，第 24 卷（1894 年)第 93—111 页。］

曾谈论过这个问题,那时我充分使用了直观图形。[①] 为此,对于所讨论的正则理想曲线就要再加一个条件,它是代数曲线,而且下面还要进一步限于讨论不具有"高阶"奇异性的 n 次曲线。

首先对 n 次平面代数曲线作简短论述。平面 n 次代数曲线 C_n 是用一个含 x,y 的 n 次方程[②]

$$Ax^n + Bx^{n-1}y + \cdots = 0$$

确定的。

若数一下里面有几项,再设想用一个不等于 0 的系数遍除各项,就可以看出,里面共有 $\dfrac{n(n+3)}{2}$ 个常数。

问题是 C_n 的形状。一条 C_n 由几条卵形线[③]或其他线路构成? 它的奇点,特别是它的拐点情况如何? 这些全面的问题足以构成代数曲线理论中的一大章,特别是对于低次曲线,人们已在这方面取得非常有趣的结果。我在此当然不能作系统的说明,我只限于谈论实拐点的数目。

我们把曲线方程简写成 $f(x,y)=0$,或者,为了便于进行一般性讨论,采用射影几何方法,把它写成齐次方程

$$f(x_1,x_2,x_3)=0,\text{其中 } x=\frac{x_1}{x_3},y=\frac{x_2}{x_3}。$$

在采用齐次坐标考察拐点时,就用到由函数 $f(x_1,x_2,x_3)$ 的二阶偏导数构成的黑塞(Hesse)行列式

---

① ［克莱因:《代数曲线的奇点间一项新关系》("Eine neue Relation zwischen den Singularitäten einer algebraischen Kurve")。《数学年刊》,第 10 卷,1876 年,第 199—209 页,重印在 F. 克莱因的《数学著作集》第 2 卷,第 78—88 页(1922 年)。］

② 这是非齐次方程。——中译者

③ 这里的"卵形线"实际指可能有拐点的闭曲线(参阅第 230 页脚注)。——中译者

$$\Delta = \begin{vmatrix} f_{11} & f_{12} & f_{13} \\ f_{21} & f_{22} & f_{23} \\ f_{31} & f_{32} & f_{33} \end{vmatrix}。$$

当 f 是 n 次时，每个 f_{ik} 是 $n-2$ 次，因而 Δ 是 $3(n-2)$ 次。

根据贝祖定理，$f=0$ 和 $\Delta=0$ 有 $3n(n-2)$ 个交点，因此曲线 C_n 有 $3n(n-2)$ 个拐点 $[w=3n(n-2)]$。这是为了确定代数曲线奇点的第一"普吕克公式"（Plückersche Formel）。更确切地，可以说：

由于曲线 $f=0$ 和 $\Delta=0$ 交于 $3n(n-2)$ 点，C_n 一般有 $3n(n-2)$ 个拐点。在这里，有待考察的是，有些交点可能重合，以及在 C_n 的这些交点中，有多少被可能有的奇点所吸收。

据此，对于低次的情况：

$n=2$ 时，$w=0$；

$n=3$ 时，$w=9$；

$n=4$ 时，$w=24$。

当我们画出一条 C_3（或 C_4）时，我们最多只能找到 3 个（或 8 个）实拐点，因而 G. 萨蒙在他的《高次平面曲线》（*Higher plane curves*）中提出猜想，在拐点中，至多有 $\frac{1}{3}$，即 $n(n-2)$ 个是实的。这是我们准备弄清楚的问题。

需要证明的是，C_n 的实拐点数不能超过 $n(n-2)$，因而在最有利的情况下，至多只有三分之一的拐点是实的。

除了已给出的关于拐点的公式之外，我再不加证明地写下关于 C_n 二重切线数的普吕克公式：

$$t = \frac{n}{2}(n-2)(n^2-9)$$

（在此，再次假定了曲线没有所谓的奇点，我们即将回到这个问题）。

我们先讨论 C_n 的类数,即由任意不在曲线上的点到曲线可能有
的实切线和虚切线的数目。这些都是代数曲线理论中最粗浅的事
物。为了得到证明关于实拐点数的定理所需的公式,我必须对这个
问题加以阐述。我采用较详尽的叙述方式。

先写出曲线在它上面一点 $x \equiv (x_1, x_2, x_3)$ 处的切线方程

$$\left(\frac{\partial f}{\partial x_1}\right) y_1 + \left(\frac{\partial f}{\partial x_2}\right) y_2 + \left(\frac{\partial f}{\partial x_3}\right) y_3 = 0,$$

其中 $y \equiv (y_1, y_2, y_3)$ 表示切线上的流动点的坐标,诸括弧表示导数
在点 x 的值。在点 x 的切线方程,用动点 y 的坐标表示,可以简
写成

$$f_1 y_1 + f_2 y_2 + f_3 y_3 = 0。$$

但若令不在曲线上的点 y 固定,而把 x 看作在曲线上的动点,则
上述方程显然确定一条 $(n-1)$ 次曲线;因为 f_1, f_2, f_3 对 x 是 $(n-1)$
次的,它称为 y 点对于曲线 C_n 的第一极曲线(简称第一极线)。因
此,这表明,若 C_n 在它上面的点 x 的切线经过 y,则 x 在这条 C_{n-1}
上,即它同时属于 C_n 和 y 对于 C_n 第一极线,因而是它们的交点。若
能判断这样交点的数目,我们就知道 C_n 有几条切线经过 y。但根据
贝祖定理,这个数目是 $n(n-1)$,或者说,C_n 的类数 k 是 $n(n-1)$。

这自然是确定切线的纯代数方法,它没有区别实切线和虚切线。
我们还必须考虑到,曲线上可能有奇点,这时 k 的数目就要减小。因
为不止一个 x 要落到这样的奇点上,而我们不愿意把这样的直线 xy
算作 C_n 的切线。

于是问题是:当奇点存在时,关于 k 的公式要如何变化? 首先,
究竟什么是奇点? 在这里,我们也只是给出最基本的、我们所需用的
东西,我们直截了当地界定:

若在一点 x,3 个导数 f_1, f_2, f_3 同时等于 0,则曲线在该处有奇点,这时切线方程为任意点 y 所满足。若二阶导数或二阶和三阶导数等都等于 0,或者它们满足某些条件,例如 $f_{11}f_{22} - f_{12}^2 = 0$,则曲线在 x 有高阶奇点。

为了了解奇点的情况,最简单的办法是把坐标三角形的一个顶点 $x_1 = 0, x_2 = 0, x_3 = 1$ 放在奇点

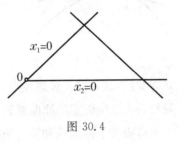

图 30.4

(图 30.4)。这时曲线方程就简化如下:

首先,每个 n 次方程可以按 x_3 的降幂式列为

$$f(x_1, x_2, x_3) = x_3^n \varphi_0 + x_3^{n-1} \varphi_1 + \cdots + x_3^0 \varphi_n = 0,$$

其中 $\varphi_0, \varphi_1, \cdots, \varphi_n$ 是 x_1, x_2 的 0 次,1 次,$\cdots$,n 次齐次函数。由于 $x_1 = 0, x_2 = 0$ 在曲线上,常数 φ_0(零次多项式)等于 0,若按上述定义,这一点是奇点,则线性项 φ_1 也不出现,于是方程从二次式 φ_2 开始:

$$0 = x_3^{n-2} \varphi_2 + \cdots + x_3^0 \varphi_n。$$

把 φ_2 写出来,例如

$$\varphi_2 = a_{11}x_1^2 + 2a_{12}x_1x_2 + a_{22}x_2^2。$$

一种特殊情况是 φ_2 恒等于 0,另一种特殊情况是 $\varphi_2 = 0$ 有重根 $\dfrac{x_1}{x_2}$。若不让曲线系数进一步特殊化,即假定在那里只是有奇点,则方程 $\varphi_2 = 0$ 给出两个不同的 $\dfrac{x_1}{x_2}$ 值。结果是我们的 n 次曲线 C_n 在原点有"二重点",经过它,曲线有两个"分支"(图 30.5)。

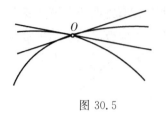

图 30.5

这样一个二重点对于曲线的类数 k 所起的作用是很容易看出的。

$y \equiv (y_1, y_2, y_3)$ 点的第一极线是

$$f_1 y_1 + f_2 y_2 + f_3 y_3 = 0。$$

现在令 $f = x_3^{n-2} \varphi_2 + \cdots + x_3^0 \varphi_n$。我们立即看到,这条第一极线经过二重点 $x_1 = 0, x_2 = 0$ 一次,它的方向一般和 $\varphi_2 = 0$ 所确定的原曲线两支在二重点的切线都不相同。因此,二重点吸收了原曲线和第一极线的两个交点。于是有定理:

若原曲线有 d 个简单二重点,则曲线的类数 k 减小 $2d$,因为落在每个二重点上有原曲线和第一极线的两个交点,而我们不把二重点 x 和(不在曲线上的任意点)y 的连线看作 $f = 0$ 的切线。

对我前面提出的问题,这个结论就是普吕克公式后面所要起的作用。现在我们转向普吕克处理过的两个问题:二重点吸收几个拐点? 吸收几条二重切线? 请让我指出以下一点。

设想把具有任意系数的 f 确实地写出来,同样写出方程 $f_1 = 0$,$f_2 = 0, f_3 = 0$(根据已知的一个欧拉定理,由这 3 个方程即得 $f = 0$)。这 3 个方程是否相容? 或者说,f 的系数要满足什么条件,奇点就存在?

对于一个 C_2 的情况,这是容易写出的,设

$$f = a_{11} x_1^2 + 2 a_{12} x_1 x_2 + a_{22} x_2^2 + 2 a_{13} x_1 x_3 + 2 a_{23} x_2 x_3 + a_{33} x_3^2。$$

这时由 $f_1 = 0, f_2 = 0, f_3 = 0$,有

$$\frac{1}{2} f_1 = a_{11} x_1 + a_{12} x_2 + a_{13} x_3 = 0,$$

$$\frac{1}{2} f_2 = a_{21} x_1 + a_{22} x_2 + a_{23} x_3 = 0,$$

$$\frac{1}{2} f_3 = a_{31} x_1 + a_{32} x_2 + a_{33} x_3 = 0。$$

它们是 3 个含 x_1, x_2, x_3 的齐次方程，只有当条件

$$\Delta = \begin{vmatrix} a_{11} & a_{12} & a_{13} \\ a_{21} & a_{22} & a_{23} \\ a_{31} & a_{32} & a_{33} \end{vmatrix} = 0$$

得到满足时，它们才是相容的。于是有熟知的定理：

若二次曲线有奇点，则系数行列式必等于 0。

对于高次曲线，情况也一样。这时，$f_1 = 0, f_2 = 0, f_3 = 0$ 给出 3 个 $(n-1)$ 次方程，它们必须相容。于是消元式，或说原曲线的判别式 D 要等于 0，在 C_2 的特殊情况，判别式等于行列式 Δ。沿用上面的说法，"一般地"，我说：

若一条 C_n 有奇点，则其系数的判别式必等于 0，因此，一般地（即只要其系数不满足上述条件）曲线没有奇点。

对于高阶奇点可以给出类似定理。联系着上面的讨论，我指出进一步的结论：若 C_n 有高阶奇点，则除 $D=0$ 外，还要满足别的代数条件；因此，当 $D=0$ 时，一般地，曲线在所考察的点 (x_1, x_2, x_3) 只有简单的二重点，它使曲线的类数减小两个单位，要保证高阶奇点存在，就必须满足别的一些条件。

这就是一般的代数基础。但我们还没有对实与虚加以区别，连 $f(x_1, x_2, x_3)$ 的系数也都可以是虚数。

30.4 提出所要证明的定理：$w' + 2t'' = n(n-2)$

我现在要考察的是，在一般代数理论的基础上可以获得什么样的实定理。我们首先要作一系列的准备。我们假定 $f(x_1, x_2, x_3)$ 的系数是实的。或者更适当地说，它们在实域里变化。这样，我们就一下子把目标放在一切 C_n 的整体上，而问题是，我们对 C_n 的形状能说

些什么?

其次,我们把拐点数 w 分为实和虚两种,由于虚拐点必然成对出现,我们令 $w=w'+2\overline{w}$。

同样,我们把二重切线也分为实和虚两种。其中实二重切线又分两种情况:一种是具有两个实切点的,另一种是具有两个虚切点的,这时我们看到的是一条孤立的二重切线。因此,在实二重切线中,设用 t' 表示具实切点的切线数,用 t'' 表示具虚切点(孤立二重切线)的切线数。于是二重切线总数 t 是

$$t=t'+t''+2\overline{t},$$

其中 $2\overline{t}$ 是虚二重切线数。

二重点的情况与此类似。我们可以写出

$$d=d'+d''+2\overline{d},$$

其中 $2\overline{d}$ 表示虚二重点数,d' 表示具实分支的二重点数,d'' 表示实孤立二重点数。

这一切不过是一般地说明若干记号将用来表示什么。现在我们先要问,无论有没有二重点,一切曲线 C_n 的形状是什么样的。

我们先回顾一下 $n=2$ 时曲线的形状。

若二重点不存在,就有一条实的或虚的曲线。我们要指出,我们把椭圆、抛物线、双曲线 3 种实曲线看成是没有本质区别的,因为每一种都可以经过射影变换化为另一种。若二重点存在,则 C_2 或者退化为一对实线或者一对虚线。在后一种情况,我们就看到一个孤立点。这种情况可以简单地由双曲线或椭圆经过极限过程产生。

椭圆、抛物线、双曲线称为偶性的,因为一条直线和它们或者交于两点,或者根本不相交。

现在考虑 C_3，它和一条直线总交于 3 点或一点，因此，总要出现一条所谓奇性的线路，像图 30.6 所画的（连同它的渐近线）那样。此外，还可能有一条偶性线路。

这种区别可以推广到 C_n。对于 C_n 的形状，可以带着某种不确定性说：

没有奇点的 C_n 含有有限多条闭线路。若 n 为偶数，则所有线路都是偶性的；若 n 为

图 30.6

奇数，则除了可能有的偶性线路外，还有一条奇性线路（不会有两条或更多条奇性线路，因为那样它们将彼此相交，与无奇点的假设矛盾）。

至于其中的细节就要作特殊的分析或进一步深入的研究。好在对于我们将要讨论的关于拐点的定理，这些完全不必去了解。我们要证明的是：

对于无奇点的 C_n 在实拐点和孤立二重切线之间，有关系

$$w' + 2t'' = n(n-2)。$$

实际上，当 n 较大时，C_n 的形状是很多样性的，但这个关系对于各种各样无奇点的 C_n 都成立。

30.5 证明中将采用的连续性方法

显然，若这个定理成立，则 $w' \leqslant n(n-2)$，因而萨蒙通过归纳所得到的关于实拐点的结论是正确的：C_n 根据普吕克第一公式，所有的拐点中，至多有 $\frac{1}{3}$ 是实的。

为了证明我们的定理,需要说明一些辅助性的概念。

我们已经看到,C_n 的方程有 $\dfrac{n(n+3)}{2}$ 个常数,我们把它们看作高维空间的点的坐标,而把这个空间对应于 C_n 的点作为 C_n 的"代表点"。令 C_n 取一切可能的形状,即令 $f=0$ 的系数任意变化,则这些代表点充满整个 $\dfrac{n(n+3)}{2}$ 维空间。你们将要看到,利用这个空间来和一切 C_n 的整体相对照,将有多大的帮助。因为这使我们较易对某些流形进行考察。我们主要都已经习惯于讨论点空间中的连续性问题。

现在,在所有的 C_n 中,考虑那些判别式 D 等于 0 的曲线,即至少有一个(可能更多)奇点的曲线。由于 $D=0$ 是关于 $f=0$ 的系数之间的一个代数方程(它是通过消元法得到的),则 $\dfrac{n(n+3)}{2}$ 维代表空间,$D=0$ 代表一个 $\dfrac{n(n+3)}{2}-1$ 维流形。这个流形我们就称为曲面[①],这是把 R_3 中熟悉的术语移用于 $R_{\frac{n(n+3)}{2}}$。

现在,在高维空间,这样的曲面形状是什么样的呢? 从平面曲线的多样性可以设想,它会是很复杂的。但在这里,情况是简单的,因为我们所遇到的是代数图形。我立即可以指出:

一个代数曲面由空间有限多块墙壁所构成,它把空间分隔成有限多个相遇于墙壁的区域;墙壁的维数比空间维数少一个。特殊地,这适用于我们的代表空间里的曲面 $D=0$。

现在,平面上判别式 D 等于 0 的 n 次曲线有哪些可能的情况呢?

[①] 在高维空间,现在称为"超曲面"。——中译者

首先是具有一个普通二重点的曲线,这个二重点使曲线的类数降低两个单位;其次是具有高级奇异性(这包括同时出现的多个二重点的情况)的曲线。但若存在着高级奇异性,则除 $D=0$ 外,还有其他代数条件方程要满足,不过这些条件只有有限多个。由此可见,只要 n 有限,就只有有限多的不同情况:D 的根有些可能重合,或者不确定,等等。对于下面的讨论特别重要的是,这种条件只能有有限多个。

那么,关于高级奇异性的这些条件方程对于其对应的代表点又有什么样的限制呢? 我立即指出下面的定理:代表着具有高级奇异性的代数曲线的点,在曲面 $D=0$ 上构成至多有限多的"代数曲线",即维数至少比 $\dfrac{n(n+3)}{2}$ 小两个单位的代数流形。

上面所说的可以用下面的空间图像来直观地表现:具有高阶奇异性的代数曲线对于把空间分隔为区域的墙壁 $D=0$ 来说,提供装饰物,它们不会把墙壁布满(图 30.7);它们本身的维数至多达到 $\dfrac{n(n+3)}{2}-2$。

图 30.7

你们可以作下面的具体图像。取 R_3 作为墙壁,取一个立方体的 6 个平面,设想它们代表 $D=0$,而立方体的棱则对应于高阶奇异性。这就是联系着下面定理的思想,该定理是后面讨论的基础。

考虑一条无奇点的代数曲线,这就是在代表空间给定了不在曲面 $D=0$ 上的一点。令曲线系数连续变化,就可以从该点达到另一点。但是要达到一个已给的终点,就可能必须穿过墙壁有限多次(图 30.8),但不和它上面的装饰物相遇。用另外的说法:

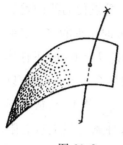

图 30.8

从任何一条无奇点的曲线,可以通过中间状态的曲线,以连续变化的方式,达到另外任何一条无奇点的曲线,这些中间曲线都没有高级奇异性,但其中至多有有限多条具有一个普通二重点,而在这些二重点,曲线可以有实的或虚的分支。

这个定理以及它所根据的观点是我们论证的核心。我们要问:这个定理和我们早些时候的曲线概念相容吗?

如果我们所考虑的不是代数曲线而是任意曲线①,那么结论就不成立,例如皮亚诺曲线就能充满平面上一整块。可是,如果对曲线概念加以限制,则若尔当曲线已能把平面分隔为一个内部和一个外部。我们现在考虑的只是代数曲线和代数曲面,因此(尽管值得做更仔细的分析)我们可以立刻作出下面的论断:

我们所阐述的高维空间的一般连通关系,即认为一个曲面起墙壁作用而曲线则不然,对代数曲线和代数曲面肯定是成立的。

可是还有一个问题:为什么上面谈到墙壁把高维空间分隔成区域时,用了"有限多个"这个词?为什么是"有限多"?这是人们对其必然性可能提出的另一个疑问。对此,我可以说,若存在着无穷多的区域,则必存在着奇点的聚点,而这是和代数函数的性质不相容的。在这里,我不能谈其中细节,只是重复一下已经说过的:

我们所考虑的第一点是空间被分隔为区域,第二点是区域数是有限的。

---

① 两处"曲线"原文均作"曲面"。——中译者

30.6　有与无二重点的 C_n 之间的转化

在为以后讨论作了如此最一般几何的基础论述之后，我们问：

在实领域里，通过系数的连续变动，一条代数曲线是怎样由无二重点转化为有一个简单二重点（这时曲线的类数降低两个单位），然后又转化为无二重点的？

这里我先纯经验地作一个图形，对它进行考察，然后看如何能由此得到关于代数曲线的确切定理。我们按照本章前文 30.2 的思路来实现由经验曲线到理想曲线的过渡。

图 30.9 表示一条无二重点的曲线 1 的两支由上下两方趋近，融合出一个二重点，出现一条具二重点的曲线，然后曲线 2 又出现在左右两方。这个图的特点在代数曲线上也能出现。我们的问题是要显示那些在极限过程中不能直观地掌握的变化，因为这种变化可以说是微观地实现的。

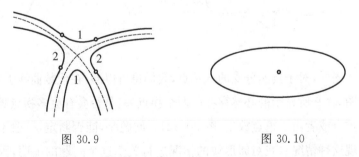

图 30.9　　　　　　　　　　　图 30.10

但这图只说明了两种可能性之一。第二种，同样可能出现的情况是，作为曲线组成部分的一条卵形线缩小成一个孤立二重点，然后消失，像图 30.10 所示那样。

现在，仍然在经验领域里，我们考察拐点。由图 30.9 我们发现一个值得注意的现象：二重点在出现的时刻吸收了两个实拐点，然后又把它们释放出来。或者,换一种说法:曲线 1 和曲线 2 在二重点附近各有两个拐点,在极限过程中都落到二重点上了。图 30.10 说明:

当一条卵形线缩成一个二重点然后消失时,如果事情是像图所表示的那样,则没有实拐点参与其中。

对于理想代数曲线,其对应情况如何呢?特殊地,和最后定理相联系:若一条代数曲线所含有的一条卵形线通过连续变形缩成一个孤立二重点,在卵形线接近转化时,它是否一般地没有实拐点?为什么?这里的"一般地"排除了 $f=0$ 的系数(除 $D=0$ 外)满足高级代数条件方程的情况。特殊地,那个二重点只使曲线的类数减小两个单位。我们需要考察,在讨论中的情况,能否有蜿蜒状的卵形线①缩成那个二重点(图 30.11)?

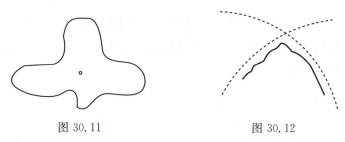

图 30.11　　　　　　图 30.12

同样,对于具实分支的二重点,我们也可以问:在代数曲线上,除了图 30.9 所显示的必然存在的两个拐点外,是否会有更多拐点吸入二重点或者由二重点放出(图 30.12)。问题是,能否断定,一般不会出现这种情况。我对卵形线的情况进行关于这个问题的证明,因为这最为方便。

我假定卵形线有两个拐点,就有不在卵形线上的一点 p,从那里可对它作 4 条切线(图 30.13)。

---

①　[在这里和以后,"卵形线"这个词表示偶性闭线,不一定是处处凸的。]

首先,可以作直线和卵形线交
于 4 点,我们只需用直线把两个拐
点连接起来,而正是这两个拐点把
卵形线分成两段凸线。选取这条
直线为 x 轴,同它垂直的一条直线
为纵轴,则 x 轴把卵形线截成 4
段,在每一段上有纵坐标的一个极

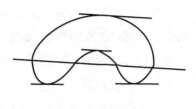

图 30.13

大值或极小值,卵形线在那里的切线都和 x 轴平行。因此,从 x 轴
的无穷远点就可以对卵形线作至少 4 条实切线。把这个作法略微变
动,就可以得到整个区域,从其中每点 p 可以对卵形线作至少 4
条切线。

由此便可以引出矛盾。因为令卵形线缩成二重点 x(在取极限
过程中始终保持其两个拐点)时,上述那样的每点 p 到卵形线的 4 条
切线显然都落到连线 $\overline{xp}$ 上,因而对于这些点 p,二重点要吸收 4 条实
切线。于是由代数观点,对于每一点 p,它要吸收 4 条切线,可是我
们明确假定了,我们的二重点只是把曲线类数降低两个单位。由此
可见,卵形线直到取极限前还有两个或更多个拐点这个假设是不成
立的。

与此相应,可以处理具有两条实分支的二重点(图 30.14)。

若具有两条实分支的二重点的近邻曲线(我用它称与具二重点
曲线相邻的曲线)有多于两个必然存在
的拐点,则当近邻曲线转化为具二重点
的曲线时,曲线的类数也要降低多于两
个单位,仍然与我们明确假设转化时只
降低两个单位矛盾。于是就证明了下面
的定理:

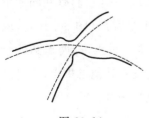

图 30.14

若一条代数曲线通过连续变形转化为具一个二重点的曲线时，曲线的类数降低两个单位，则可以区别两种情况：在二重点的两个分支是实的还是虚的，若是实的，则二重点吸收两个拐点；若是虚的，则二重点不吸收拐点。

从本讲演的观点来看，这个定理的推得，在一定程度上构成关于代数曲线拐点的考察的核心。因为它清楚地显示了两个方面的对比：一方面是突出直观，另一方面是根据定义的概念推导。

30.7　符合定理的偶次曲线举例

我现在进入讨论的较简单的一节，面临的课题是构造出一些确实满足所要证明的关系 $w' + 2t'' = n(n+2)$ 的代数曲线。有了具体例子，我们就较易信服，这个关系是普遍成立的。我们将看到，通过曲线最一般的连续变形，这个关系保持不变。

构造这样的曲线，最简单的办法是：第一步，作出由低次曲线组成、尽可能多的二重点的曲线，使人们可以掌握曲线的全貌；第二步，让这些曲线转化为无奇点的近邻曲线，转化后，我们要验证的关系仍然得到满足。

在这里，宜于分别考虑 n 为偶数与奇数两种情况。首先设 n 为偶数。我们先令 $n=4$，这时，我想向你们说明的事物容易用图显示。

我们简单地作两个全等椭圆 $\Omega_1=0$ 和 $\Omega_2=0$，它们有共同的中心，其长轴则互相垂直，因而它们相交于 4 个实点(图 30.15)。取 $\Omega_1\Omega_2=0$ 为我们退化的 C_4。显然，它有 4 个二重点，即两椭圆的交点；而且由代数(根据贝祖定理)可知，它也没有其他二重点，于是曲线的二重点都是实的，而且曲线在那里都有实分支。

我们的曲线的类数是 $k=4$，因为每个椭圆的类数是 2。对于一

般的 C_4，从不在曲线上的一点 y，可以作 $(4 \times 3 =)12$ 条切线。因此，它的类数降低了 $12-4=8$ 个单位，由此可知，每个二重点使我们的 C_4 类数降低了两个单位。

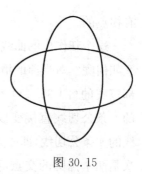

图 30.15

其次，考察我们 C_4 的二重切线。根据一般定理，它的数目应该是 $\frac{n}{2}(n-2)$ (n^2-9)，故 $n=4$ 时，即是 28。在图中，这 28 条二重切线是：两个椭圆的 4 条公切线和 4 个二重点的 6 条连线。但这 6 条每条计算 4 次，其所以如此计数，可以按下述方法推出：设每条连线计算 α 次，则 6 条连线代表 6α 条二重切线，加上椭圆的 4 条公切线也都是二重切线，就得 $4+6\alpha=28$。下面我们从别的考虑来得出 4 这个因子，若再考虑到我们的特殊的 C_n 没有拐点，就我们的需要说，对 C_n 的了解就已全面了。现在我们考虑 C_4 的近邻曲线：令 $\Omega_1 \Omega_2 = \pm \varepsilon$，其中 ε 是小的正量。

为了作具体分析，令

$$\Omega_1 = \frac{x^2}{a^2} + \frac{y^2}{b^2} - 1, \quad \Omega_2 = \frac{x^2}{b^2} + \frac{y^2}{a^2} - 1。$$

这样，我们就看到，在椭圆 $\Omega_1 = 0$ 内部，Ω_1 小于 0，在它外部，Ω_1 大于 0，相应的情况对 $\Omega_2 = 0$ 也成立。因此，在一个椭圆内部而在另一个椭圆外部那 4 个区域，$\Omega_1 \Omega_2$ 小于 0（图 30.15）。

现在先令 $\Omega_1 \Omega_2 = -\varepsilon$，就得到完全在这些区域内无奇异点的一个近邻曲线，它表现为 4 个卵形线（图 30.16）。

你们看到，近邻曲线恰好有 8 个实拐点（$w'=8$），这是必然的，因为根据一般定理，每个实二重点应给出两个拐点，而椭圆本来是没有拐点的。

这个新作出的曲线的 28 条二重切线又如何呢？对当前的情况,它们是容易全部核实的(图 30.17)。首先是两个椭圆的 4 条公切线直接变成我们的 4 个卵形线的 4 条公切线,即 4 条实二重切线。其次是两个椭圆的交点的 6 条连线每条分解为 4 条实二重切线,如图中所示。因此,共有 28 条。我们的曲线不存在孤立

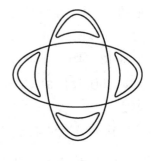

图 30.16

二重切线。因为 28 条已作出的二重切线都有实切点,根据一般理论,不会有别的二重切线。于是 $t''=0$。因而确有

$$w'+t''=8=4\times2=n(n-2)。$$

图 30.17

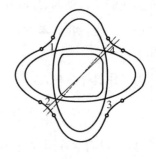

图 30.18

所以我们的第一个例子满足这个关系。

对于另一种近邻曲线 $\Omega_1\Omega_2=+\varepsilon$,情况有所不同,但结果是,$w'+2t''$ 的值仍然相同。

这时的曲线为两个分支构成,外部一条有 8 个拐点,内部一条没有拐点(图 30.18)。这样的曲线称为环形曲线:它的一个分支含在

另一个分支的内部。

首先,原来的每个二重点仍然给出两个实拐点。其次,两个椭圆的公切线也仍然转化为二重切线,至于根据一般定理应当存在的其余 24 条二重切线则必然是虚的。例如,我们考虑原来两椭圆交点 2 和 4 的连线 $\overline{24}$,它应当产生 4 条二重切线。但我们看到,当它从原来位置略微变动时,它总是和曲线交于 4 点,它们每两个都不能会合。因此,若在 $\overline{24}$ 邻近有二重切线,它只能是虚的。于是有结论:

我们的环形曲线有 4 条实二重切线,每条有两个实切点,另有 24 条虚二重切线,但没有孤立实二重切线。

因此,用我们的记号,$t''=0$,关系 $w'+2t''=8$ 仍然成立。

这样,$n=4$ 的情况就暂时解决了,这是指:$n=4$ 时,我们已经构造出满足我们关系的例子。为了对更高的偶值 n 做同样的事,我们先取 $\dfrac{n}{2}$ 个全等的椭圆,它们有同一个中心,前后两个的主轴成 $\dfrac{2\pi}{n}$ 角。

例如,若像图 30.19 那样取 4 个椭圆,就得一个 C_8。对这样的 C_n,我们像前面对 C_4 那样进行各种计数。

（1）有多少二重点?

每两个椭圆交于 4 点,因而共有

$$\frac{4\,\dfrac{n}{2}\left(\dfrac{n}{2}-1\right)}{2}$$

图 30.19

个二重点,即曲线有 $\dfrac{n}{2}(n-2)$ 个实二重点,它们都有实分支。

（2）我们计算曲线的类数 k。显然 $k=n$,这是因为从不在曲线上的一点可以对每个椭圆作两条切线,而我们共有 $\dfrac{n}{2}$ 个椭圆。若回

到一般公式,则 $k=n(n-1)-R$,其中 R 是由于二重点存在而降低的数字。这个数字是

$$R=n(n-2)。$$

即由于奇点存在,类数比无奇点曲线降低 $n(n-2)$ 个单位,每个二重点降低两个单位。

(3) 我们来验证曲线有 $\frac{n}{2}(n-2)(n^2-9)$ 条二重切线。我们有

(a) 每两个椭圆有 4 条公切线,它们都是整个曲线的二重切线。这方面的二重切线是

$$\frac{\frac{n}{2}\left(\frac{n}{2}-1\right)\times 4}{2}=\frac{n(n-2)}{2}。$$

(b) 诸椭圆的相互交点的每条连线(不一定是同一对椭圆的交点的连线)给出 4 条二重切线。这给出

$$\frac{4\,\frac{n}{2}(n-2)\cdot\left[\frac{n}{2}(n-2)-1\right]}{2}$$

条二重切线。

(c) 最后,还有第三种二重曲线。它们是这样得来的:由两个椭圆的每个交点,可对其余 $\frac{n}{2}-2$ 个椭圆分别作两条切线。可以用不同的方法证明,作为整个曲线的二重切线,这些切线都要加倍计算。我们的椭圆相互有 $\frac{n}{2}(n-2)$ 个交点,从每个交点可以作 $\frac{n-4}{2}\times 2$ 条上述那样的实切线。因此,整个曲线上这种二重切线的数目是

$$\frac{n}{2}(n-2)\cdot\left(\frac{n}{2}-2\right)\times 2\times 2。$$

把 3 种二重曲线的数目相加,就得二重切线总数

$$\frac{n}{2}(n-2)(1+n^2-2n+2n-2-8)$$

$$=\frac{n}{2}(n-2)(n^2-9)。$$

于是从我们的特殊曲线，就验证了一般曲线应有的二重切线总数为 $\frac{n}{2}(n-2)(n^2-9)$。这些二重切线有一部分 4 条重合，另一部分两条重合，但都是实的，并且具有实切点。

（4）我们的退化曲线当然没有拐点。

这个由 $\frac{n}{2}$ 个椭圆 $\Omega_1=0,\cdots,\Omega_{\frac{n}{2}}=0$ 构成的退化 n 次曲线的方程是

$$\Omega_1\Omega_2\cdots\Omega_{\frac{n}{2}}=0。$$

由它出发，我们作近邻曲线

$$\Omega_1\Omega_2\cdots\Omega_{\frac{n}{2}}=\pm\varepsilon。$$

退化曲线的 $\frac{n}{2}(n-2)$ 个二重点给出这曲线的 $n(n-2)$ 个实拐点。

二重切线可以部分是实的，部分是虚的；这和转化到近邻曲线的方式有关，即和选取 ε 前面的符号正或负有关。但可以完全肯定的是，不会有孤立二重切线，因为由退化曲线的形状可知，只要二重切线是实的，它的切点也是实的。

于是我们已达到目的，我们有

$$w'=n(n-2),t''=0,$$

因而

$$w'+2t''=n(n-2)。$$

这就是所要验证的关系。

对于任意偶数 n 的例子是 $n=4$ 的例子的推广，只是在计算二重切线时，多了（c）的一种。

30.8　奇次曲线的例子

我现在转而考虑奇次 n 的情况,我仍然从最低次,即从 $n=5$ 入手,它在一般情况中有典型性。

和上面的讨论完全对应,我们从构造一个退化的 C_5 开始,把情况弄清楚,然后上升到较一般的 C_5。于是我们要验证的关系是

$$w'+2t''=15。$$

假定我们特殊的 C_5 为一条具方程 $\varphi=0$ 的 C_3 和一个椭圆 C_2($\Omega=0$)组成,因而它的方程是

$$\varphi \cdot \Omega=0。$$

问题是,如何选取 C_3 和 C_2 以便得到所需的关系?

我曾经指出,一条非退化的 C_3 总是表现为奇性线路。我们在此把它画成(图 30.20)只有一条渐近线。还可以把它画得对于渐近线对称,这时一个拐点落在曲线和渐近线的交点 O 上,因而其余两个拐点和 O 在一条直线上,分别在 O 的两侧,距离相等。通过压、伸和推移,即通过适当的仿射变换,可以使 C_3 具有像图 30.21 中那样的形状。我们不需要了解 C_3 的一切形状,只需取它特别适合我们目的的形状。

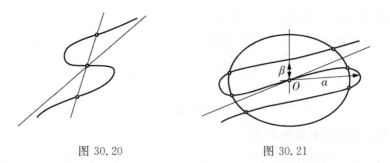

图 30.20　　　　　　　　　　图 30.21

令 β 为从点 O 到曲线一侧的最短距离,而 α 为从它到一个顶点

的距离(图 30.21),并选取正数 a,b,使

$$a<\alpha,b>\beta,但 a>b。$$

以 O 为中心,以 a,b 为半轴作椭圆 C_2,则 C_3 和椭圆按照贝祖定理所可能有的 6 个交点都是实的。即使把椭圆绕 O 转动,也就是无论它的主轴如何改变方向,6 个交点都还是实的。另一方面,两个这样的椭圆相交于 4 个实点。我们将利用这些来适当地构造高次曲线 C_7,C_9,…,这就不多谈了。

仍然回到我们的 C_5,对于它,问题完全可以具体地弄清楚。首先是它的类数。

显然 C_3 的类数是 $3\times2=6,C_2$ 的是 $2\times1=2$,因而 C_5 的类数是 $6+2=8$。由于根据一般定理,$k_5=n(n-1)=5\times4=20$,这说明降低了 12 个单位,即每个二重点还是把类数降低两个单位。

实拐点数是 3,因为 C_3 有 3 个拐点,而椭圆没有。

一般的 C_n 有 $\frac{n}{2}(n-2)(n^2-9)$ 条二重切线,当 $n=5$ 时,这数是 120。现在对我们的 C_5 加以验证。首先是 C_3 和 C_2 的公切线:由于 C_3 是 6 类的,C_2 是 2 类的,故这些公切线给出 C_5 的 12 条二重切线。它们是实的还是虚的? 从图 30.21 可以看出,它们不会都是实的。对此,我们不深入探究,但可断言:C_3 和 C_2 的实二重切线都有实切点,而不会有共轭虚切点,因而不会有所谓的孤立二重切线。这是因为,这样公切线的两个切点应分别在 C_3 和 C_2 上,因而满足不同的代数条件。

其次,我们若从曲线 C_5 的一个二重点作直线,和曲线在另一点相切,则在二重点,这条直线总不会和椭圆 C_2 相切而只能和 C_3 相切。经过每个二重点,有 4 条这样的二重切线。这里的数字是这样得到的:从不在 C_3 上的任意点,可以作 6 条切线和 C_3 相切。当这个点趋于 C_3 上时,其中两条和 C_3 在那里的切线重合,因而还剩下

(6－2＝)4条。这样就一共得到 4×6 条二重切线(因有 6 个二重点,而其中每点有 4 条切线)。当二重点转化为一般 C_5 的非奇点时,每一条这样的二重切线化为两条(像 n 为偶数时那样),于是就有(4×6×2＝)48 条二重切线。至于这些二重切线是实是虚,我们不了解,也不去考察。但仍然可以肯定的是:

对于近邻曲线 $\varphi\Omega＝\pm\varepsilon$,这 48 条二重切线,只要它们是实的,就肯定不是孤立二重切线。因为当曲线转化回到退化曲线时,一个切点要落在二重点,另一个则落到离二重点稍远处;而对于一个孤立二重切线,在曲线转化时则不然,那时两个切点都要落到二重点。

关于最后一种二重切线,就要考虑二重点的各个连线。这种连线共有 $\left(\dfrac{6\times5}{2}＝\right)$ 15 条,但作为二重切线,每条要像偶数 n 的情况那样计算 4 次。因此,在向近邻曲线转化时,6 个二重点给出(15×4＝)60 条二重切线。

我们立刻进一步指出,只要这样所得到的二重切线是实的,它们就不是孤立的,因为它们的切点总是出现在被连接的二重点附近。

这样计算出的二重切线数目是(12＋48＋60＝)120 条。这样就对我们的曲线验证了一般理论的数字。

现在已经得到了检验近邻曲线 $\varphi\Omega＝\pm\varepsilon$ 所需的情况。

关于实拐点,显然有 C_3 的 3 个拐点以及 6 个二重点中每两个所提供的,因而共有(3＋2×6＝)15 个。只要有实二重切线,它们都不是孤立的,因而 $t'＝0$,于是在这里,$w'＋2t'＝15＝5\times3＝n(n-2)$ 也正确。

任意奇数 n 的情况类似。我们还是从一个退化的 C_n 出发,它是一条 C_3 和 $\dfrac{n-3}{2}$ 个全等的共中心的实椭圆组成的。这些椭圆中紧挨着的两个主轴作 $\dfrac{2\pi}{n-3}$ 角。

对于这样得到的任意奇次 n 的无奇点曲线,总有

$$w' + 2t'' = n(n-2)。$$

30.9 举例说明证明中的连续性方法,证明的完成

在作出这些例子之后,我们回到关于所要阐述的证明的一般性讨论。我们知道,在那个 $\dfrac{n(n+3)}{2}$ 维代表空间,从一个无奇点的 C_n 的代表点 1 到另一个无奇点的 C_n 的代表点 2 的连续变化,可能需要经过流形 $D=0$ 上的若干点。这些点代表着只具有一个二重点而无其他奇异性的 C_n,而且每个二重点把曲线的类数降低两个单位。现在我们想知道对于点 1 成立的关系 $w' + 2t'' = n(n-2)$ 在变动到点 2 时,有无变化;我们要考察,会不会有所减少或增加。

我们可能以为,经过具有普通二重点的曲线时,拐点数 w' 或二重切线数 t'' 会有增减。但事实不是这样,而是有定理:按所说的方式穿过流形 $D=0$ 时,数字 $w' + 2t''$ 保持不变。

我们自然要考虑到:所通过的 C_n 可能有具两个实分支的二重点,也可能有孤立二重点(图 30.22)。

在前一种情况中,在转化到具二重点曲线时,显然要失去两个实拐点,但当重新转化为无奇点曲线时,又要出现两拐点,因而 w' 保持不变。

在后一种情况中,在转化中,根本没有拐点参与其中,因而谈不上 w' 有任何变化。

于是就解决了第一个问题:

在转化中,若经过一条具二重点的曲线,使曲线类数降低两个单位,则无奇点曲线的拐点数 w' 不变。

同样地,t'' 也不发生变化。一般地,实二重切线的数目是会变

的,但数目变化的二重切线却都不是孤立的。例如考虑图 30.23,当其中一个卵形线缩成一个孤立点然后转化成虚点时,4 条二重切线变成虚的,但前前后后都不会出现孤立实二重切线。

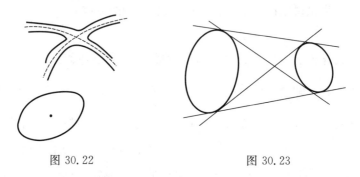

图 30.22   图 30.23

当一个具实分支的二重点吸收实二重切线时,情况也是如此:

在曲线的连续变化中,当越过具二重点的曲线时,实二重切线数目会有大的变化,但孤立实二重切线数目则不受影响。

把关于 w' 和 t'' 所说的归纳在一起,我们看到,在所讨论的转化中,$w+2t''$ 在转化前后是相等的。

这样就把穿过曲面 $D=0$ 的问题解决了,若穿过曲面 $D=0$ 时遇到的是代表着高阶奇异性的点,事情自然要复杂得多。妙处正是在于,这种复杂性可以完全避免,若有人不嫌麻烦,肯研究穿过曲面 $D=0$ 的高阶奇异性的影响,那他的最后结论毫无疑问仍然是:$w'+2t''$ 这个数字经过高阶奇异点也不变。这是因为,由始点到终点的路线总可以绕过 $D=0$ 的高阶奇异点。

既然 $w'+2t''$ 在越过曲面 $D=0$ 前后保持不变。这个数目在什么情况下还有可能变化呢? 对我们来说,发生变化的地方只能在 $D\geqq0$ 时,因为 $D=0$ 代表着比 $D\geqq0$ 更高层次的情况。而根据我们的一般讨论,那是可以回避的。因此,可确切地提出以下的问题:

如果所考虑的只是 C_n 的系数满足一个单一的代数条件[1]的情况（而这是合理的），又不再考虑已经解决了的特殊情况 $D=0$，那么从一个代表点到另一个时，$w'+2t''$ 这个数目还有可能变化吗？

由于一条无奇点的 C_n 的拐点总数完全由 n 确定，而 w' 的个数只能在无奇点的曲线上两个实拐点重合，然后变成虚拐点，或者在这个过程倒转来时，才能变化。

另一方面，由于相应原因，t'' 的个数变化也只有两种可能：或者两条孤立二重切线重合，然后变为虚的（或者倒转来）；或一条实孤立二重切线化为非孤立的（或者倒转来）。

这里所说的 t'' 发生变化的两种可能性中的第一种是无须考虑的，因为那要涉及两个条件。事实上，若有两条孤立的二重切线重合，就或者会出现一条四重切线，或者一条切线在两个点各有二阶切触[2]（因为那两个共轭虚切点必然有相同的遭遇）。

于是 t'' 遇到变化只能是一条孤立二重切线化为一条非孤立二重切线，或其逆过程。

可喜的是，剩下我们还需要考虑的 w' 和 t'' 的可能变化必然要同时出现，而且那时 $w'+2t''$ 仍保持不变。

这里要阐明的定理我们先用曲线图来说明，然后问：

我们所看到的，能变成关于理想代数曲线的严格定理吗？

我们画一段具有两个实拐点的曲线，让拐点会合然后变成虚的。在图 30.24(a) 里显然有一条具有两个实切点的二重切线，由此得到图 30.24(b) 的一条 4 点切线；然后在 30.24(c)，从代数意义上说，有一条孤立二重切线。这是因为，一条实二重切线要变成虚的，就只能

---

① 原文作"代数条件方程"。——中译者
② 或说"各有 4（虚）点的切触"。——中译者

先和另一条实二重切线会合,但目前的
情况却不是那样。因此:

　　当两个实拐点会合而变虚时,二重
切线的两个切点也要会合,然后变成虚
的。二重切线本身则仍是实的。

　　由此可见,当 w' 减小两个单位时,
t'' 增加一个单位。但在 $w'+2t''$ 中,t'' 要
乘以 2,故关系仍然成立。对这种情况,
我还要通过以前得到过的两种形状的
C_4 来说明。

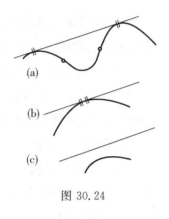

图 30.24

　　我们首先还是把以前讨论过的 C_4 的两种情况弄清楚。

　　我们曾经从两个相交的椭圆出发,并由此先作出 $\Omega_1\Omega_2=-\varepsilon$ 的
曲线,它为 4 条卵线所组成(图 30.25)。现在令 ε 变大,则二重切线
就要脱开,如图 30.26 所示。这时实拐点不见了,但出现 4 条实孤立
二重切线,因而关系 $w'+2t''=8$ 仍然成立。

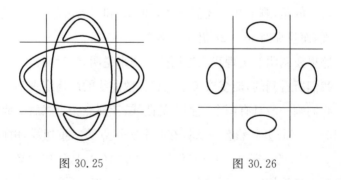

图 30.25　　　　　　　　　图 30.26

　　那以后我们令 $\Omega_1\Omega_2=+\varepsilon$ 以得到一个具有 8 个拐点的环形曲线
(图 30.27),其中外面一支有 8 个实拐点和 4 条二重切线。令 ε 增
加,在一定时刻,4 条二重切线都变成 4 点切线,然后进一步变成4条

实孤立二重切线。这时曲线的外面分支就变成处处凸的卵形线，那 4 条孤立二重切线围着它，但不和它相交（图 30.28）。同时曲线的 8 个拐点都消失了。于是在这里，关系 $w'+2t''=8$ 也是不变的。问题

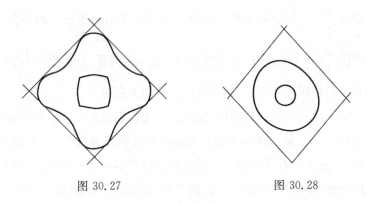

图 30.27　　　　　　　　　　图 30.28

是，为什么是这样？为什么不只是对于 $n=4$，而是对于任意 n 也是这样？我不违背这个讲演的原则，对此给出回答：首先是对于任意 n 所得的图和这里所讨论的是完全类似的，但需要检验，如何能从这些图形对理想代数曲线推出严格的结论。

我概略地把作法说明如下：首先考虑一些经验图形的情况。设有任意不向无穷远伸展的一段线路，它有一条二重切线，则曲线有一段在有穷远处把两个切点相连。由图 30.29 可知，在切点之间至少有两个拐点。事实上，数目可能等于 2。反过来，若有一段本来无拐点的曲线，而把中间压挤，使它上面出现两个或更多拐点，则曲线至少有一条二重切线。

其次，我们要把这个结论移植到正则的理想曲线，根本方法

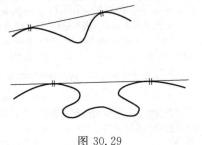

图 30.29

是正确应用罗尔定理或者魏尔斯特拉斯关于连续函数的极大值存在定理。假定曲线段有一条二重切线,则选取 x 轴平行于二重切线,并把切点间的曲线段用参数方程 $x=\varphi(t)$,$y=\psi(t)$ 表示。于是在两个切点,$\dfrac{\mathrm{d}y}{\mathrm{d}x}=\dfrac{\psi'}{\varphi'}$ 等于 0,但 y 在那个区间里必有极大值或极小值,而在那里,$\dfrac{\mathrm{d}y}{\mathrm{d}x}=\dfrac{\psi'}{\varphi'}$ 也等于 0。由此可知,在该区间里,$\dfrac{\mathrm{d}^2 y}{\mathrm{d}x^2}$ 至少两次等于 0,而这就是所要证明的,类似地可以得到逆定理。

第三,我们认为,对于代数曲线,若把它们限在"一般"的情况内,则当在一条二重切线两个切点之间的曲线弧逐渐变形,使两切点重合时,这段弧只有两个拐点。因为若那里有多于两个的拐点,则令曲线段变形,使两个切点重合时,就得到高级的情况,而那是我们一般讨论所排除的。

把这 3 点归纳起来,就可以推知:对于理想代数曲线,经过所讨论的变形,$w'+2t''$ 是常数。因此,对于无高阶奇异性的曲线 C_n,$w'+2t''$ 有常数值 $n(n-2)$。证毕。[①]

---

① 〔在第 218 页所举的克莱因论文中还证明了
$$n+w'+2t''=k+r'+2d'.$$
其中,n,w',t'',k,d' 的意义我们都已了解,r' 是实尖点数。与此有关,布里尔(《数学年刊》,第 16 卷,1879 年,第 348—408 页)指出了高阶奇异性出现的情况;和上述相反,他的研究是纯代数的。可以参考尤尔(《数学年刊》,第 61 卷,1905 年 和 Bericht über den sechsten Skandinavischen Mathematikerkongreß in Kopenhagen,1925 年,第 119—126 页)。舒(F. Schuh)在下列文章中,把问题推广到复曲线:《具高阶奇异性的平面代数曲线的类数表达式》(On an expression for the class of an algebraic plane curve with higher singularities, Akad. d. Wiss. Amsterdam,1904 年,第 42—45 页)。若 $\sum u$ 是具实点的一切奇异性之和,$\sum v$ 是具实切线的一切奇异性的类数之和,舒得到
$$n+\sum v=k+\sum u.$$
继续深入克莱因的研究的最新工作是霍尔克罗夫特(T. R. Hollcroft)的《平面曲线的奇异性的真实性》("Reality of singularities of plane curves",《数学年刊》,第 97 卷,1927 年,第 775—787 页),那里讨论了一条具有已给次的代数曲线的实尖点的最大数问题。〕

　　这里所阐述的定理证明和《数学年刊》第 10 卷中所给出的证明，其区别只在于：那里更多地直接利用了经验曲线，这里则更深入地说明了由图形到理想代数曲线的移植。

第九部分　用作图和模型表现理想图形

第三十一章　用作图和模型表现理想图形

31.1　无奇点空间曲线的形状，以 C_3 为例（曲线的投影及其切线曲面的平面截线）

　　这个讲演里前面所持的一个主要观点是，把从经验得来的空间直觉及其有限度的准确性和精确几何的理想化表述加以区别。一旦了解了两者的区别，我们就可以专门选择这条或那条途径。一种可能性是放弃严密的概念构造，专以经验的空间直觉所得事实为基础建立一种几何，这时谈的就不再是点和线而总是"斑"和"带"。另一种可能性是，把空间直觉看作不可靠的而完全放在一边，只考虑用纯解析方法所获得的抽象结论。实际上，这两种办法都不能取得丰硕成果；我总是主张，在弄清楚两种方向的区别之后，把它们结合起来。

　　把两者结合会产生惊人的力量。因此，我一贯强调，抽象情况也要利用实物模型来显示，而这种想法也正是产生我们哥廷根那套模型的根源。我想用这个讲演的最后几小时来介绍几种有趣的模型并作相应的解说。

　　我立刻从空间几何开始，先谈空间曲线。

　　在精确几何里，空间曲线是由 3 个方程

$$x=\varphi(t), y=\psi(t), z=\chi(t)$$

确定的正则理想曲线，其中 t 在一个区间里变动，假定 φ, ψ, χ 是不全等于常数的连续函数,两次可微而且其二阶导数是分段单调的。

这种曲线有"切线"和"密切面"。

我们知道,在点 $x_0=\varphi(t_0)$,$y_0=\psi(t_0)$,$z_0=\chi(t_0)$ 的切线方程可以写成

$$\left\|\begin{matrix} x-\varphi(t_0) & y-\psi(t_0) & z-\chi(t_0) \\ \varphi'(t_0) & \psi'(t_0) & \chi'(t_0) \end{matrix}\right\|=0。$$

令"矩阵"等于 0 自然就是表示下面方程组成立

$$\frac{x-\varphi(t_0)}{\varphi'(t_0)}=\frac{y-\psi(t_0)}{\psi'(t_0)}=\frac{z-\chi(t_0)}{\chi'(t_0)}。$$

在这一点的密切面方程是

$$\left|\begin{matrix} x-\varphi(t_0) & y-\psi(t_0) & z-\chi(t_0) \\ \varphi'(t_0) & \psi'(t_0) & \chi'(t_0) \\ \varphi''(t_0) & \psi''(t_0) & \chi''(t_0) \end{matrix}\right|=0。$$

此外,有以下定理:

若作一条弦连接空间曲线的两个点,并令两点以任意方式重合,则弦的极限位置是切线。

若作平面经过空间曲线的 3 点,并令 3 点以任意方式重合,则平面的极限位置是密切面。

现在问题是,这些定理在模型上显示出的形象是如何的呢?

我从向你们提供几个空间曲线模型开始。这里当然有这样一个特殊困难:我只能限于描述现象,而要求你们随后自己观察对模型所谈论的事实。我的讲解也只好是说教式的。

这里是一条一般无奇点的空间曲线模型。在曲线"充分小"的一段 k 上取任意一点 p。我们的主要问题是:从任意一点 O 把 k 投射到任意不经过 O 的平面上,k 的投射 k' 的形状如何?我们的答案,按照 O 的不同位置而有 3 种:O 不在密切面上,在密切面上但不在点 p

的切线上,以及在 p 的切线上。设 p' 是 p 的投影,则有:

(1) 当 O 不在 p 的密切面上时,k' 是一段曲线,它在 p' 没有奇异性(图 31.1)。

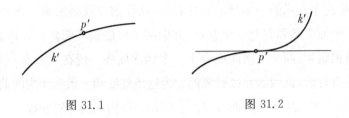

图 31.1　　　　　　　　图 31.2

(2) 当 O 在 p 的密切面上时,由于空间曲线穿过密切面,投影 $k'p'$ 有拐点(图 31.2)。

(3) 当 O 在 p 的切线上但不和 p 重合的时候,k' 在 p' 有尖点(图 31.3)。这通过下述方法即可看出:

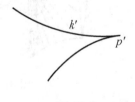

图 31.3

先选取 O 不在 p 的切线上而在一条弦 pp_1 上,再令 p_1 无限制地趋于 p。这时所得投影是一条有二重点的曲线。在二重点的两条切线,按照 p_1 的选择,对应于曲线在 p 和 p_1 的两条相错切线。在完成极限 $p_1 \to p$ 时,在二重点的两条切线重合为一,而二重点本身就趋于尖点。

现在,结合代数三次空间曲线,就可以对空间曲线的这种情况有基本全面的了解。因为作为代数曲线,可以对它的投影的整体而不限于一小段来考察。

在图 31.4 里,画的是一条所谓的椭圆挠线,它可以看作一个椭圆柱面同一个与它有一条公共母线的斜圆锥的交线,或者更确切地说,是这个交线的一部分。容易看出,这样的曲线必然是三次的,即一个平面必然和它有 3 个交点,其中两个可能是共轭虚点。因为根据贝祖定理,两个二次曲面交于一个四次曲线。现在它们有一条公共的直母线,这四次曲线就要退化为这条母线和一条三次空间曲线。图 31.5 表示这条三次曲线以及它的切线所构成的可展曲面。①

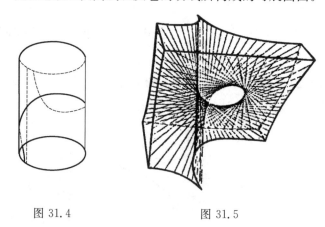

图 31.4　　　　　　　　　图 31.5

为了更好地理解下面所要讲的,先不加证明地叙述一个定理:经过空间每点,可以作一条直线和我们的 C_3 交于两点。这两个交点可以:

---

① ［图 31.5 中椭圆挠线的切线曲面的线条模型是路德维希(W. Ludwig)制作的,由莱比锡的 M. 席林(M. 席林出版社)展出。参考模型附件:路德维希:《双眼单视界曲线,附三次空间曲线引论》(*Die Horopterkurve mit einer Einleitung in die Theorie der kubischen Raumkurve*),也由 M. 席林(莱比锡)出版。(两个射影相关的直线的对应直线交点的轨迹是一般三次空间曲线;若射影关系是全等关系,则所得的是双眼单视界曲线。——中译者)

（1）实而不同；

（2）实而重合；

（3）共轭虚而不同。

在第一种情况中,我们有一条普通的弦;在第二种情况中,有一条切线;在第三种情况中,有一条所谓的"伪"弦,但作为共轭虚点的连线,却是实的。现在,考察 C_3 的切线曲面,可以看到,它把空间分成了两个域:一个域夹在切线曲面两叶之间,从其中的点作的弦是"伪"的;从另一个域的点作的弦是普通的;经过切线曲面上的点,则有曲线的切线。现在,以切线曲面外的任意点为中心,对 C_3 作投射,则射影直线构成有一条二重棱的三次锥面。射影锥面是三次的,因为每个平面和 C_3 交于 3 点,因而经过射影中心的每个平面和射影锥面交于 3 条直线。那二重棱就是从射影中心所作的 C_3 的弦,因而总是实的,但假如它在第一个区域,它是孤立弦。现在,若令一个平面和射影锥面相交,则当锥面有一个普通二重棱时,交线是一条有一个普通二重点以及一个拐点的平面三次曲线。C_3 上和这个拐点对应的点是 C_3 上具以下性质的点,即在那个点,C_3 的密切面经过射影中心(图 31.6(a))。但若射影中心在有"伪"弦的那个域内,则射影曲线是具有孤立二重点和 3 个实拐点的平面三次曲线。因为这时 C_3 上有 3 个点,在那里的密切面都经射影中心(图 31.6(b))。由图 31.6(a)到图 31.6(b)的过渡中,若射影中心落在切线曲面上但不在 C_3 上,则射影锥面在二重棱的两个切面合成一个二重面;射影曲线有一个尖点,仍保留一个拐点。尖点所对应的是 C_3 上的一个点,那里的切线经过射影中心(图 31.6(c))。

到此为止,困难不大,因为这 3 个图显然是彼此连续地联系着的。比较困难的是下面的问题:

当射影中心在曲线上时,射影曲线作何形状?

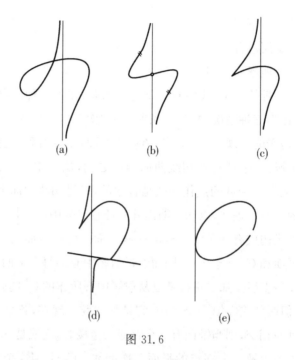

(a)　　　　　(b)　　　　　(c)

(d)　　　　　(e)

图 31.6

这时,从代数观点来看,显然射影曲线必定退化为一个二次曲线和一条直线;射影三次锥面分解为一个二次锥面和射影中心所在的密切面。但由连续变化观点,射影曲线中的直线是怎样连续地从曲线中分离出来的呢? 我说,图 31.6(c)转化为图 31.6(d),然后进一步转化为图 31.6(e)。显然这 3 个图也可能用和它们射影等价的图代替。[①]

这些已经是很值得注意的图形。更值得注意的是空间曲线 C_3 的切线曲面的平面截线。这个可展曲面是空间曲线的密切面的包络,即密切面沿着它所含的切线和切线曲面相切。空间曲线构成切

---

① 图 31.6(d)中的拐点(在拐点的切线是经过射影中心的密切面的切点的投影)不可能和尖点重合,否则射影曲线就会和一条直线(在拐点的切线)交于 5 点,拐点计算 3 次,尖点 2 次。

线曲面的"脊线"。沿着空间曲线，切线曲面就"像剃刀那样锋利"。

无论如何，像模型所示那样，一条接一条切线会构成一个曲面的刀锋，乍一看是会令人惊异的。

一般来说，考虑切线曲面的平面截线，和考虑空间曲线的射影锥面是对偶的——每一个了解射影几何的人都会这样说。事实上——我不深入说明，一般地有以下对偶[①]：

可展曲面——空间曲线；

可展曲面的平面截线——空间曲线的射影锥面；

可展曲面的母线——空间曲线的切线。

特殊地，对于我们的三次空间曲线，曲线上的点和它的密切面所产生的图形也是对偶的，但我们不作进一步的讨论。

因此，若要求切线曲面的平面截线，我们只需要取上面所作的图 31.6(a)—图 31.6(e)的对偶。

图 31.6(a)中曲线的类数是 4，因为一般三次曲线的类数是 6，而曲线的二重点把类数降低两个单位，其次数自然是 3，于是便有结论：

切线曲面的任意平面截线是四次三类曲线，它有一个二重切线，对应于射影曲线的二重点(图 31.7)。

我们知道，一条二重切线可以有实切点或虚切点。因此，截线有两种，或者像图 31.7(a)那样有一条具实切点的二重切线，这时曲线有一个尖点；或者像图 31.7(b)那样有一条具虚切点的二重切线，这时实曲线有 3 个尖点。这两图是图 31.6(a)和图 31.6(b)的对偶。

若带有这样的认识来考察那个模型，我们起初看不到切线曲面有哪种形状的截线。我们还必须考虑所画曲线经过射影变换的形状。这情况就像 3 种看起来形状不同的二次曲线(椭圆、双曲线、抛

---

①　[参看第四章 4.3"四元数的乘法——旋转和伸展"。]

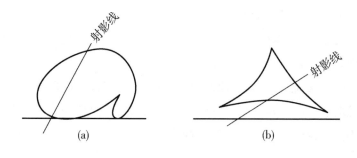

图 31.7

物线)在射影几何观点看来是等价的。

　　为获得"双曲"型的截线,我们在新作的图 31.7(a)和图 31.7(b)里画了一条和曲线相交的直线,并取它作为适当射影变换的射影线。这样就得到两个曲线。它们各有两条渐近线,曲线的分支沿着它们的方向延伸到无穷远处。①

　　如果定性地作图,就得到图 31.8(a)和图 31.8(b)那样形状的两条曲线。它们实际上代表切线曲面模型在适当平面上的截线,那个模型有延伸到无穷远处的两叶(见图 31.5)。

　　另一个问题是,当截平面经过空间曲线的一条切线时,截线的形状如何?

　　在这种情况下,显然切线曲面的这条母线要从截出的四次曲线分离出来,剩下还有一条三次三类曲线,也就是具有一个尖点的曲线(图 31.8(c))。进一步考察表明,它和我们的切线相切,而切点也就是该切线和空间曲线的切点。

　　这些结论是容易抽象地得到的。但还可以问:图 31.8(a)是如

────────────

　　① ［图 31.7(a)和图 31.7(b)本身(不考虑所画的截线)表示椭圆形截线(射影线和曲线不相交也不相切)。］

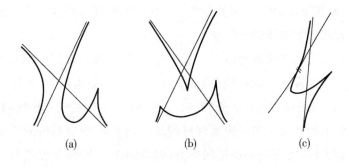

图 31.8

何通过图 31.8(c)连续地过渡到图 31.8(b)的？这对应于由一条具二重点的三次曲线到具尖点的三次曲线的过渡,请你们在模型上验证我下面的说明：

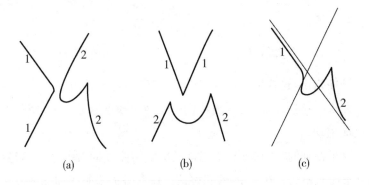

图 31.9

我们通过如下方式由图 31.8(a)或图 31.8(b)得到图 31.8(c)：像图 31.9(c)所示那样,令图 31.8(a)中的两个分支 1 和 2 逐步接在一起;或像图 31.9(b)那样,令图 31.8(b)中(参看图 31.9(b))属于不同分支的两个尖点相互接近。也可以倒过来由图 31.9(c)得到图

31.9(a)和图 31.9(b),只要令图 31.9(b)中的拐点切线以这样或那样的方式化为曲线的一部分。

最后考虑切线曲面和一个密切面的交线,我们得到一个二次曲线和一条计算两次的切线(图 31.10)。这个图是由图 31.9 经过图 31.11 的过渡位置转化而来,显然,令图 31.9(c)中的拐点切线固定,把曲线上的分支 1 向无穷远伸展的部分向下弯,同时将分支 2 的那部分向上转,使它的尖点指向下方,就得图 31.11,再令尖点和拐点相合,就得图 31.10。

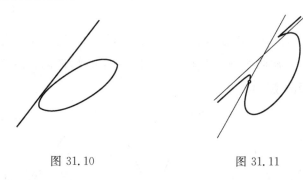

图 31.10　　　　　　　　　　　图 31.11

顺便指出,这样的过渡在第 255—256 页已谈论过了。

在说明这些之后,还要请你们每位通过模型验证一下,使直观形象更加生动。

这里谈到的空间曲线,特别是三次空间曲线的射影性质,当然是和度量相联系的。在这里,我只好请诸位参考关于曲率和挠率以及曲线展开的理论。关于最后一点,我只指出,当我们让一个平面绕一个可展曲面展开,或一条直线绕一条曲线展开时,就得到密切面渐伸线[①]

[①]　Planevolvente 的暂译。当一点沿空间曲线运动时,曲线在该点的密切面上一个定点的轨迹叫作曲线的密切面渐伸线。与之相应,切线上一个定点的轨迹就叫作切线渐伸线(Filarevolvente,简称渐伸线)。——中译者

和切线渐伸线(即一般渐伸线)[①]。

31.2　空间曲线的 7 种奇点

我进一步谈谈空间曲线的奇点。在平面上,可以列一个表来表明:沿曲线前进时,曲线上的点(p)和切线(t)向前或向后[②]运动。向前时用符号(＋)表示,向后用(－)表示。这样得到含 4 种情况的表(见表 31.1),代表着普通点以及 3 种不同的奇点(图 31.12)。

表 31.1

p	t	
＋	＋	普通点(1)
＋	－	拐点(2)
－	＋	普通尖点(3)
－	－	鸟喙尖点(4)

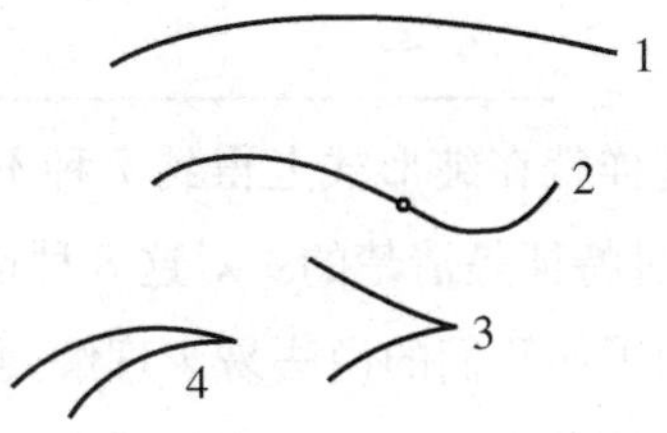

图 31.12

1847 年冯·施陶特在他的《位置几何学》(第 113 页)里对三维空间绘出了相应的表。这时除曲线上的点(p)和切线(t)外,还要考虑密切面(e),于是可以用符号(＋)或(－)作成含 8 种组合的表(见表 31.2)。

---

①　对这些内容作出特别全面讨论的教材可以指出:谢弗思的《平面和空间曲线引论》(*Einführung in die Theorie der Kurven in der Ebene und in Raume*),莱比锡,1900年,第 3 版,1923 年。[利林塔尔的《微分几何讲义》Ⅰ(Lilienthal,R.:*Vorlesungen über Differentialgeometrie* Ⅰ)莱比锡,1908 年。]

②　"向后"即和原来方向相反。——中译者

表 31.2

p	t	e
+	+	+
+	+	−
+	−	+
−	+	+
+	−	−
−	+	−
−	−	+
−	−	+

　　这样就在纯形式上得到 7 种不同的奇点,但它们并没有特殊名称,不过特征是清楚的。对这 8 种情况,维纳都做了模型。[①]

　　为了使我们的说法易于理解,我暂时回到平面曲线。取曲线上考虑中的点为一个直角坐标系的原点,切线为 x 轴,则上面所说平面曲线的 4 种情况,显然分别是,若曲线从第 1 象限开始继续行进,就进入第 2,第 3,第 4 或回到第 1 象限,如图 31.13 所示。

　　可以设想,空间曲线的 8 种情况也可以通过曲线在坐标系 8 个卦限中的不同走向来描述。事实上也的确如此。具体地可以这样做:取直角坐标系,以考虑中的点为原点,以那里的切线为一条坐标轴,以那里的密切面为一个坐标平面。这样,若曲线从第一卦限开始,则它继续行进时,恰好有 8 种可能性,即看它进入 8 个卦限中的哪一个,而曲线的这 8 种不同形状也正是上文根据冯・施陶特的结果所列出的。

──────────

　　① ［参看 *Zeitschr. f. Math. u. Phys.* 第 25 卷,1880 年,第 95─97 页。这些模型可以从莱比锡的 M. 席林处得到。］

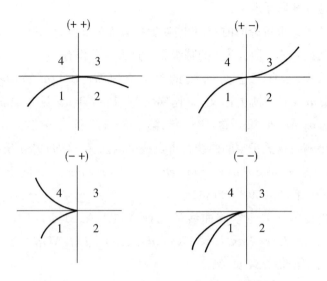

图 31.13

这 8 种形状具体如何,需要利用模型来考察;因为在表中,它们是平行列出来的,对曲线形状没有说明。此外,在模型中还可以从不同观察点以得到曲线的射影,上面已经谈到了最简单的情况(＋＋＋)的射影。这个观察点(即射影中心)可以:不在密切面上,或在密切面上,或在切线上。这里值得注意的是,对于一定的观察点,空间曲线上的强奇点在射影上可能消失。例如在(－＋＋)的情况,若观察点在切线上,其射影是(＋＋)型的平面曲线,它没有奇点,或者说,有一个"掩盖了"的奇点。值得注意的另一个结果是:对于曲线上(－－－)的点,无论观察点在哪里,所得射影曲线总有一个鸟喙状尖点。

此外,我还想鼓励人们把对曲线形状的这种考察进一步深入下去。特殊地,可以指出这样的课题:考察空间曲线的切线曲面在 8 种情况中的形状,特别是它的平面截线是什么样的,它们之间又是如何连续地互相联系着的。

关于这里所论的内容,我略谈解析方面的文献,这些作者采取的方法是把 x,y,z 展开为 t 的幂级数。这方面著作有[①]:

法恩:《关于空间曲线的奇点》(*Über Singularitäten von Raumkurven*)。博士论文,莱比锡大学,1886 年;又见于 *American Journ. of Math.* 第 8 卷,1886 年,第 156—177 页。

施陶特:《关于空间曲线在奇点挠率的意义》(*Über den Sinn der Windung in singulären Punkten von Raumkurven*)。同上,第 17 卷,1895 年,第 359—380 页。

梅德尔:《关于空间曲线的几种奇点》(A. Meder: *Über einige Arten singulärer Punkte von Raumkurven*)。*J. f. Math.* 第 116 卷,1896 年,第 50—84 页,第 247—264 页。

应当把我希望看到的关于图像形状的讨论和这些著作相结合。

这样就结束了我对空间曲线的阐述。下面我转而讨论曲面。

31.3　关于无奇点曲面形状的一般讨论

若回忆一下我们对平面曲线已作出的种种区分(解析的、非解析的、正则的,等等),就完全有理由预料,在这里只能涉及特例。为简明起见,我限于谈论代数曲面。

一个代数曲面用方程

$$f(x,y,x)=0$$

确定,其中 f 是多项式。

[①]　[此外,可以参考前面所列的利林塔尔的《微分几何讲义》第 255—272 页以及梅德尔《空间曲线奇点的解析研究》("Analytische Untersuchung singulärer Punkte von Raumkurven", *J. f. Math.* 第 137 卷,1910 年,第 83—144 页)。]

我们习惯把 f 中同次的项放在一起,于是曲面方程又可以写作

$$0 = f_1 + f_2 + \cdots$$

为了考察曲面在一点邻近的情况,我们利于取该点为坐标原点,这样,常数项 f_0 就不出现。我们看到,一般地,可以把 $f_1 = 0$,即曲面在点 O 的切面,看作曲面的一阶近似。我们还可以把 $f_1 = 0$ 作为切面的定义:令一次项等于零,就得到切面方程。

若要得到较高阶的近似,就令

$$0 = f_1 + f_2,$$

这个曲面就叫作密切二次曲面,如此等等。

在这里我们立即得到曲面上点的分类:若 f_1 不恒等于 0,就有一个确定的切面存在,那个点就是曲面的"简单"点或普通点;若 $f_1 = 0$ 而 $f_2 \neq 0$,[①]我们就有一个二重点;一般地,若 $f_1 = f_2 = \cdots = f_{v-1} = 0$ 而 $f_v \neq 0$,我们就有一个 v 重点。下面又把二重点叫作结点。

现在,对于普通点,可以说些什么呢?

首先我们问,在普通点,切面和曲面交于什么样的曲线?这条截线的一阶近似是 $f_1 = 0, f_2 = 0$,而这是切面和密切二次曲面的交线。由于 $f_2 = 0$ 代表二次锥面,$f_1 = 0$ 代表平面,它们的交线是一对实的或虚的,或重合的直线。根据直线 $f_1 = 0, f_2 = 0$ 的不同情况,可得曲面和切面交线的不同情况(图 31.14、图 31.15):

(1) 直线是实的:交线有具实分支的二重点;

(2) 直线是虚的:交线有具虚分支的二重点;

(3) 直线重合:交线有尖点。

———————————

① 即 f_1 恒等于零而 f_2 不恒等于零,下仿此。——中译者

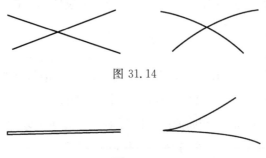

图 31.14

图 31.15

　　重复一下:除 $f_2=0$ 的高阶情况外,切面和曲面交于一条曲线,或者有二重点,其分支或是实的或是虚的,或者有尖点。这 3 种情况,依次称为曲面有双曲形、椭圆形或抛物形曲面曲率。

　　此外,不难找到不同的优美例子来显示切面和曲面的交线有更高阶的奇点,特别是可以探究诸如什么时候交线上出现鸟喙状尖点的问题。特殊地,若 $f_2=0$,则切面和曲面有三重或更高阶奇点。与此有关的是下面问题。

　　我们知道,在初等微积分教材中,讨论了二元函数的极大值和极小值问题。这涉及对一个曲面 $z=f(x,y)$ 和它的一个水平切面的交线的考察。

　　现在,假定交线有一个鸟喙状尖点[①](图 31.16),并假定图中有阴影的区域表示那里曲面在切面之上,而其余区域则表示曲面在切面之下,则显然曲面所代表的函数 $z=f(x,y)$ 在切点 O 既没有极大值,也没有极小值。

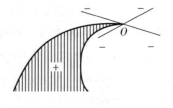

图 31.16

----

　　① Schnabelspitze。——中译者

　　但是,若考虑经过 O 而垂直于切面的一切平面和曲面的交线,则在每个方向的平面上总有一个真正的极大值,因为截线离开点 O 时,开始总是下降的。这是由于,在 O 的紧邻,截线并不立刻就进入有阴影的区域。由此可见,对于二元函数 $z=f(x,y)$,只考虑上述的曲面的平面截线,还不能判断它是否有极大或极小值。只有当曲面与每一条经过 O 的曲线在 O 有极高点或极低点,函数在 O 才有极值。

　　可是当这个问题用解析方法处理时,就显得难懂。而且事实上,在早先的教材里都有着错误的结论,直到 G. 皮亚诺才把事情弄清楚,引起人们的注意。此外,魏尔斯特拉斯在他的变分法的讲演中,也介绍了正确的理论。

　　我们当然也可以进一步考虑曲面的数量关系,对于 $f_1\neq0$ 和 $f_2\neq0$ 的点,L. 欧拉所建立的曲率理论占有特殊的位置。

　　在所论的点作曲面法线,然后取经过法线的平面和曲面的截线的密切圆。这样就有两个互相垂直的法截线,它们的曲率有极大极小值。对此我不多谈,但可以指出,为了显示在曲面一个普通点的曲率理论,维纳也制作了模型,[①]绘出了各个法截面的密切圆。

　　最后我认为迪克的目录[②]中称为"豆状试验体"的模型值得注意,所要求的是在它上面把具双曲曲率、椭圆曲率和抛物曲率的点分别标出。对此,我们的目测显得很不确切,初等曲率理论中的定义已显出非常抽象的性质。当我们对人头雕塑那样复杂的、由经验确定的曲面,试图按上述要求去做时,就会对此有特别生动的感受。我欢迎人们对此加以研究。

―――――――――

　　①　[参看迪克:《数学展览会的特殊目录(1893 年芝加哥德国数学展览)》(*Spezialkatalog der Math. Ausstellung*,柏林,1893 年,第 52 页)。]

　　②　[同上,第 54 页。]

31.4 关于 F_3 的二重点,特别是它的二切面重点和单切面重点

现在我谈论一个曲面上的奇点,特别是三次曲面上的,按照上面所说,若一个 F_3 在坐标原点有二重点,它的方程就可以写成

$$0 = f_2 + f_3。$$

我们假定 $f_2 \neq 0$,这样曲面就的确有一个二重点,而不是三重点。

我们通常说,二次锥面 $f_2 = 0$ 代表着曲面在点 O 的"一阶近似"。这个锥面可能是:

(a) 一个(实或虚的)正常锥面;

(b) 分解为两个(实或虚的)平面的锥面;

(c) 退化为一个二重平面的锥面。

与此相应,曲面有:

(a) 一个普通二重点,它或者是一个实锥面的顶点,或者是孤立点;

(b) 一个二切面重点;

(c) 一个单切面重点。

在(b) 例中,两个平面的交线总是实的,叫作二切面重点的轴。

问题是:具不同类型二重点的三次曲面的形状是怎样的?

我首先指出:求曲面 $f_2 + f_3 = 0$ 和 $f_2 = 0$ 的交线等于求 $f_2 = 0$ 和 $f_3 = 0$ 的交线,而 $f_3 = 0$ 代表一个三次锥面。根据贝祖定理,这两个锥面有 $(2 \times 3 =)6$ 条共同母线:经过三次曲面一个二重点,曲面上有 6 条直线。当然要注意,这些直线可以是实的或虚的,还可以重合。

现在,我给出一些 F_3 的例子,它们分别有各种类型的二重点,但不加证明。在一般例子中情况也类似。

为了得到一个具普通二重点的曲面,我们限于回转曲面。作为曲面在 x-z 平面上的经线,取一条对 z 轴对称,具一个二重点,而以

x 轴为所谓拐渐近线的三次曲线(图 31.17)。这样,曲面的形状就完全清楚了。但经过二重点的 6 条直线显然都是虚的。完全类似地可以作一个具孤立二重点的曲面。我们只需画一个具孤立二重点的三次曲线作为经线(图 31.18)。

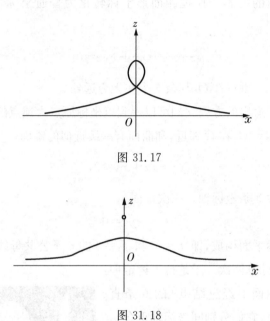

图 31.17

图 31.18

其次,我考虑这样一个曲面,在它上面经过一个二重点的 6 条直线是实的。我取的是一个具有 4 个普通二重点的曲面。为了便于得到它的解析表示,取这些二重点为坐标四面形的顶点。若适当地选取确定四面形坐标中的有关常数,我们的曲面方程就可以写成

$$\sum_i \frac{1}{x_i} = \frac{1}{x_1} + \frac{1}{x_2} + \frac{1}{x_3} + \frac{1}{x_4} = 0。$$

乘以 $x_1 x_2 x_3 x_4$,就得含 x_1,x_2,x_3,x_4 的三次方程

$$x_2x_3x_4+x_1x_3x_4+x_1x_2x_4+x_1x_2x_3=0。$$

最后利用公式

$$x_1=x,x_2=y,x_3=z,x_4=1,$$

通过对曲面的射影变换把四面形坐标转化为普通坐标,就得曲面方程

$$yz+xz+xy+xyz=0。$$

这时有一个二重点在O,其余3个在无穷远处。

从这样写出的方程立刻可以得到以坐标原点为顶点的两个锥面$f_2=0$和$f_3=0$。在O邻近,和曲面有一级近似的锥面

$$yz+xz+xy=0,$$

它显然包含3条坐标轴。三次锥面

$$f_3=xyz=0$$

为3个坐标平面构成,即$f_3=0$和$f_2=0$的6条公共母线是3条坐标轴,每条计算两次。于是得下述定理:

我们曲面上经过结点[1]的6条直线分成3对,它们分别同坐标轴重合。

你们非常容易证明:

沿着曲面上每条直线,曲面的切面和锥面$yz+xz+xy=0$的切面相同,因而是固定的。

由于这些定理的射影性质,它们也适用于具4个有穷结点的曲面F_3。这

图 31.19

_____

① Knotenpunkt,即普通二重点。——中译者

可以通过模型验证(图 31.19)。首先显示:二重点所构成的四面形的 6 条棱都整条在曲面上,而曲面沿它们的切面都是固定的;此外,从某个水平面和曲面的交线中又分出 3 条直线(在图中只能看见其中一条),可是曲面沿 3 条直线的切面却绕它们转动。

现在我转而谈 F_3 的二切面重点。

讨论这个问题已不像上面那么简单,我们对二切面重点形状还缺乏直接地了解,只能具体地加以探究。

在方程

$$f_2 + f_3 = 0$$

中,设 f_2 是两个不同的一次式因子之积。令 $f_2 = 0$,就得到两个不同的平面。先假定两个因子是共轭虚的,例如

$$f_2 = (x + iy)(x - iy),$$

则 z 轴是这两个平面的实交线,因而就是二切面重点的轴。再设曲面本身方程是简单的

$$0 = x^2 + y^2 + z^3。$$

这时二切面重点是什么样的? 如果说,曲面和两个共轭虚平面一阶近似,这大体上是不错的,但不好理解。我通过下面的方法来说明:

我们的曲面是回转曲面。先取它在 x-z 平面上的经线

$$0 = x^2 + z^3。$$

这是一条三次曲线,尖点在 O(图 31.20)。把它绕 z 轴旋转,就得到曲面[①]。一般地,有:

若一个二切面重点有两个虚平面,则曲面在那里的形状像一个

---

① 所以这个曲面是由第 269 页两图所产生的曲面的过渡。

尖锐的刺。

　　具有实平面的二切面重点较难
说明。

　　我们取

$$0 = x^2 - y^2 + z^3$$

为例,它的二切面重点的平面是

$$x+y=0, x-y=0,$$

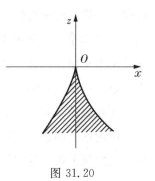

图 31.20

即经过 z 轴的两个互相垂直的平面,它
们和 x-z 平面分别成 $45°$ 角和 $135°$ 角。z
轴仍是二切面重点的轴。

　　令这平面之一和曲面相交,就得

$$f_3 = 0, \text{即 } z^3 = 0。$$

因此,这两个经过曲面二切面重点的纵向轴的平面都和曲面交于计
算 3 次的水平直线。

　　若 $f_3 = a_1 z^3 + a_2 z^2 x + \cdots$,则令 $y = \pm x$,从曲面方程得到一个含
z/x 的三次方程,因此:二切面重点的两个平面中的每一个和曲面交
于 3 条直线,其中两条可能是共轭虚的。

　　经过 z 轴的平面的截线很值得注意。当 $f_3 = z^3$ 时,平面 $y = 0$
上的截线是 $x^2 + z^3 = 0$,即上面所得的具有一个向上尖点的曲线。
平面 $x = 0$ 上的截线则是 $-y^2 + z^3 = 0$,即一条有向下尖点的平面曲
线(图 31.21)。因此,若令平面 $y = 0$ 转到 $x = 0$,则尖点从向上变成
向下;其过渡是在平面 $x + y = 0$ 和 $x - y = 0$ 上,而这两个平面上的
截线已经讨论过了。于是有定理:

　　经过二切面重点的轴的平面一般地和 F_3 交于一个具有尖点的
曲线,而尖点切线是 x 轴,只有当该平面是二切面重点的切面时,其
交线才是 3 条直线。

二切面重点的平面把经过轴的平面
束分为两半,其中一半的平面和曲面的
截线尖点向上,另一半这样的尖点向下。

图 31.21 显示这样一个二切面重
点:它的每个切面和它相交于 3 条实直
线,在这两个切面的邻近,经过轴的平面
和曲面的截线,除有一个尖点外,还有两
个分支。

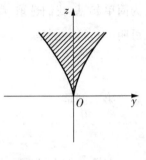

图 31.21

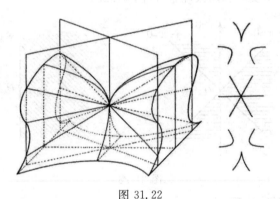

图 31.22

上面谈到的二切面重点的形状,不经过仔细考察是不容易说清
楚的,单切面重点也是这样。[①]

这时,"作为一阶近似"的是一个二重面,它用二次项代表,我们
简单地令它为 $z^2=0$。于是曲面方程是

$$z^2+f_3=0;$$

---

① 关于二切面重点和单切面重点的形状大约最早为库默尔和施莱夫利(Schläfli)所给出,后来我在论文《关于三次曲面》("Über Flächen dritter Ordnung")中用到了(《数学年刊》,第 6 卷,1873 年,第 551—581 页)。[加上 F. 克莱因和费尔迈尔的补充后,重印在 F. 克莱因:《数学著作集》第 2 卷,第 11—62 页。]

为简单起见,我们选取 f_3,使它只含 x, y,并分两例(其意义很快即可明了),第一例是

$$f_3 = x(x^2 - y^2),$$

第二例是

$$f_3 = x(x^2 + y^2)。$$

在第一例中,锥面 $f_3 = 0$ 和 $f_2 = 0$ 交于 3 条实直线,在第二例中,交于一条实的和两条虚直线(图 31.23)。

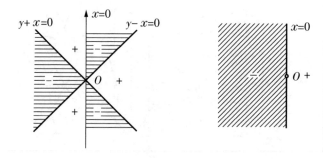

图 31.23

一般地有定理:

单切面重点的平面和 F_3 交于经过 O 的 3 条直线,其中 1 条或者 3 条是实的。

关于 z,由 F_3 这方面可知,在第一例中,有

$$z = \pm \sqrt{-x(x^2 - y^2)},$$

在第二例中,有

$$z = \pm \sqrt{-x(x^2 + y^2)}。$$

除 $f_3 = 0$ 外,只有当 f_3 有负值时 z 才是实的,而且在 f_3 有负值

的域里,对于每对 x,y 值,z 有两个实值。因此,从上方向下看,曲面将图 31.23 中 x-y 平面的阴影部分覆盖了两次,而完全没有覆盖其余部分。

对这些我还要加以下几句说明:

若单切面重点的计算二次的平面和 F_3 交于 3 条实直线,则 F_3 沿这 3 条直线穿过切面,因而在 x-y 平面上 3 个角度里,从上方向下看,曲面覆盖 x-y 平面两次,经过 O 而不和 x-y 平面重合的平面上的截线在 O 有尖点。

在第二例中,当单切面重点的平面和 F_3 的 3 条交线中只有一条实线时,F_3 沿 x 轴的左侧穿过二重切面。

综合起来,我们可以说:

为了考察清楚代数曲面二切面重点和单切面重点本身的形状,不仅要考虑二次项,而且还要考虑三次项。

31.5　F_3 的形状概述

上面所谈,已经接近于能说明三次曲面的形状,因此,我要结合一般结论,作进一步考察。

我可以先给出 F_3 的理论的历史资料,首先是:

1849 年,A. 凯莱与 G. 萨蒙证明了在 F_3 上有 27 条直线(参看《剑桥与都柏林数学杂志》[Cambridge and Dublin Math. Journal]第 4 卷,第 118 页和第 252 页)。

那以后,这些直线的组合关系得到进一步研究,特别是:

1863 年,L. 施莱夫利具体讨论了什么时候这些直线是实的或虚的,还考察了 F_3 上可能有什么样的奇点(参看《哲学汇刊》第 153 卷,1863 年,第 193—241 页)。

1873 年,上面已提到了,在《数学年刊》第 6 卷上,我本人关于 F_3 形状的研究。

与此相联系,有:

1879 年,C. 罗登贝格(Rodenberg)在《数学年刊》第 14 卷第 46—116 页中,用解析方法验证了我通过几何连续性考虑所得的结果。另一方面,罗登贝格还密切结合我的研究,在布里尔出版社(现在是席林出版社)制造了一系列模型。

现在,在我开始讨论 F_3 的形状时,我遵循的指导思想是,以第 270 页中已讨论过的具 4 个实二重点的图为出发点,通过连续过渡(化解其二重点)以得到较一般的曲面。[①]

在上述作为出发点的曲面上,我们已经可以验证 27 条直线的存在,因为那个四面体有 6 条棱,每条计算 4 次,此外还有 3 条水平面直线。

当我们以那个 F_3 为出发点时,一切从它经过直射变换所得到的曲面当然都要看作等价的。不然的话,F_3 的多样性——它的方程含有 19 个常数——将使我们根本难以窥其全貌。在平面上,对椭圆、抛物线、双曲线不加区别,也正是基于这个观点。

理论上就是如此。实践上,还要具体地运用直射变换来说明这个观点。我们首先要了解经过直射变换后,那个初始曲面可能获得的不同形状。例如可以用各种平面和曲面相交,再分别把这些作为消失平面投射到无穷远处,考察这时曲面的形状,做成模型,然后找出它们的共性而把它们的区别放在一边,不予考虑。只有在了解它们的具体特点以后,才能对特点加以忽略。在那以前,绝不能那样做,于是有以下结论。

---

①　可以和上面对于 n 次代数曲线的作法作类比:在那里,我们从一个具许多二重点的曲线(即已分解为低次曲线的曲线)出发,化解其二重点以得到其近邻曲线。

正如我们按二次曲线同无穷远直线的关系来区别椭圆和双曲线（在这里，抛物线作为过渡情况不列入）那样，我们可以把具 4 个实二重点的 F_3 按其和无穷远面的关系区分为 5 种类型，它们都已做成模型。[①] 对这 5 种类型以后将不再明显地加以区分。

现在我们把这个曲面的二重点化解，以过渡到近邻曲面。

为此，我们联系到对平面图的作法。显然，我们可以把具 1 个二重点的曲线用两种方法化解其二重点，以得到无二重点的曲线（图 31.24 中的 1 和 2）。这两种方法并无本质区别。但是，在三维空间，如果把经过二重点的纵线旋转，就得到性质不同的曲面。一个是(1)像双叶双曲面那

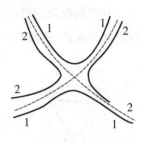

图 31.24

---

① ［这 5 种射影等价的具 4 个二重点的 F_3 可以从图 31.19 中的曲面按以下方法得到：直射变换的消失平面只和图 31.19 中的曲面的外面部分相交，而且

(1) 交于一个单叶的 C_3（不含卵形线），得到的曲面类型和图 31.19 相同；

(2) 交于分为含有两支的 C_3（有卵形线）。

消失平面和曲面中的四面体形部分相交，交线总是一个含有卵形线的 C_3。

(3) 4 个二重点都在消失平面的同一侧；

(4) 3 个二重点在消失平面的一侧，第 4 个在另一侧；

(5) 2 个二重点在消失平面的一侧，其余 2 个在另一侧；

还会出现下列特例：

消失平面和曲面相切，且

(a) 切点在曲面的外面部分：交线是具普通二重点的 C_3；

(b) 切点在四面体形部分：交线是具孤立二重点的 C_3。

消失平面经过

(c) 曲面的 1 个二重点：交线是具普通或孤立二重点的 C_3；

(d) 曲面的 2 个二重点：交线分解为一条 C_2 和一条直线；

(e) 曲面的 3 个二重点：交线分解为 3 条直线；

(f) 消失平面含曲面上 3 条计算一次的直线；

(g) 消失平面含有一条连接曲面 2 个二重点的直线。］

样分成两块不相连的曲面,另一个是(2)像单叶双曲面那样的曲面,即代替原先二重点附近的是当中束小了的一片曲面(图 31.25)。于是有定理:在过渡到近邻曲面中,曲面的 1 个二重点可以用两种方式化解,一种是分离,一种是融合。下面我们用记号"+"表示融合,记号"−"表示分离。

对初始曲面的每一个二重点都分别采取两种化解方式之一,以得到近邻曲面,这就有 5 种可能性,如表 31.3 所示。

图 31.25

表　31.3

Ⅰ.	＋＋＋＋
Ⅱ.	＋＋＋−
Ⅲ.	＋＋−−
Ⅳ.	＋−−−
Ⅴ.	−−−−

若考察这些曲面的形状,我们就会发现,在这 5 种无奇点的曲面中,有 4 种都是单块曲面,一种是双块曲面(−−−−)。这最后一种含一个卵形状部分和一个弯曲的、围绕它的部分。

这 5 种情况正好对应于施莱夫利在分析 F_3 上的直线的虚实时所划分的 5 种类型。

这个结论是通过如下的考虑得到的:任意取两个结点,化解时只要对其中至少一个采取了分离方式,连接这两个结点的直线就在所得曲面上化为 4 条虚直线。另一方面,若化解时,对两个结点都采取融合方式,则在过渡到近邻曲面时,连接结点的直线就化为 4 条实直线。按照这个规律,5 种曲面上的实直线数目,如表 31.4 所示。

表　31.4

I.	$3+6\times4=27$
II.	$3+3\times4=15$
III.	$3+1\times4=7$
IV.	$3+0\times4=3$
V.	$3+0\times4=3$

其中最后一种和前面一种的区别是,它分成两块。这个结果和施莱夫利完全一致。

这里所得到的施莱夫利 5 种类型无奇点曲面同时又真实地代表着拓扑学意义上的 5 种曲面:这就是说,属于同一个施莱夫利类型的两个曲面可以通过连续变形互相转化,当中不需要经过具二重点的曲面;或者说,若把三次曲面用 19 维空间的点来代表,则代表同一类型的点在该空间里构成连通域。

因此,从初始具 4 个二重点的曲面 F_3 通过＋和一的方法获得的曲面正好代表着施莱夫利 5 类曲面。当然,为了直观地说明,还必须对所得曲面通过直射变换加以转化,或者取具 4 个二重点的 5 类 F_3,[①]分别运用方法＋和一来转化。

但是,从我们那个具 4 个二重点的 F_3,通过连续变形,不但可以得到无二重点的 F_3,而且可以得到有任意奇点的 F_3。对此,罗登贝格的模型给出了许多的例子,可惜不能进一步介绍。

我们还要问:如何用解析方法[②]处理我们探讨中的曲面 F_3,它的

[①]　这是指本节前面所说的,按 F_3 和无穷远面的关系的分类。——中译者

[②]　关于用解析方法处理三次曲面上直线的问题,新近有范德瓦尔登(B. L. van der Waerden)的一篇文章:《代数几何中的重数概念》("Der Multiplizitätsbegriff der algebraischen Geometrie"),《数学年刊》第 97 卷,1927 年,第 756－774 页。

最佳方程采取什么形式?

我指出 J.J. 西尔维斯特的发现,即有唯一的一个所谓的五面形,它和曲面上的直线有密切联系。

为了研究这个曲面,选取这个五面形的 5 个平面为所谓的齐次五面形坐标的坐标平面。关于这种坐标,可说明如下。

取 5 个平面

$$x_i = a_i x + b_i y + c_i z + d_i = 0 \quad (i = 1, 2, 3, 4, 5)$$

所构成的五面形。它们中任意 4 个不经过同一点,任意 3 个不经过同一直线。对于空间任意点,取由这 5 个平面到它的距离,乘以一定的常数,作为它的坐标,即用这样所得的一组数 $x_1 : x_2 : x_3 : x_4 : x_5$ 表示该点。由于 4 个平面已足以确定点的齐次坐标,这 5 个式 x_i 不能相互独立。在超过需要数的这 5 个 x_i 之间,有一个齐次线性关系。设适当选取确定坐标系时的 5 个常数,使

$$x_1 + x_2 + x_3 + x_4 + x_5 = 0。$$

西尔维斯特发现,他选择的这个之后以他姓氏命名的五面形,能生成特殊的五面形坐标,使曲面 F_3 的方程只出现 x_i 的三次方。于是曲面方程就成为

$$\sum_{i=1}^{5} a_i x_i^3 \quad (其中 \sum_{i=1}^{5} x_i = 0)。$$

罗登贝格利用西尔维斯特这个标准方程研究了所描写的几何关系。标准方程只含有曲面方程中 19 个常数中的 4 个,而这 4 个是必须留下的。因为通过适当的坐标变换,只能去掉其中 15 个。在这里,平面 $x_i = 0$ 当然是可实也可虚的。

特殊地,我们专考虑实的五面形,并且从西尔维斯特方程得到一个特别简单的,就是使其中 a_i 相等的 F_3。这个曲面被克莱布什称为对角曲面。它有 27 条实直线,图 31.26 准确地表现了该曲面的形

态。这个模型是在 A. 克莱布什的鼓励
下由魏勒（A. Weiler）制作的，它对我
关于三次曲面的研究提供了帮助。

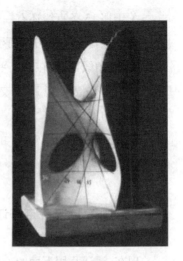

图 31.26

　　这个曲面有什么特殊性？何以它
有那个名称？

　　令五面形坐标的平面 $x_1=0$ 和其他
坐标平面以及曲面相截，就得到四边形
$x_2=x_3=x_4=x_5=0$ 以及曲面的截痕

$$x_2^3+x_3^3+x_4^3+x_5^3=0。$$

现在利用关系 $x_2+x_3+x_4+x_5=0$，可
以证明，曲面的截线为上述四边形的 3
条对角线所构成。这就是曲面名称的
来源，因此，"对角曲面"的名称来自这样的事实：曲面和五面形的每个
平面交于该平面和其余 4 个平面的交线所构成的四边形的 3 条对角线。

　　于是已得到曲面上（$3\times5=$）15 条直线，关于其余 12 条直线，我
在此不进一步说明；你们不难在模型上找到。[1]

---

　　[1]　[其余 12 条直线可以通过解析方法推得：设 $1, \varepsilon, \varepsilon^2, \varepsilon^3, \varepsilon^4$ 为单位 1 的 5 个五次
根。容易看出

$$1+\varepsilon+\varepsilon^2+\varepsilon^3+\varepsilon^4=0, \tag{1}$$
$$1^3+\varepsilon^3+(\varepsilon^2)^3+(\varepsilon^3)^3+(\varepsilon^4)^3=0。 \tag{2}$$

由此可见，$1:\varepsilon:\varepsilon^2:\varepsilon^3:\varepsilon^4$ 代表对角曲面上一点，由于 $1, \varepsilon, \varepsilon^2, \varepsilon^3, \varepsilon^4$ 这 5 个数的次序可以任意颠
倒，它们仍然满足方程（1）和方程（2），就一共有（$5!=$）120 组数值，它们都代表对角曲面的
点。但在这 120 组数值中，彼此只差一个常数因子的都代表同一点。例如分别用 $1, \varepsilon, \varepsilon^2, \varepsilon^3,$
ε^4 依次乘 $1, \varepsilon, \varepsilon^2, \varepsilon^3, \varepsilon^4$，考虑到 $\varepsilon^5=1, \varepsilon^6=\varepsilon, \varepsilon^7=\varepsilon^2, \varepsilon^8=\varepsilon^3$，就得代表同一点的 5 组数值

$$\begin{aligned} x_1:x_2:x_3:x_4:x_5 &= 1:\varepsilon:\varepsilon^2:\varepsilon^3:\varepsilon^4 \\ &= \varepsilon:\varepsilon^2:\varepsilon^3:\varepsilon^4:1 \\ &= \varepsilon^2:\varepsilon^3:\varepsilon^4:1:\varepsilon \\ &= \varepsilon^3:\varepsilon^4:1:\varepsilon:\varepsilon^2 \\ &= \varepsilon^4:1:\varepsilon:\varepsilon^2:\varepsilon^3。 \end{aligned}$$

（转接下页）

关于那 15 条直线还有一个定理：它们 3 条一组，交于 10 点。我们只需想一想，经过任意五面形的每个顶点，即 3 个面的交点，有 3 条（四边形的）对角线，分别在 3 个平面上，而五面形有 10 个顶点。因此（简单地说），15 条直线有 10 个交点，经过每个交点都有 3 条。这些交点是五面形的顶点。

就谈到这里为止，对 F_3 的形状，你们已了解其概要，至于细节，就要你们自行钻研了。①

呼吁：通过观察自然，不断修订传统科学结论

现在，请让我用下面的论点来结束我的讲演。

在这个讲演里，我讨论了通常在教科书里找不到的许多东西，但又无形中假定了你们了解教科书里的一般内容。我愿意通过这种方式促使你们自由思考，独立地作出判断，来掌握所讨论的事物。例如，请你们思考一下我对于经验曲线和曲面的说法，以及在考虑解析图形时通常所会遇到的限制。

数学的情况犹如造型艺术。向先贤们学习不但有益，而且很有必

（接上页注①）

所以，那 120 个数值组只代表对角曲面上 (4! =)24 个不同点。显然，若固定 $1 : \varepsilon : \varepsilon^2 : \varepsilon^3 : \varepsilon^4$ 中的第一数，而把其余 4 个数作一切可能排列，就得到这 24 个点。这 24 个点包含 12 对共轭虚点。现在，把这 12 对共轭虚点逐对相连，所得的 12 条实直线都整条在曲面上。例如，若 $x_1 : x_2 : x_3 : x_4 : x_5$ 为 24 组数值之一组，而 $X_1 : X_2 : X_3 : X_4 : X_5$ 是它的共轭虚点，则在它们连线上的点是

$$(\lambda x_1 + \mu X_1) : (\lambda x_2 + \mu X_2) : \cdots : (\lambda x_5 + \mu X_5)。$$

容易验证，对于任意 λ, μ 值，这组值满足方程(1)和方程(2)。]

① [D. 希尔伯特在他的论文《关于第九条直线的方程》("Über die Gleichung neunten Grades"，《数学年刊》第 97 卷，1927 年，第 243—250 页)中对 F_3 上含有 27 条直线的事实有优美的应用。]

要。但是，如果局限于学习传统的东西，而只是由书本学到的继续前进，就会产生我所谓的学院式的体系。与此相对立，我提出劝告：

　　保持一流大师的遗风：回到固有的生动活泼的思考，回到自然！

译名对照表

Abel, N.	阿贝尔
Abraham, M.	亚伯拉罕
Alexandroff, P.	亚历山德罗夫
Ambronn, L.	安布龙
Ambronn, R.	安布龙
Amsler, J.	阿姆斯勒
Apollonius	阿波罗尼奥斯
Archimedes	阿基米德
Aristotele	亚里士多德
Auwers, A.	奥威尔斯
Bachmann, P.	巴赫曼
Ball, R. S.	鲍尔
Bauer, G.	鲍尔
Baumann, J. J.	鲍曼
Baumeister, K. A.	鲍迈斯特
Bauschinger, J.	包辛格
Behrendsen, O.	贝伦德森
Beman, W. W.	比曼
Beneke, F. E.	贝内克
Berkeley, G.	贝克莱
Bernoulli, D.	伯努利 [丹尼尔]

Byerly, W. E.	拜尔利
Cajori, F.	卡约里
Cantor, G.	康托尔
Carathéodory, C.	卡拉西奥多里
Cardano, G.	卡尔达诺
Carleman, T.	卡莱曼
Cauchy, A.	柯西
Cavalieri, B.	卡瓦列里
Cayley, A.	凯莱
Chasles, M.	沙勒
Chernac, L.	切纳克
Chisholm, G.	奇泽姆
Chrystal , G.	克里斯托尔
Clebsch, A.	克莱布什
Clifford, W. K.	克利福德
Coble, A. B.	科布尔
Copernicus, N.	哥白尼
Coradi, G.	科拉迪
Courant, R.	柯朗
Cremona, L.	克雷莫纳
d'Alembert, J.	达朗贝尔
Damaskios	达玛修斯
Darboux, G.	达布
Dedekind, R.	戴德金
Dehn, M.	德恩
Delambre , J. B.	德朗布尔
De Moivre, A.	棣莫弗

Föppl, A.	弗普尔
Fourier, J.	傅里叶
Fricke, R.	弗里克
Friesecke, H.	弗里泽克
Friesendorff, T.	弗里森多夫
Gauss, C. F.	高斯
Gerhardt, K. J.	格哈特
Gergonne, J. D.	热尔岗
Geuer, F.	戈伊尔
Gibbs, J. W.	吉布斯
Gordan, P.	哥尔丹
Goursat, E.	古尔萨
Grassmann, H.	格拉斯曼
Groeneveld, J.	格勒内费尔德
Gutzmer, A.	古茨默
Hahn, H.	哈恩
Hall, H. S.	霍尔
Hamilton, W. R.	哈密顿
Hammer, E.	哈默
Hankel, H.	汉克尔
Hardy, G. H.	哈代
Harnack, A.	哈纳克
Hartenstein, R.	哈尔滕施泰因
Hauck, G.	豪克
Hausdorff, F.	豪斯多夫
Haussner, R.	豪斯纳
Heath, T. L.	希思

Juel, C.	尤尔
Kästner, A. G.	克斯特纳
Kempe, A. B.	肯普
Kepler, J.	开普勒
Kerékjartó, B. v.	凯雷克亚尔托
Kimura, S.	木村
Kirsch, E. G.	基尔施
Klein, F.	克莱因
Kneser, A.	克内泽尔
Knight, S. R.	奈特
Knopp. K.	克诺普
Koenigsberger, L.	柯尼希斯贝格尔
Kommerell, K.	科默雷尔
König, J.	柯尼希
Köpcke, A.	克普克
Kowalewski, G.	柯瓦列夫斯基
Kronecker, L.	克罗内克
Kummer, E.	库默尔
Lacroix, S. -F.	拉克鲁瓦
Lagrange, L.	拉格朗日
Lamé, G.	拉梅
Laugel, L.	洛热尔
Laplace, P. S.	拉普拉斯
Legendre, A. M.	勒让德
Leibniz, G.	莱布尼茨
Lemoine, É	勒穆瓦纳
l'Hospital, G.	洛必达

Mollweide, K.	摩尔威德
Monge, G.	蒙日
Morrice, G. C.	莫里斯
Moser, L.	莫泽
Müller, C. H.	米勒
Nansen, F.	南森
Napier, J.	纳皮尔
Neder, L.	内德尔
Netto, E.	内托
Neumayer, G. v.	诺伊迈尔
Newcomb, S.	纽康
Newton, I.	牛顿
Nitz, K.	尼茨
Noble, C. A.	诺布尔
Nörlund, N. E.	诺伦德
Ohm, M.	奥姆
Oppenheim, S.	奥本海姆
Osgood, W. F.	奥斯古德
Ostrowski, A. M.	奥斯特洛夫斯基
Ostwald, F.	奥斯特瓦尔德
Palatine	帕拉丁
Pascal, B.	帕斯卡
Pasch, M.	帕施
Peano, G.	皮亚诺
Peaucellier, C. -N.	波塞利耶
Perrin, J.	皮兰

Riesz, F.	里斯
Ritter, E.	里特尔
Robinson, G.	罗宾森
Rodenberg, C.	罗登贝格
Rolle, M.	罗尔
Rosemann, W.	罗泽曼
Rosenthal, A.	罗森塔尔
Rudio, F.	鲁迪奥
Runge, C.	龙格
Salmon, G.	萨蒙
Sanden, H. v.	桑登
Schafheitlin, P.	沙夫海特林
Scheffers, G.	舍费尔斯
Schellbach, K. -H.	舍尔巴赫
Schepp, A.	舍普
Schiller, F.	席勒
Schilling, F.	席林
Schimmack, R.	席马克
Schläfli, L.	施莱夫利
Schlömilch, O.	施勒米尔希
Schmidt, A.	施密特
Schoenflies, A.	熊夫利
Schubert, H.	舒伯特
Schuh, F.	舒
Schwartz, H. A.	施瓦茨
Schweikart, F. K.	施韦卡特
Schwerdt, H.	施韦尔特
Serret, J. -A.	塞雷

Urysohn, P.　　　　　　　乌雷松

Vahlen T.　　　　　　　　瓦伦
van der Waerden, B. L.　　范德瓦尔登
Varignon, P.　　　　　　瓦里尼翁
Vega, G. v.　　　　　　　维加
Vermeil, H.　　　　　　　费尔迈尔
Veronese, G.　　　　　　韦罗内塞
Vieta, F.　　　　　　　　韦达
Vlacq, A.　　　　　　　　弗拉克
Voigt, W.　　　　　　　　福格特

Walther, A.　　　　　　　瓦尔特
Weber, H.　　　　　　　　韦伯
Weierstrass, K.　　　　　魏尔斯特拉斯
Weiler, A.　　　　　　　　魏勒
Wellstein, J.　　　　　　韦尔施泰因
Wendland, P.　　　　　　文德兰
Weyl, H.　　　　　　　　外尔
Whittaker, E. T.　　　　　惠特克
Wiener, C.　　　　　　　维纳
Wiener, N.　　　　　　　维纳
Wilbraham, H.　　　　　威尔布里厄姆
Wiles, A.　　　　　　　　怀尔斯
Wilson, E. B.　　　　　　威尔逊
Witting, A.　　　　　　　维廷
Wolff, C.　　　　　　　　沃尔夫
Wolfskehl, P.　　　　　　沃尔夫斯凯尔
Wüllner, A.　　　　　　　维尔纳

Young, J. W. A.   扬

Zeuthen, H. G.   措伊滕
Zimmermann, H.   齐默尔曼
Zipperer, L.   齐佩雷尔
Zülke, P.   齐尔克

译后记

　　1965年前后，高等教育出版社经广泛试稿后，决定请我的老师陆秀丽教授翻译19世纪末20世纪初德国知名数学大师菲利克斯·克莱因所著的《高观点下的初等数学》（以下简称《初等数学》）一书。1966年史无前例的"文化大革命"运动到来，陆老师的翻译工作不仅中断，而且不得不将译出的部分书稿付之一炬。20世纪80年代初，上海科技出版社登门邀请陆老师再译《初等数学》一书，陆老师不愿旧事重提，婉拒了上海科技出版社的善意约请。

　　20世纪80年代初期，我开始阅读《初等数学》（英文版），深深感到这里的初等数学内容并不初等，书中文字也不是普通的数学语言，很少运用数学形式推导；它所讨论的并非一般的数学教材内容，书的写作结构也别具一格，不同于过去我读过的任何一本数学著作。克莱因在书中对各个分支的数学概念、语言、符号以及运算法则等各个环节中问题的产生与发展，其内因、外因和发展过程的思维描述都非常细腻、清晰、灵活，且逻辑性很强，其中还涉及接受数学知识的心理学和认知论问题的讨论。此书所涵盖的知识广泛，包括哲学、物理学、天文学、气象、测量等多个学科中的许多问题，有些问题十分复杂。众所周知，自17世纪以来，数以百计的世界级大科学家如牛顿、康托尔、伽利略、开普勒、莱布尼茨、庞加莱等人，在数学领域方方面面问题的提出、论证以及应用上都曾取得重大成就，克莱因将其融入数学这一严谨学科的各个分支的各个部分,揭示它们的共性、它们的本质以及它们之间的相互关系,使《初等数学》一书成为完整和谐的有机整体。尤其是书中始终关注数学教育,强调数学教学的方向、教师必须注重的数学知识以及有效的教学方法,旨在提高教师的一般数学素养。阅读《初等数学》这一丰富多彩、内涵极其深刻的巨著是有一定难度的,但凡是具有一定数学知识的人都可以从中获得教益和启发。

我在阅读学习的过程中体会到《初等数学》一书的意义非同寻常,决心将它翻译出来,争取出版,以供数学科学工作者及教师阅读、参考。

我和陈义章、杨钦樑3人对《初等数学》一书分译互校、反复讨论修改,在两年的时间里终于艰苦地将《初等数学》第一、第二卷译完。为了保持这一世界巨著原有的学术水准,保证翻译质量,我们请时任武汉大学校长的齐民友教授审阅《初等数学》第一卷,请时任武汉大学中法文化交流中心主任的余家荣教授审阅《初等数学》第二卷。两位教授在百忙之中对译稿逐章逐节、逐字逐句校正修改,他们的审阅使译文中很多概念表述更为准确清晰,论证更为严谨完美,对提高全书翻译质量起到了重要的作用。

为了引起广大读者的注意,同时也是为读者提供有益的阅读参考,我们特请知名学者吴大任教授撰文介绍、推荐《初等数学》一书。吴老在较短的时间里写出了《博洽内容　独特风格——介绍克莱因〈高观点下的初等数学〉》一文交由《数学通报》(1989年第6期)发表。此外,吴老还为《高观点下的初等数学》中译本初版写了序言。

《高观点下的初等数学》第一、第二卷中译本得以在1989年由湖北教育出版社出版,应当说正是数学界前辈们无私帮助、大力支持的结果。在对《高观点下的初等数学》一书的审阅、推荐等过程中,我深切体会到数学界前辈们对数学科学的无比热爱,对世界名著《高观点下的初等数学》一书的珍视，以及他们对学术事业无私的奉献精神和责任感，这种崇高的风范值得我们永远学习。

　　值此《高观点下的初等数学》中译本新版出版之际，特向帮助和支持过我们的齐民友教授、余家荣教授和陆秀丽教授诚恳致谢，特别缅怀吴大任教授。

　　对本书译文中不妥之处，请读者批评指正。

舒湘芹

2007 年 8 月

读者联谊表

（电子文档备索）

姓名：　　　年龄：　　　　性别：　　宗教：　　党派：

学历：　　　专业：　　　　职业：　　　　所在地：

邮箱＿＿＿＿＿＿＿＿＿手机＿＿＿＿＿＿＿QQ＿＿＿＿

所购书名：＿＿＿＿＿＿＿＿＿在哪家店购买：＿＿＿＿＿＿

本书内容：满意　一般　不满意　本书美观：满意　一般　不满意

价格：贵　不贵　阅读体验：较好　一般　不好

有哪些差错：

有哪些需要改进之处：

建议我们出版哪类书籍：

平时购书途径：实体店　网店　其他（请具体写明）

每年大约购书金额：　　　藏书量：　　每月阅读多少小时：

您对纸质书与电子书的区别及前景的认识：

是否愿意从事编校或翻译工作：　　　愿意专职还是兼职：

是否愿意与启蒙编译所交流：　　　是否愿意撰写书评：

如愿意合作，请将详细自我介绍发邮箱，一周无回复请不要再等待。

读者联谊表填写后电邮给我们，可六五折购书，快递费自理。

本表不作其他用途，涉及隐私处可简可略。

电子邮箱：qmbys@qq.com　联系人：齐蒙

启蒙编译所简介

　　启蒙编译所是一家从事人文学术书籍的翻译、编校与策划的专业出版服务机构，前身是由著名学术编辑、资深出版人创办的彼岸学术出版工作室。拥有一支功底扎实、作风严谨、训练有素的翻译与编校队伍，出品了许多高水准的学术文化读物，打造了启蒙文库、企业家文库等品牌，受到读者好评。启蒙编译所与北京、上海、台北及欧美一流出版社和版权机构建立了长期、深度的合作关系。经过全体同仁艰辛的努力，启蒙编译所取得了长足的进步，得到了社会各界的肯定，荣获凤凰网、新京报、经济观察报等媒体授予的十大好书、致敬译者、年度出版人等荣誉，初步确立了人文学术出版的品牌形象。

　　启蒙编译所期待各界读者的批评指导意见；期待诸位以各种方式在翻译、编校等方面支持我们的工作；期待有志于学术翻译与编辑工作的年轻人加入我们的事业。

联系邮箱：qmbys@qq.com

豆瓣小站：https://site.douban.com/246051/